普通高等教育"十二五"规划教材
电子电气基础课程规划教材

电 路 基 础

王宛苹　胡晓萍　编著

电子工业出版社
Publishing House of Electronics Industry
北京·BEIJING

内 容 简 介

本书是为高等学校本科院校的学生编写的教材。全书共9章，内容包括：基本概念、简单电阻电路的等效变换、电阻电路的一般分析方法、电路定理、动态电路分析、正弦稳态电路分析、频率特性及多频正弦电路分析、耦合电感和理想变压器、双口网络等。各章后面附有适量的习题，书末附有习题参考答案，以供读者参考。本书提供配套多媒体电子课件。

本书可作为高等学校自动化、电气、电子信息及通信等专业电路基础课教材，也可供电子工程技术人员参考。

图书在版编目（CIP）数据

电路基础 / 王宛苹，胡晓萍编著. — 北京：电子工业出版社，2013.8

电子电气基础课程规划教材

ISBN 978-7-121-20169-1

Ⅰ. ①电… Ⅱ. ①王… ②胡… Ⅲ. ①电路理论—高等学校—教材 Ⅳ. ①TM13

中国版本图书馆 CIP 数据核字（2013）第 073594 号

策划编辑：王羽佳

责任编辑：王羽佳 文字编辑：王晓庆

印　　刷：北京虎彩文化传播有限公司

装　　订：北京虎彩文化传播有限公司

出版发行：电子工业出版社

　　　　　北京市海淀区万寿路 173 信箱　邮编：100036

开　　本：787×1092　1/16　印张：13.75　字数：352 千字

版　　次：2013 年 8 月第 1 版

印　　次：2025 年 3 月第 25 次印刷

定　　价：29.90 元

凡所购买电子工业出版社图书有缺损问题，请向购买书店调换。若书店售缺，请与本社发行部联系，联系及邮购电话：（010）88254888。

质量投诉请发邮件至 zlts@phei.com.cn，盗版侵权举报请发邮件至 dbqq@phei.com.cn。

服务热线：（010）88258888。

前　言

电路基础是高等学校电气与电子信息类专业的重要基础课，其电路理论的基础知识对电气类、电子信息类人才专业素质的培养起着重要的作用。但由于该课程本身比较抽象，加之理论性、系统性、灵活性较强，许多初学者感到较难理解和掌握。特别是随着电路技术的发展，电路功能日益复杂，新型器件不断产生，相应的电路分析方法和手段也在不断演变和发展，因此，探索、建设适应新世纪我国高等学校应用型人才培养体系的教材体系，已成为当前我国高等学校教学改革和教学建设工作面临的十分重要的任务。"工欲善其事，必先利其器"，一本好的教材便是学习者最重要的工具之一，编写本教材的目的就是为了适应这一需求。

本书以高等教育大众为背景，以一般本科院校应用型本科生为对象，以简明、通俗易懂为写作方法，以基本概念、基本规律、基本分析方法为重点，注重精选内容，贯彻从实际出发，由浅入深，由特殊到一般，从感性上升到理性。在内容安排上，遵循电路理论本身的系统结构，同时结合学生的认知规律，合理、有序地组织教材内容。

本书潜心选择例题和习题，用以加深概念的理解；同时强调如何灵活运用基本概念和分析方法解决具体电路问题。另外为了便于记忆，在第5章中引入了对偶原理，在详细讲解RC电路变化规律的基础上，利用对偶关系简明、扼要地分析了RL电路，使其达到事半功倍的效果。本书以理论联系实际为指导思想，精选了一些工程实用的电路问题，使学生通过研究工程电路问题掌握基本理论，同时又训练和培养学生科学的逻辑思维能力。指导学生真正学会知识，会用知识，并且具有可持续学习新知识的能力。

本书内容包括：基本概念、简单电阻电路的等效变换、电阻电路的一般分析方法、电路定理、动态电路分析、正弦稳态电路分析、频率特性及多频正弦电路分析、耦合电感和理想变压器、双口网络等。其参考教学时数为51～80学时，对电路学时数比较少的专业来说，其中的二阶电路、频率响应、双口网络等内容可略讲。

教学中，可以根据教学对象和学时等具体情况对书中的内容进行删减和组合，也可以进行适当扩展。本书提供配套多媒体电子课件，请登录华信教育资源网（http://www.hxedu.com.cn）注册下载。

全书共9章，其中前4章由胡晓萍编写，后5章由王宛苹编写并负责全书的统稿。书中配备了较多的例题，每章后面附有适量的习题，这些例题和习题与教材内容紧密配合，深度、广度适中。

本书从构思到完成历经了近两年时间，在此期间查丽斌、吕幼华、钟叶龙、何昭参与了本教材的编写工作，其中，查丽斌、吕幼华老师对全书的结构和内容提出了重要的意见；研究生李顺海和李灵做了部分书稿的录入工作，在此一并表示诚挚的感谢！

尽管本书融入了作者长期从事电路基础课程教学的经验和体会，但受作者水平及编写时间的限制，书中难免存在错误和不妥之处，诚恳地希望读者提出宝贵的意见和建议，以便今后不断改进。

作　者

2013 年 8 月

目　录

第1章 基本概念

电路是电工技术和电子技术的基础，在通信、控制、计算机和电力等众多科学领域都广范使用各种类型的电路。本课程的主要任务是研究各种电路所共有的基本规律和基本分析计算方法，为学习电气工程技术、电子技术、通信和信息工程技术等建立必要的理论基础，并且能利用所学的知识分析解决一些简单的电路问题。

本章介绍电路模型的概念，以及电路分析中的基本物理量——电压、电流及功率，重点阐述电阻元件、独立源和受控源的伏安特性及基尔霍夫的两个定律。

1.1 电路及电路模型

在现实生活中所遇到的各种实际电路都是由一些电子元器件按一定方式相互连接而构成的。例如，常用的日光灯照明电路是由灯管、镇流器、启辉器、开关和交流电源相互连接而组成的；收音机是由一定数量的晶体管（或集成电路器件）、电容器、电感器、扬声器及直流电源等元器件组成的。不同的电路可以实现不同的应用任务。当实际电路的元器件中通有电流时，一般会在其两端产生电压。根据物理学知识，有电流就有磁场存在，有电压就有电场存在，而在电压、电流的作用下几乎都有能量损耗，所以电场效应、磁场效应和能量损耗是实际器件的三个基本效应。若以实际电路为研究对象，必然使实际元器件的电磁性能交织在一起，处理起来较为复杂，甚至无法进行研究，因而在分析、研究电路的工作时，总是把构成电路的实际器件抽象成一些理想化模型的组合。这些理想化的模型叫做理想电路元件（简称电路元件）。由电路元件构成的电路即是实际电路的模型，如用导线干电池、小灯泡串联起来的电路就可用图 1.1.1 所示的电路模型表示，其中干电池用电压源 U_S 和电阻元件 R_S 的串联组合作为模型，小灯泡用电阻 R_L 作为模型，连接导线用理想导线（其电阻设为零）或线段表示。

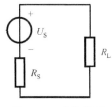

图 1.1.1 电路模型

须指出，一个实际电路，工件条件不同，则表征的电路模型也不同。例如，一个电感线圈在直流稳定状态下，可用一个电阻模型来描述；在交流低频情况下，可用电阻与电感的串联组合模型来描述；而在高频情况下，线圈绕组之间的电容效应就不能忽略，此时可用电阻和电感串联组合后再与电容并联构成的模型来描述。

当实际电路的尺寸远小于使用其最高工作频率所对应的电磁波波长（即满足集总假设条件）时，理想化的电路模型所表示的电路器件可以不计其空间尺度，并且特性集中在空间一点，称为集总参数元件。每一种集总参数元件都只表示一种基本的电磁过程，反映一个物理本质特征，且可以用数学方法精确定义。例如，电阻元件只具有电能的消耗性质，电感元件只具有磁场能量的储存性质，电容元件只具有电场能量的储存性质，而电源元件则反映实际电路中将其他形式的能量转化为电能的性质。由这些集总参数元件组成的电路称为集总参数电路。但是，当电路的工作频率所对应的电磁波波长与实际电路的几何尺寸可以相互比拟时，则必须采用分布参数电路模型进行分析。

我国电力用电工作频率为 50Hz，对应的波长为 $\lambda = \dfrac{c}{f} = \dfrac{3 \times 10^8}{50} = 6000\text{km}$，其中，$c$ 为光速。显然，一般家用电器设备的实际尺寸远小于最高工作频率所对应的电磁波波长，满足集总假设条件，所以是集总参数电路。而输电线路不满足集总假设条件，所以不是集总参数电路，本书研究的电路均为集总参数电路。

电路的一个重要功能就是伴随着电流在电路中的流动，可以实现电能的传输、分配和储存，并进行能量转换。如照明电路，它将电源提供的电能传输至照明灯，并转化为光能。电路的另一个重要功能是传递和处理信号，如收音机、电视机，它们通过接收天线接收载有声音、图像信息的电磁波信号后，经过选频、放大和处理，最后由扬声器或显像管复原出原信号。

不论电路所起的作用是电能的传输和转换，还是信号的传递和处理，都是通过电流、电压和功率来实现的，所以在进行电路分析之前，首先讨论电路的几个基本物理量。

1.2　电路分析中的基本物理量

1.2.1　电流和电流的参考方向

电流是由电荷的有规则的定向运动而形成的。电流的大小或强弱取决于导体中电荷量的变化，**通常把单位时间内通过导体横截面的电荷量定义为电流**，用符号 $i(t)$ 表示，其数学表达式为

$$i(t) = \frac{\mathrm{d}q}{\mathrm{d}t} \tag{1.2.1}$$

式中，电流的单位为安培（A），且 1 安培 = 1 库仑/秒，其常用单位还有千安（kA）、毫安（mA）和微安（μA）。换算关系为：$1\text{kA} = 10^3\text{A}$，$1\text{mA} = 10^{-3}\text{A}$，$1\text{μA} = 10^{-6}\text{A}$。

习惯上把正电荷运动的方向规定为电流的实际方向。如果电流的大小及方向都不随时间变化，则称为恒定电流，简称直流（简写 DC），用大写的斜体字母 I 表示。否则称为时变电流，用 $i(t)$ 表示（简写 i），若时变电流的大小和方向都随时间作周期性变化，则称为交流电流（简写 AC）。电流的方向是客观存在的，但在分析较为复杂的直流电路时，往往难以事先判断某支路电流的实际方向，如果是交流电路，则它的实际方向不断在变化，就更难判断了，因此在电路分析中，引进了参考方向的概念。

所谓电流参考方向，是任意假定的电流方向，在电路中用实线箭头来表示。例如，图 1.2.1 所示的一段电路，其中方框表示一个两端元件。

在图 1.2.1(a)中，电流的参考方向与实际方向一致，则 $i > 0$，电流为正值；在图 1.2.1(b)中，电流的参考方向与实际方向相反，则 $i < 0$，电流为负值。所以只有在选定了参考方向后，电流才有正负之分。注意，电路图中标明的电流方向均为参考方向，一般不标明实际方向，电流的实际方向是由电流的参考方向和该电流数值的正、负极性一起加以判断的。

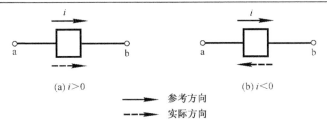

(a) $i > 0$　　　　　　　　　　(b) $i < 0$

──────▶　参考方向
- - - - -▶　实际方向

图 1.2.1　电流的实际方向和参考方向与数值的关系

【例 1.2.1】　（1）图 1.2.2(a)中的方框用来泛指元件，若流过图中所示元件的电流实际方向由 a 指向 b，其大小为 3A，试求电流 i_1；（2）假设图 1.2.2(b)中的电流 $i_2 = -3A$，请指出电流的实际方向。

(a)　　　　　　　　　　(b)

图 1.2.2　例 1.2.1 图

解：（1）由于电流 i_1 的参考方向与实际方向一致，故 $i_1 = 3A$；

（2）由于 $i_2 = -3A$，故电流参考方向与实际方向相反，实际方向是由 a 指向 b。

1.2.2　电压和电压的参考方向

电路中 a、b 两点间的电压在数值上等于电场力把单位正电荷从 a 点移到 b 点所做的功，其数学表达式为

$$u_{ab} = \frac{dw}{dq} \tag{1.2.2}$$

电压 u_{ab}（简写 u）的单位是伏特（V），且 1 伏特 = 1 焦尔/库仑，电压的常用单位有千伏（kV）和毫伏（mV）。换算关系为：$1kV = 10^3 V$，$1mV = 10^{-3} V$。

电压反映了单位正电荷由 a 点运动到 b 点所获取或失去的能量。例如，正电荷由 a 点运动到 b 点时失去能量，即 a 点能量高，b 点能量低，则 a 为正极，b 为负极。

如果电压的大小和极性都不随时间而变化，则称为恒定电压或直流电压，用大写的斜体字母 U 表示。如果电压是时间 t 的函数，称为时变电压，用小写的字母 u 表示。

电压的实际极性（也称为实际方向）规定由高电位指向低电位，即电压降方向。 在电路中可用 "+"、"−" 极性表示，如图 1.2.3 所示。"+" 极性指向 "−" 极性就是电压降的方向，另外电压的参考方向还可以用双下标表示，u_{ab} 表示 a 为正极性，b 为负极性，而 u_{ba} 正好相反，并且有 $u_{ab} = -u_{ba}$。

如同需要为电流规定参考方向一样，也需要为电压规定参考极性（也称为参考方向），电压的参考方向是任意指定的电压降方向。同样，电路图中标明的电压方向均为参考方向，若电压的实际方向与参考方向一致，则电压 u 为正值，即 $u > 0$，若电压的实际方向与参考方向相反，则电压 u 为负值，即 $u < 0$。因此只有在电压参考方向选定后，电压才有正负之分，根据电压的正负值及参考方向，可判断电压的实际方向。

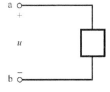

图 1.2.3　电压的方向

一般情况下，电路在工作时，其电路元件上既存在电流，又存在电压，所以既要为元件的电流假设参考方向，又要为元件两端的电压假设参考方向。彼此可以独立无关地任意假定，但为了方便起见，引入了关联参考方向（简称关联方向）和非关联参考方向（简称非关联方向）。在图 1.2.4(a)中，**电流从电压的正端流入，即电流的参考方向与电压的参考方向一致，称为关联参考方向**，图 1.2.4(b)中正好相反，称为非关联参考方向。在对电路进行分析时，应尽可能选用关联参考方向。

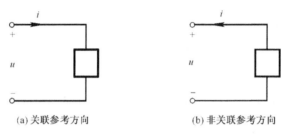

(a) 关联参考方向　　　　　　　　　　(b) 非关联参考方向

图 1.2.4　关联和非关联参考方向

引入关联参考方向后，只需在电路图中标出电流参考方向或电压参考方向中的任何一种就可以了。一旦选定了参考方向，在电路分析计算过程中就不允许改变。

在电子电路分析计算中，经常要用到电位的概念。电路中某点电位是指该点与参考点之间的电压，用符号 V 表示，如 a 点电位为 V_a。a、b 间的电压为 a 点电位减去 b 点电位，即 $U_{ab} = V_a - V_b$。参考电位可以任意选定，并规定其电位为零。在电力电路中，通常选择大地作为参考点，在电路图中用符号"⏚"表示接大地，而在电子电路中，通常选定与金属外壳相连的点作为参考点，在电路图中用符号"⊥"表示接机壳或接底板。

【**例 1.2.2**】　在图 1.2.5 所示的电路中，选 d 为参考点，已知 $V_a = 2V$，$V_b = 3V$，$V_c = 1V$。（1）若选 a 为参考点，试求 V_b、V_c 和 V_d；（2）分别求出当选定 a、d 为参考点时的电压 U_{ab}、U_{cb} 和 U_{bd}。

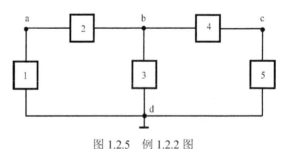

图 1.2.5　例 1.2.2 图

解：（1）当选 a 为参考点时，则电位

$$V_b = U_{ba} = U_{bd} + U_{da} = U_{bd} - U_{ad} = 3 - 2 = 1V$$

$$V_c = U_{ca} = U_{cd} + U_{da} = U_{cd} - U_{ad} = 1 - 2 = -1V$$

$$V_d = U_{da} = -U_{ad} = -2V$$

（2）当选 a 为参考点时，则 $V_a = 0V$，其他各点电位如（1）中计算结果，故电压

$$U_{ab} = V_a - V_b = 0 - 1 = -1V$$

$$U_{cb} = V_c - V_b = (-1) - 1 = -2V$$
$$U_{bd} = V_b - V_d = 1 - (-2) = 3V$$

当选 d 为参考点时，其他各点电位在题中已给出，则电压

$$U_{ab} = V_a - V_b = 2 - 3 = -1V$$
$$U_{cb} = V_c - V_b = 1 - 3 = -2V$$
$$U_{bd} = V_b - V_d = 3 - 0 = 3V$$

可见，选择不同的参考点，电位会发生变化，而任意两点间的电压不会改变。因为电位与参考点的选择有关，而电压与参考点的选择无关。

1.2.3 功率和能量

与电压和电流一样，功率和能量也是电路分析中的重要物理量。这是因为电路在工作状态下总伴随有电能与其他形式能量的转换或相互交换。人们都知道，使用和消耗了电能，就要向供电商付费，另一方面，电气设备和电路部件本身都有功率的限制。

电功率（简称功率）可以用来反映电能转换的快慢，定义为单位时间内吸收（或产生）的电能量，功率用 $p(t)$ 表示（简写 p），即

$$p = \frac{dw}{dt} \tag{1.2.3}$$

由于 $i = \dfrac{dq}{dt}$，$u = \dfrac{dw}{dq}$，当 u 与 i 为关联参考方向时，瞬时功率为

$$p = ui \tag{1.2.4}$$

在直流电路中

$$P = UI \tag{1.2.5}$$

当 u 与 i 为非关联参考方向时，计算功率的公式为

$$p = -ui \quad 或 \quad P = -UI \tag{1.2.6}$$

在利用式（1.2.4）、式（1.2.5）和式（1.2.6）计算功率所得的结果中，若 $p > 0$，表明该段电路吸收（消耗）功率；若 $p < 0$，表明该段电路提供（产生）功率。以上有关功率的讨论不仅适用于一段电路，而且也适用于一个元件，若元件在电路中提供功率起到电源作用的称为电源；若元件为吸收功率起到负载作用的则称为负载。一般来说：

$$吸收功率 = -产生功率$$

在国际单位制（SI）中，功率的单位是瓦特，简称瓦（W），1瓦=1焦耳/秒，功率的常用单位还有毫瓦（mW）、千瓦（kW）和兆瓦（MW），且有 $1mW = 10^{-3}W$，$1kW = 10^3W$，$1MW = 10^6W$。

根据式（1.2.3）可求得能量

$$w = \int_{-\infty}^{t} p\,dt \tag{1.2.7}$$

在国际单位制（SI）中，能量的单位是焦耳，简称焦（J），度量电力的单位是瓦特·小时（Wh），$1Wh = 3600J$。

【例1.2.3】　一台3kW的空调，2小时需要消耗多少电能量？

解：　　　　　　　　　$w = pt = 3000 \times 2 \times 3600 = 21600000(\text{J}) = 21600\text{kJ}$

或用瓦特·小时表示　　　　　$w = pt = 3000 \times 2 = 6000\text{Wh}$

【例1.2.4】　图 1.2.6 所示的电路由5个元件组成，已知 $U_1 = 2\text{V}$，$U_2 = 5\text{V}$，$I_1 = 1\text{A}$，$I_2 = 4\text{A}$，$I_3 = 3\text{A}$，$I_4 = -2\text{A}$，$I_5 = 1\text{A}$。求：（1）U_3、U_4 和 U_5；（2）每个元件的功率，并指出哪些是电源，哪些是负载。

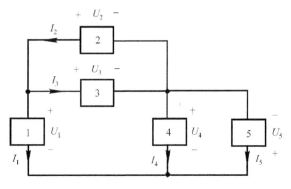

图 1.2.6　例 1.2.4 图

解：（1）$U_3 = U_2 = 5\text{V}$，$U_4 = -U_2 + U_1 = -5 + 2 = -3\text{V}$，$U_5 = -U_4 = 3\text{V}$

（2）每个元件的功率为

$$P_1 = U_1 I_1 = 2 \times 1 = 2\text{W}　（吸收）$$

$$P_2 = -U_2 I_2 = -5 \times 4 = -20\text{W}　（产生）$$

$$P_3 = U_3 I_3 = 5 \times 3 = 15\text{W}　（吸收）$$

$$P_4 = U_4 I_4 = (-3) \times (-2) = 6\text{W}　（吸收）$$

$$P_5 = -U_5 I_5 = -3 \times 1 = -3\text{W}　（产生）$$

所以，元件1、3和4是负载，2和5是电源，而且 $P_1 + P_3 + P_4 = -(P_2 + P_5)$，即所有元件提供的功率与吸收的功率相等，满足功率平衡条件。

1.3　电 阻 元 件

电路中表示材料电阻特性的元件称为电阻器，常用的电阻器有碳膜电阻器、金属膜电阻器、线绕电阻器及电位器等，**电阻元件是从实际电阻器中抽象出来的模型**。线性电阻元件的符号如图 1.3.1(a)所示，它是一个二端元件，其两端的电压和电流的关系称为伏安关系，简写为 VAR，两者服从欧姆定律，当电压与电流参考方向关联时，有

$$u = Ri \qquad\qquad (1.3.1)$$

式中，R 为常数，是线性电阻的电阻值，单位为 Ω。常用的电阻单位还有千欧（$k\Omega$）和兆欧（$M\Omega$）。换算关系为 $1k\Omega = 10^3 \Omega$，$1M\Omega = 10^6 \Omega$。

欧姆定律体现了电阻器对电流呈现阻力的本质。若 u 与 i 为非关联参考方向，则欧姆定律应改为

$$u = -Ri \qquad (1.3.2)$$

如果把电阻元件的电压取为纵坐标，电流取为横坐标，在 $i-u$ 平面上绘出的曲线，称为电阻元件的伏安特性曲线。显然，线性电阻元件的伏安特性曲线是一条经过坐标原点的直线，电阻值可由直线的斜率来确定，如图 1.3.1(b)所示。

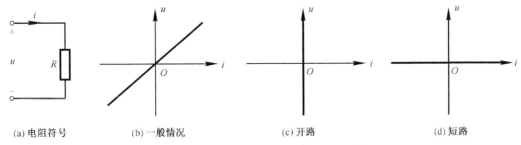

(a) 电阻符号　　　　(b) 一般情况　　　　(c) 开路　　　　(d) 短路

图 1.3.1　线性电阻元件的符号及其伏安特性

电阻元件还可用另一个参数——电导表示，电导 $G = \dfrac{1}{R}$，单位为西门子（符号为 S）。用电导表征线性电阻元件时，当 u 与 i 为关联参考方向时，欧姆定律为

$$i = Gu \qquad (1.3.3)$$

从线性电阻元件的伏安特性曲线可以看出，任一时刻电阻的电压（或电流）是由同一时刻的电流（或电压）所决定的。也就是说，线性电阻的电压不能"记忆"电流在"历史"上起过的作用，所以称为无记忆元件。对于任一个二端元件，只要电压、电流之间存在代数关系，都是无记忆元件。

线性电阻有两个特殊情况——开路和短路。当电阻元件开路（即 $R = \infty$）时，无论电压为何值，其上的电流恒等于零，如图 1.3.1(c)所示。当电阻元件短路（即 $R = 0$）时，无论电流为何值，其两端的电压恒等于零，如图 1.3.1(d)所示。

当实际电路出现开路或短路现象时，多数情况是电路出现故障，需排除后方能正常工作，但有些场合则需要利用开路或短路现象，如电焊机就是利用短路引起的大电流工作的。

如果电阻不是常数，其值随电压或电流的大小甚至方向而改变，则称为非线性电阻，二极管是典型的非线性电阻，图 1.3.2(a)所示是二极管的电路符号。它的特性曲线由整条伏安特性曲线表示，如图 1.3.2(b)所示，所以不能笼统地说是多少欧姆的电阻。

电阻元件除了区分线性和非线性外，还有时变和非时变（或时不变）之分，特性曲线不随时间变化的称为非时变的，否则称为时变的。本书所论及的电阻均假设为线性时不变电阻。

最后讨论线性电阻元件的功率问题，当电压和电流为关联参考方向时，有

$$p = ui = Ri^2 = \frac{u^2}{R} \qquad (1.3.4)$$

若 R 和 G 是正实常数，则功率 $p > 0$，为吸收功率，说明电阻元件消耗能量，因此它是

一个无源元件。工程上常用电阻器消耗电能转化为热能的效应制作各种电热器，如电烙铁、电炉和电灯等。

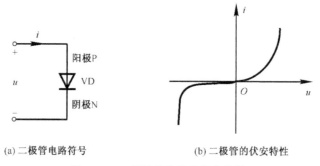

(a) 二极管电路符号　　　　　　　　　　(b) 二极管的伏安特性

图 1.3.2　二极管的符号和伏安特性

另外，利用电子电路可实现负电阻，即 $R<0$，此时 $p<0$，对外提供能量，属于有源元件，本书讨论的电阻均为正电阻。

电阻元件在电路中是最常用的一种元件，在实际使用时，不但要知道它的阻值，还需要知道它的额定功率。事实上，为了使各种电气设备和器件能安全、可靠和经济地工作，制造厂家对每个电气设备和器件都规定了工作时允许的最大电流、最高电压和最大功率，这些数值称为额定值。如某一盏电灯的额定电压是 220V、额定功率是 40W，虽然实际工作时不一定处于额定状态，但一般不应超过额定值。若超出额定值过多，可能会使电气设备或器件损坏，而当远低于额定值时，不仅得不到正常合理的工作情况，而且也不能充分利用设备的能力。

1.4　独　立　源

任何实际电路要维持连续不断的运行，必须有电源的作用。电路中常遇到两类电源：一类电源如稳压电源，当接上负载后，在一定范围内，其输出电流随负载的变化而变化，但电源两端的电压保持为规定值，这类电源常称为独立电压源（简称电压源）；另一类电源如光电池等，当负载在一定范围内变化时，其两端电压随之变化，但电源的输出电流保持为规定值，这类电源常称为独立电流源（简称电流源）。

1.4.1　电压源

一个二端元件，如果端电压总是保持定值 U_S 或是一定的时间函数 $u_S(t)$，而与通过它的电流无关，则该元件称为电压源。**理想电压源的电压是由它本身确定的，而流过它的电流由与之连接的外电路决定。**

电压源符号如图 1.4.1 所示，其中图 1.4.1(a)所示为直流电压源符号，图 1.4.1(b)所示为一般电压源符号（含直流电压源），其电压源伏安特性曲线如图 1.4.2 所示，其中图 1.4.2(a)所示为直流电压源特性曲线，而图 1.4.2(b)所示为电压源在 t_1 时刻的伏安特性曲线，它是一条不通过原点且与电流轴平行的直线。当 $u_S(t)$ 随时间改变时，这条平行于电流轴的直线也将随之改变位置。

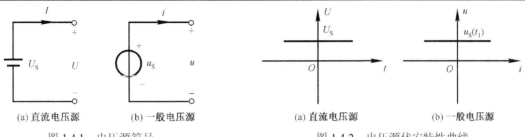

(a) 直流电压源　　(b) 一般电压源

图 1.4.1　电压源符号

(a) 直流电压源　　(b) 一般电压源

图 1.4.2　电压源伏安特性曲线

由特性曲线可看出，当 $i \to \infty$ 时，由于电压源的电压与流过它的电流变化无关，故 $p \to \infty$，即理想电压源能提供无穷大的能量，显然实际电压源是不可能实现的。但理想电压源确实提供了几种实际电压源的合理近似，如汽车蓄电池有12V 端电压，只要流过它的电流不超过几安培，其端电压基本保持常数，又如新的干电池、大型电力网等，基本上能维持端电压不随外部连接电路的变化而变化，所以理想电压源是从实际电压源中抽象出来的模型。

实际电压源两端的电压总是随着电流的增加而有所下降，这是由于实际电压源有内阻存在，当它向外提供电功率时，本身内阻要消耗功率，所以实际电压源可用电压源与内阻的串联模型表示，其模型如图 1.4.3(a)所示，伏安特性曲线如图 1.4.3(b)所示。

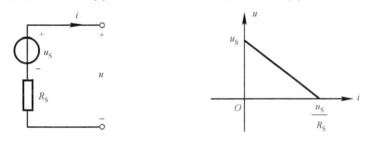

(a) 实际电压源模型　　(b) 实际电压源的伏安特性曲线

图 1.4.3　实际电压源

实际电压源的伏安关系为

$$u = u_S - R_S i \tag{1.4.1}$$

【例 1.4.1】　图 1.4.4 所示为实际直流电压源接负载 R_L 的电路，已知负载的额定功率 $P = 60\text{W}$，额定电压 $U = 30\text{V}$，内阻 $R_S = 0.5\Omega$，负载 R_L 可调。试求：（1）额定工作状态下的电流 I 及负载电阻 R_L；（2）负载开路时的开路电压 U_{OC}；（3）负载短路时的短路电流 I_{SC}。

图 1.4.4　实际直流电压源电路图

解：（1）$I = \dfrac{P}{U} = \dfrac{60}{30} = 2\text{A}$，$R_L = \dfrac{U}{I} = \dfrac{30}{2} = 15\Omega$

（2）额定工作状态下　$U_S = U + IR_S = 30 + 2 \times 0.5 = 31\text{V}$

$$U_{OC} = U_S = 31\text{V}$$

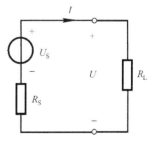

（3）短路电流 $I_{SC} = \dfrac{U_S}{R_S} = \dfrac{31}{0.5} = 62\text{A}$

由此可见，例 1.4.1 中短路电流是额定电流的 31 倍。由于一般电压源的内阻 R_S 较小，故不可以将电压源短路，否则会因为短路电流太大而烧毁电压源，因此电压源在实际使用时必须加短路保护。

1.4.2　电流源

电流源也是从实际电源中抽象出来的一种模型。其定义为：一个二端元件，如果其输出电流总是保持定值 I_S 或是一定的时间函数 $i_S(t)$，而与其两端电压无关，则该二端元件称为电流源。**一个理想的电流源，其电流由它本身确定，而它两端的电压由与之连接的外电路决定。**

电流源的符号如图 1.4.5 所示，其中图 1.4.5(a)所示为直流电流源符号，图 1.4.5(b)所示为一般电流源符号（含直流电流源），其电流源伏安特性曲线如图 1.4.6 所示，其中图 1.4.6(a)所示为直流特性曲线，而图 1.4.6(b)所示为电流源在 t_1 时刻的伏安特性曲线。

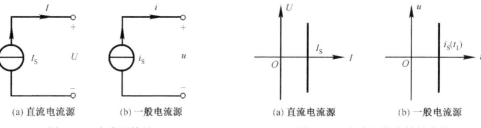

图 1.4.5　电流源符号　　　　　　　　　　　图 1.4.6　电流源伏安特性曲线

当 $u \to \infty$ 时，$p \to \infty$，显然实际电流源不可能提供无穷大的功率。实际电流源提供的电流总是随着电压的增加而有所下降，所以实际电流源可用电流源与电阻的并联模型表示，其模型如图 1.4.7(a)所示，伏安特性曲线如图 1.4.7(b)所示。

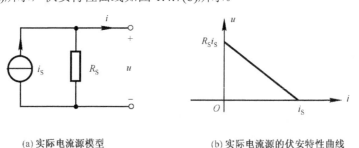

(a) 实际电流源模型　　　　　　　　(b) 实际电流源的伏安特性曲线

图 1.4.7　实际电流源

实际电流源的伏安特性为

$$i = i_S - \dfrac{u}{R_S} \tag{1.4.2}$$

【例 1.4.2】　计算图 1.4.8 所示直流电路的电流 I、电压 U 及每个元件的功率。

解：串联回路电流等于电流源电流，即 $I = 2\text{A}$；

$$U = 5 \cdot I + 4 + 3 \cdot I = 20\text{V}$$

由于电流源的电流参考方向与电压参考方向非关联，故

$$P_{2A} = -2 \cdot U = -2 \times 20 = -40\text{W} \quad (\text{产生功率})$$

即电流源提供 40W 功率；

电压源的电压参考方向与流过它的电流参考方向一致，为关联参考方向，故

$$P_{4V} = 4 \cdot I = 4 \times 2 = 8\text{W} \quad (\text{吸收功率})$$

即电压源吸收的功率为 8W；

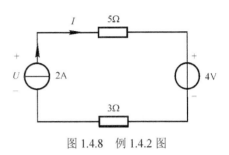

$$P_{5\Omega} = 5 \cdot I^2 = 5 \times 2^2 = 20\text{W} \quad (\text{吸收功率})$$

$$P_{3\Omega} = 3 \cdot I^2 = 3 \times 2^2 = 12\text{W} \quad (\text{吸收功率})$$

由此可见，电压源和电流源在电路中不一定都提供能量，例 1.4.2 中电流源提供功率，起电源作用，而电压源和电阻均吸收功率，起负载作用。

图 1.4.8 例 1.4.2 图

1.5 受 控 源

前述电压源和电流源都是独立源，因为电压源的电压和电流源的电流是不受外电路的控制而独立存在的。然而电子电路中还有一种非独立源，这种非独立电压源的电压和电流源的电流受到同一电路中其他支路的电压和电流控制，通常把这种非独立源称为受控源，为了与独立源区别，受控源用菱形符号表示。借助于受控源可以表征有源电子器件（如晶体三极管、运算放大器等）的电路模型。图 1.5.1(a)所示是 NPN 三极管符号，图 1.5.1(b)所示是 NPN 晶体三极管在放大模式下的小信号电路模型。其中 r_{be} 是晶体三极管的输入电阻，β 是其发射结交流电流放大倍数，图中 $i_c = \beta i_b$，即输出电流 i_c 受输入电流 i_b 的控制，所以 i_b 称为控制量，i_c 称为受控量。

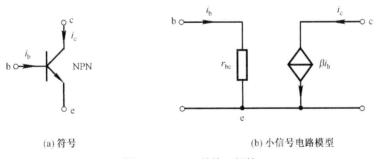

(a) 符号   (b) 小信号电路模型

图 1.5.1 NPN 晶体三极管

理想集成运算放大器（简称理想运放）的符号如图 1.5.2(a)所示，理想运放模型如图 1.5.2(b)所示。对于理想运放，有输入电阻 $R_i \to \infty$，输出电阻 $R_o \to 0$，开环差模电压放大倍数 $A \to \infty$，差动输入电压 $u_{id} = (u_+ - u_-) \to 0$，输出电压 $u_o = Au_{id} = A(u_+ - u_-)$，即运放输出电压受差动输入电压的控制。

综上可知，受控源含有两条支路，一条是控制支路，一条是被控支路，且控制支路和被控支路既可以是电压，也可以是电流，因此受控源有 4 种类型：分别为电压控制电压源

（Voltage-Controlled Voltage Source，缩写 VCVS）、电压控制电流源（Voltage-Controlled Current Source，缩写 VCCS）、电流控制电压源（Current-Controlled Voltage Source，缩写 CCVS）、电流控制电流源（Current-Controlled Current Source，缩写 CCCS），其理想受控源模型如图 1.5.3 所示。

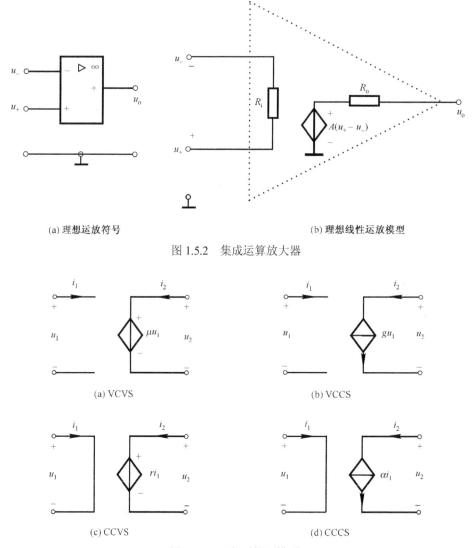

(a) 理想运放符号　　　　　　　　　　　　　　　(b) 理想线性运放模型

图 1.5.2 　集成运算放大器

(a) VCVS　　　　　　　　　　　　　　　(b) VCCS

(c) CCVS　　　　　　　　　　　　　　　(d) CCCS

图 1.5.3 　理想受控源模型

4 种受控源的 VAR 为

$$\text{VCVS} \qquad u_2 = \mu u_1 \qquad\qquad (1.5.1)$$

$$\text{VCCS} \qquad i_2 = g u_1 \qquad\qquad (1.5.2)$$

$$\text{CCVS} \qquad u_2 = r i_1 \qquad\qquad (1.5.3)$$

$$\text{CCCS} \qquad i_2 = \alpha i_1 \qquad\qquad (1.5.4)$$

式中，μ 和 α 无量纲，g 的单位是电导 S，r 的单位是电阻 Ω。

若控制系数 μ、g、r、α 是常数，则受控源是线性受控源。

受控源与独立源有本质区别。独立源是发电机、电池、信号发生器等实际电源或信号源的理想化模型，它是能量的来源，在电路中起激励作用，它能单独引起电路中电压、电流的响应，而受控源是描述电子器件中某支路对另一支路控制作用的理想化模型，由于受控源的输出电压（电流）的大小和方向是由控制支路的电压（电流）控制的，所以受控源不能单独引起电路中电压、电流的响应，在电路中不起激励作用。另一方面，由于受控源具有类似独立源的输出特性，只要控制支路不变，被控支路总保持输出不变，因此在分析含有受控源的电路时，通常把受控源作为独立源处理，列写电路方程，但要注意受控量与控制量的关系。

【例 1.5.1】 求图 1.5.4 所示电路中 5Ω 电阻上的电压 u_2、电流 i_2 及受控电流源的功率。

解： 图 1.5.4 所示的电路是电压控制电流源的电路，其控制量为

$$u_1 = 0.5 \times 10 = 5\text{V}$$

受控电流源的电流

$$i_2 = 0.4u_1 = 0.4 \times 5 = 2\text{A}$$

由于 u_2 与 i_2 非关联，故

$$u_2 = -5 \times i_2 = -10\text{V}$$

受控电流源的电流与其两端电压为关联
参考方向，故

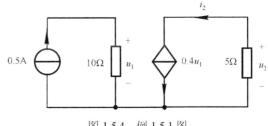

图 1.5.4 例 1.5.1 图

$$p = u_2 \cdot i_2 = -10 \times 2 = -20\text{W}$$

即受控电流源提供功率 20W 。

1.6 基尔霍夫定律

集总参数电路是由集总参数元件按一定规律连接而成的。

电路中把每一个二端元件视为一条支路，而把两条或两条以上支路的连接点称为节点。
流过支路的电流称为支路电流，支路两端的电压称为支路电压。图 1.6.1 所示的电路由 5 个元件构成，所以有 5 条支路及 a、b、c、d 这 4 个节点。在电路分析中，为方便起见，通常将流过同一电流的几个元件的串联组合称为支路，则图 1.6.1 中电压源 u_{S1} 和电阻 R_1 串联成一条支路，其支路电流为 i_1，同时 c 点不再作为节点，而电压源 u_{S2} 和电阻 R_2 也串联成一条支路，其支路电流为 i_2，同时 d 点也不再作为节点，这样定义后，就只有 3 条支路及 a、b 两个节点。因为支路数和节点数都减少了，未知的支路电流或支路电压就有所减少，直接导致相联系的求解方程数也减少，所以有助于电路的分析、计算。

由支路构成的任一闭合路径称为回路，在回路内部不含有任何支路的回路称为网孔。

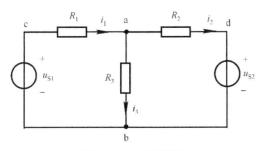

图 1.6.1 电路举例

图 1.6.1 中共有 3 个回路，即 adbca、abca 和 adba，共有两个网孔，即 abca 和 adba。

电路中的各支路电流和支路电压受到两类约束：一类是由元件特性造成的约束，即每个元件上的电压与电流自身存在的一定关系，称为元件约束，如线性电阻元件的电压与电流的 VAR 为 $u = Ri$；另一类是元件的相互连接给支路电流之间和支路电压之间带来的约束，称为拓扑约束，这类约束由基尔霍夫定律体现。一切集总电路中的电压、电流无不为这两类约束所支配。其中，基尔霍夫定律包括电流定律和电压定律。

1.6.1　基尔霍夫电流定律

基尔霍夫电流定律（KCL）：在集总参数电路中，任一时刻，对任一节点，流出（或流入）该节点的所有电流的代数和等于零，即

$$\sum i = 0 \tag{1.6.1}$$

或者说，在集总参数电路中，任一时刻，对任一节点，所有流入该节点的电流之和等于所有流出该节点的电流之和，即

$$\sum i_入 = \sum i_出 \tag{1.6.2}$$

实际上，基尔霍夫电流定律可由节点推广到任意一个闭合面，即通过一个闭合面的支路电流的代数和恒等于零，或者说流入闭合面的电流等于流出闭合面的电流。

【例 1.6.1】　求图 1.6.2 所示电路的电流 i_1、i_2 和 i_3。

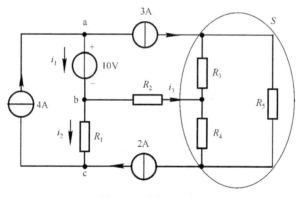

图 1.6.2　例 1.6.1 图

解： 设流入节点 a 的电流为正，则节点 a 的 KCL 方程为

$$4 - 3 - i_1 = 0，解得 i_1 = 1A$$

同理，节点 c 的 KCL 方程为

$$i_2 + 2 - 4 = 0，解得 i_2 = 2A$$

i_3 可由节点 b 的 KCL 方程求得，即

$$i_3 = i_1 - i_2 = -1A$$

另外还可以通过图 1.6.2 中由 R_3、R_4 和 R_5 构成的闭合面 S 求 i_3。若将闭合面 S 看做一个闭合表面缩小后的一个点，则列写 KCL 方程有

$$i_3 + 3 = 2，解得 i_3 = -1A$$

1.6.2　基尔霍夫电压定律

基尔霍夫电压定律（KVL）：在集总参数电路中，任一时刻，对任一回路，沿着指定的回路绕行方向，各元件两端的电压的代数和为零，即

$$\sum u = 0 \qquad\qquad (1.6.3)$$

应用式（1.6.3）时要注意，当元件两端的电压方向与回路绕行方向相同时取正号，相反则取负号。回路方向可取顺时针方向，也可取逆时针方向。

【例 1.6.2】　求图 1.6.3 所示电路的 u_1 和 u_2。

解：取网孔 1 和网孔 2 的顺时针方向为绕行方向。

对网孔 1 列 KVL 方程，有 $u_1 + 2 - 5 = 0$，得 $u_1 = 3V$。

对网孔 2 列 KVL 方程，有 $u_2 - 3 - 2 = 0$，得 $u_2 = 5V$。

图 1.6.4 所示的回路是由电压源和电阻构成的，设回路的绕行方向为逆时针方向，由 KVL 得

$$R_1 \cdot I + R_2 \cdot I + U_{S2} - U_{S1} = 0$$

或

$$R_1 \cdot I + R_2 \cdot I = U_{S1} - U_{S2}$$

即

$$\sum RI = \sum U_S \qquad\qquad (1.6.4)$$

此式为基尔霍夫定律在电阻电路中的另一种表达式，即在任一绕行回路中，电阻上电压降的代数和等于回路中电压源电压升的代数和。

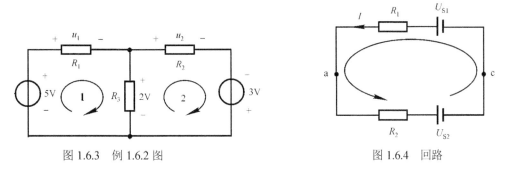

图 1.6.3　例 1.6.2 图　　　　　　　　图 1.6.4　回路

基尔霍夫电压定律不仅可以应用于闭合回路，也可以把它推广应用于回路的部分电路中。仍以图 1.6.4 为例，求 a、c 两点之间的电压 U_{ac}。

列 KVL 方程，有　　　　　$U_{ac} - U_{S1} + R_1 \cdot I = 0$，得 $U_{ac} = U_{S1} - R_1 \cdot I$

或　　　　　　　　　　　　$U_{ac} - U_{S2} - R_2 \cdot I = 0$，得 $U_{ac} = U_{S2} + R_2 \cdot I$

基尔霍夫电流定律和基尔霍夫电压定律是集总参数电路的基本定律。KCL 描述了电路中任一节点处各支路电流的约束关系，实质上是电荷守恒原理的体现，KVL 描述了电路中任一回路中各支路电压的约束关系，实质上是能量守恒原理的体现。KCL 和 KVL 不仅适用于线性电路，也适用于非线性电路，不仅适用于时不变电路，也适用于时变电路。

习　　题

1.1　若流入某元件正端的电流 $i(t) = 2e^{-3t}$ mA，求 $0 < t < 4$s 期间流入该元件的总电荷量。

1.2　试计算一台平均功率为 5kW 的空调在 2 小时内消耗多少电能量。

1.3　图 1.1 所示为某电子元件两端的电压和流过的电流波形，求该元件在 $0 < t < 4$s 期间吸收的总能量。

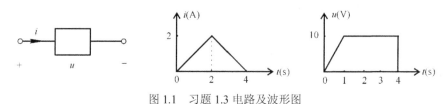

图 1.1　习题 1.3 电路及波形图

1.4　求图 1.2 所示图中各元件的功率。

（1）求元件 1 吸收的功率 P_1；　　　　（2）求元件 2 吸收的功率 P_2；

（3）求元件 3 产生的功率 P_3；　　　　（3）求元件 4 产生的功率 P_4。

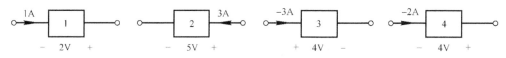

图 1.2　习题 1.4 电路图

1.5　各元件的电压、电流参考方向如图 1.3 所示。

（1）若元件 1 吸收功率为 10W，求 U_1；　（2）若元件 2 吸收功率为 -10W，求 I_2；

（3）若元件 3 产生功率为 10W，求 I_3；　（4）若元件 4 产生功率为 20W，求 U_4。

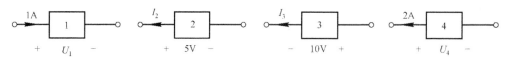

图 1.3　习题 1.5 电路图

1.6　一个 30W 的白炽灯接于 220V 的电源上，一直在楼梯暗处点亮着，求：

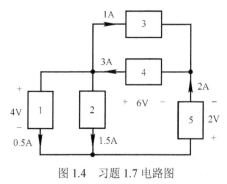

图 1.4　习题 1.7 电路图

（1）流过灯泡的电流；

（2）若按 0.6 元/kWh 计算，求该灯不间断地亮一年所需的电费。

1.7　求解电路后，验证结果是否正确的方法之一是核对电路中所有元件的功率是否平衡，即一部分电路元件提供的总功率等于另一部分电路元件吸收的总功率。试校验图 1.4 所示电路的解答是否正确。

1.8　求解图 1.5 所示电路中的 U、I 及电压源和电流源的功率。

1.9　求图 1.6 所示电路中的 U_s、I 和 R。

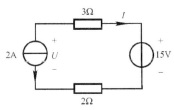

图 1.5 习题 1.8 电路图

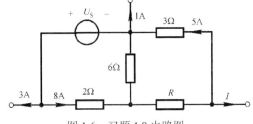

图 1.6 习题 1.9 电路图

1.10 求图 1.7 所示电路中的电流 I_1、I_2 及各电源提供的功率。

1.11 在图 1.8 所示电路中，求出 I_S 与 U 的值。

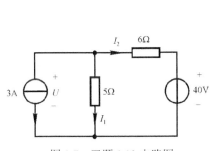

图 1.7 习题 1.10 电路图

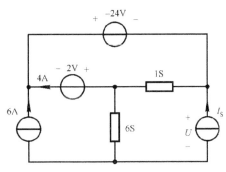

图 1.8 习题 1.11 电路图

1.12 求图 1.9 所示电路中 a 点电位及 b 点电位。

1.13 图 1.10 所示电路中，若 $I = 0\text{A}$，求 R 的值。

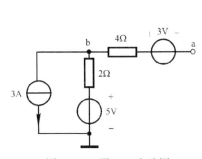

图 1.9 习题 1.12 电路图

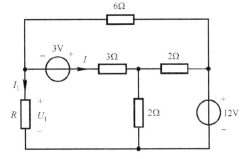

图 1.10 习题 1.13 电路图

1.14 电路如图 1.11 所示，求受控源的功率。

1.15 求图 1.12 所示电路中的电流 I。

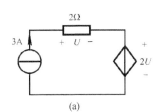

(a)

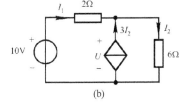

(b)

图 1.11 习题 1.14 电路图

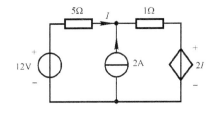

图 1.12 习题 1.15 电路图

第2章 简单电阻电路的等效变换

第 1 章介绍了电路中的电流、电压和功率等基本概念和基本定律等，如果直接用于复杂电路的分析计算，将面临联立方程过多的问题。在电子学中，许多电路既不是串联电路，也不是并联电路，而是由串联和并联组合而成的混联电路。很多情况下，可以用简化方法对复杂电路进行分析。本章将讨论电路分析和设计中常用的一种基本方法——等效变换，该分析方法包含了电阻的串并联、电阻的△－Y 等效变换和电源的等效变换等，应用这些基本的等效规律可以求解最简等效电路，简化电流、电压等电路基本变量的求解，使电路的分析计算更加方便、快捷。

2.1 电路等效变换的基本概念

对复杂的电路进行分析计算，常采用分解的方法，将大的电路网络看成是由两个子网络 N_1 和 N_2 通过两根导线相连所组成的，如图 2.1.1 所示。像 N_1、N_2 这样只有两个端钮与外电路连接的子电路称为二端网络或单口网络。也可将复杂电路划分为 3 个子网络 N_1、N_2 和 N_3，甚至更多的子网络，如图 2.1.2 所示。像 N_2 这样有 4 个端钮（两个端口）与外电路相连接的子网络称为双口网络。本章主要介绍单口网络的等效互换。

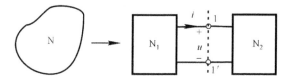

图 2.1.1 大网络 N 由两个单口网络组成

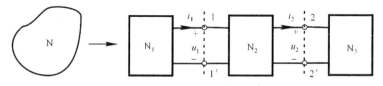

图 2.1.2 大网络 N 由两个单口网络和一个双口网络组成

单口网络在端口上的电压 u 和电流 i 的关系，称为单口网络的伏安特性（VAR）。一个元件的伏安特性由元件本身的性质确定，与外接电路无关，如线性电阻的 VAR 满足欧姆定律，即 $u = Ri$ 的表达式不会因外接电路的不同而有所不同。同样，一个单口网络的 VAR 也由单口网络自身的性质确定，与外接电路无关。

如图 2.1.3 所示，两个单口网络 N 和 N′，在相同的电压 u 和电流 i 参考方向下，若 N 的伏安特性和 N′ 的伏安特性完全相同，或在 $u-i$ 平面上的 VAR 特性曲线完全重叠，则称这两个单口网络是等效的，N 和 N′ 互为等效电路。

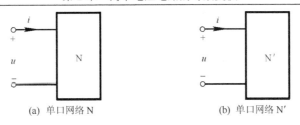

(a) 单口网络 N　　　　　　　　　(b) 单口网络 N′

图 2.1.3　单口网络等效互换

注意：等效是指对外电路等效。如图 2.1.4 所示，单口网络 N 由一个理想电压源和一个电阻并联组成，而单口网络 N′ 中只含有一个理想电压源，尽管这两个网络具有不同的内部结构，但对于外接电阻 R_2 来说，它们具有完全相同的影响。可见，"对外等效"也就是其外部特性等效。

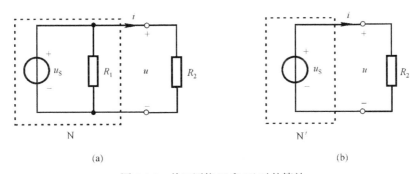

(a)　　　　　　　　　　　　　　　(b)

图 2.1.4　单口网络 N 和 N′ 对外等效

2.2　电阻的串联和并联

电阻的串联或并联在电路中是频繁发生的。对于电阻元件较多、互连较复杂的电路，可以先简化电路，在求得等效电阻 R_{eq} 后再分析计算支路电流、电压等。

2.2.1　电阻的串联

图 2.2.1(a)所示为两个电阻串联的单口网络。电阻串联时，流过每个电阻的电流为同一电流，其端口伏安特性为

$$u = u_1 + u_2 = R_1 i + R_2 i = (R_1 + R_2)i \tag{2.2.1}$$

式（2.2.1）又可以写成

$$u = R_{eq}i \tag{2.2.2}$$

即这两个串联电阻可以用一个等效电阻 R_{eq} 来取代，如图 2.2.1(b)所示，且

$$R_{eq} = R_1 + R_2 \tag{2.2.3}$$

图 2.2.1 中单口网络 N 和 N′ 在 a、b 两端所呈现的伏安特性是完全一样的，N′ 是单口网络 N 的简化等效电路。

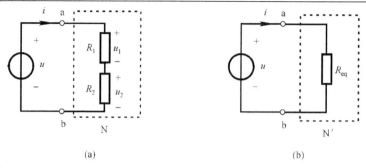

图 2.2.1　两个电阻的串联及等效

由式（2.2.1）容易得到

$$i = \frac{u}{R_1 + R_2} \tag{2.2.4}$$

图 2.2.1(a)中每个电阻上的电压可以表示为

$$\begin{cases} u_1 = R_1 i = \dfrac{R_1}{R_1 + R_2} u \\[3mm] u_2 = R_2 i = \dfrac{R_2}{R_1 + R_2} u \end{cases} \tag{2.2.5}$$

式（2.2.5）称为分压公式，表示端口电压 u 被串联电阻分压。分压后各电阻上的电压与其电阻值成正比，电阻越大，电阻上分到的电压越大，因此电阻串联电路也称为分压电路。

图 2.2.2 所示为 n 个电阻的串联电路，应用 KVL 和欧姆定律，得到其端口伏安特性为

$$u = u_1 + u_2 + \cdots + u_n = (R_1 + R_2 + \cdots + R_n)i = R_{eq} i \tag{2.2.6}$$

其等效电阻为

$$R_{eq} = R_1 + R_2 + \cdots + R_n = \sum_{k=1}^{n} R_k \tag{2.2.7}$$

即任意多个电阻串联的等效电阻等于各电阻值的总和。

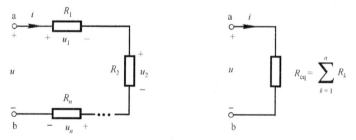

图 2.2.2　n 个电阻的串联及等效

因此，在有 n 个电阻串联的分压电路中，若端口电压为 u，则第 k 个电阻上的压降为

$$u_k = \frac{R_k}{R_1 + R_2 + \cdots + R_n} u = \frac{R_k}{R_{eq}} u \tag{2.2.8}$$

2.2.2　电阻的并联

图 2.2.3(a)所示为两个电阻并联的单口网络，图 2.2.3(b)所示为其等效电路。并联支路电压相等，因此 R_1、R_2 两端具有相同的电压。由 KCL 和欧姆定律可得到端口的伏安特性为

$$i = i_1 + i_2 = \left(\frac{1}{R_1} + \frac{1}{R_2} \right) u = \frac{u}{\dfrac{R_1 R_2}{R_1 + R_2}} = \frac{u}{R_{eq}} \qquad (2.2.9)$$

$$R_{eq} = \frac{R_1 R_2}{R_1 + R_2} \qquad (2.2.10)$$

或

$$i = i_1 + i_2 = (G_1 + G_2)u = G_{eq}u \qquad (2.2.11)$$

$$G_{eq} = G_1 + G_2 \qquad (2.2.12)$$

根据 $u = \dfrac{i}{G_1 + G_2}$，可以得到

$$\begin{cases} i_1 = G_1 u = \dfrac{G_1}{G_1 + G_2} i \\ i_2 = G_2 u = \dfrac{G_2}{G_1 + G_2} i \end{cases} \qquad (2.2.13)$$

若用电阻表示，则为

$$\begin{cases} i_1 = \dfrac{R_2}{R_1 + R_2} i \\ i_2 = \dfrac{R_1}{R_1 + R_2} i \end{cases} \qquad (2.2.14)$$

式（2.2.13）和式（2.2.14）说明端口总电流 i 被并联电阻支路分流，且支路电流与其电阻成反比，或者说正比于电导值的大小，这个规律称为分流原理。图 2.2.3 所示的并联电路称为分流电路。较小的电阻支路流过较大的电流，也正反映了电阻具有阻碍电流流过的物理特性，阻值越大，阻碍电荷通过的能力越大，分配得到的电流越小。

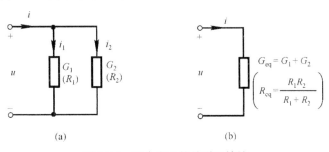

图 2.2.3　两个电阻的并联及等效

将式（2.2.12）扩展到 n 个电阻并联的一般情况，则等效电导为

$$G_{eq} = G_1 + G_2 + \cdots + G_n = \sum_{k=1}^{n} G_k \qquad (2.2.15)$$

任意多个电导并联的等效电导等于各电导之和。

并联电路的等效电阻为

$$\frac{1}{R_{eq}} = \frac{1}{R_1} + \frac{1}{R_2} + \cdots + \frac{1}{R_n} \tag{2.2.16}$$

可见，若干电阻并联后的等效电阻值总是小于其中最小的那个电阻。若 $R_1 = R_2 = \cdots = R_n = R$，则

$$R_{eq} = \frac{R}{n} \tag{2.2.17}$$

例如，有4个1kΩ的电阻并联，其等效电阻为250Ω。

一般地，若有 n 个电导并联，具有对端口总电流 i 进行分流的作用，则流经第 k 个电导的电流为

$$i_k = \frac{G_k}{G_1 + G_2 + \cdots + G_n} i \tag{2.2.18}$$

由此可知：流经并联电导时，任一电导的电流等于总电流乘以该电导对总电导的比值。显然，电导值大的分配到的电流也高。

在极端情况下，若一条支路短路，如图 2.2.4(a)所示，即假设 $R_2 = 0$ 的情况下，可以得出以下结论：

① 由式（2.2.10）可知，等效电阻 $R_{eq} = 0$。

② 由分流公式（2.2.14）可知，$i_1 = 0$，$i_2 = i$，说明总电流 i 全部流经短路支路。

另一个极端情况是 $R_2 = \infty$，即 R_2 为开路的情况，如图 2.2.4(b)所示，此时端口电流全部流经 R_1 支路，等效电阻 $R_{eq} = R_1$。

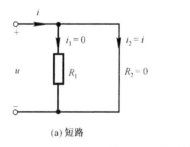 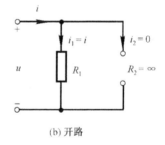

图 2.2.4　电阻并联的极端情况

在电路分析过程中，常常需要对电阻网络进行串联或并联的简化等效，使复杂网络简化为单个等效电阻 R_{eq}，为复杂电路的分析带来方便。

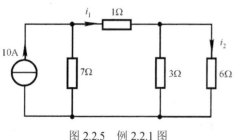

图 2.2.5　例 2.2.1 图

【例 2.2.1】　某分流器电路如图 2.2.5 所示，求电流 i_1、i_2 和消耗在6Ω电阻上的功率。

解：首先利用电阻的串、并联关系简化电路，如图 2.2.6 所示，由图 2.2.6(b)计算等效电阻

$$R_{eq} = 1 + \frac{3 \times 6}{3 + 6} = 3\Omega$$

由图 2.2.6(a)，利用分流公式求电流 i_1

$$i_1 = \frac{7}{7+3} \times 10 = 7\text{A}$$

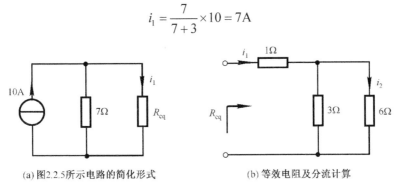

(a) 图2.2.5所示电路的简化形式　　　　　　(b) 等效电阻及分流计算

图 2.2.6　图 2.2.5 所示电路的等效计算

7A 是图 2.2.5 中流经 1Ω 电阻上的电流，进一步分流，如图 2.2.6(b)所示，求 6Ω 电阻上的电流 i_2

$$i_2 = \frac{3}{3+6} \times 7 = \frac{7}{3}\text{A}$$

消耗在 6Ω 电阻上的功率为

$$p = \left(\frac{7}{3}\right)^2 \times 6 = 32.67\text{W}$$

2.3　电阻的 Y 形连接和△形连接的等效变换

电阻元件的串联、并联和混联都属于简单的连接方式。电阻元件还有比较复杂的连接方式，如图 2.3.1 所示的电桥电路，其中 $R_1 \sim R_4$ 构成电桥的桥臂，各电阻元件之间并非简单的串联、并联组合，如何求 a、b 端口的入端等效电阻 R_{eq} 呢？本节将分两种情况介绍电桥电路等效电阻的计算。

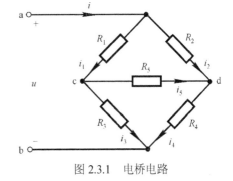

图 2.3.1　电桥电路

2.3.1　平衡电桥电路

在图 2.3.1 所示的电路中，如果 c、d 支路的电流 $i_5 = 0\text{A}$，则由于 R_5 电压为零，故 c 点和 d 点同电位，称该电路为平衡电桥电路。根据 KVL 方程，则有

$$R_3 i_3 = R_4 i_4 \qquad\qquad (2.3.1)$$

$$R_1 i_1 = R_2 i_2 \qquad\qquad (2.3.2)$$

由于 $i_5 = 0\text{A}$，根据 KCL，则有 $i_1 = i_3$，$i_2 = i_4$，分别带入式（2.3.1），得到

$$R_3 i_1 = R_4 i_2 \qquad\qquad (2.3.3)$$

用式（2.3.3）除以式（2.3.2），整理后得到

$$\frac{R_3}{R_1} = \frac{R_4}{R_2} \tag{2.3.4}$$

或

$$R_1 R_4 = R_2 R_3 \tag{2.3.5}$$

平衡电桥电路的条件：相对桥臂上电阻元件的电阻值乘积相等。

这样，对于平衡电桥电路，可以用以下两种方法求端口的入端等效电阻。

（1）由于 $i_5 = 0A$，将 c、d 支路视为开路，如图 2.3.2(a)所示，则 a、b 端口的等效电阻为

$$R_{eq} = (R_1 + R_3) // (R_2 + R_4) = \frac{(R_1 + R_3)(R_2 + R_4)}{R_1 + R_3 + R_2 + R_4} \tag{2.3.6}$$

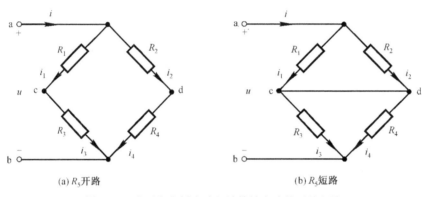

(a) R_5 开路   (b) R_5 短路

图 2.3.2   求平衡电桥电路入端等效电路的两种方法

（2）由于 $u_{cd} = 0V$，可以将 c、d 支路视为短路，即除去对电路无影响的 R_5，如图 2.3.2(b) 所示，则 a、b 端口等效电阻的计算方法为

$$R_{eq} = R_1 // R_2 + R_3 // R_4 = \frac{R_1 R_2}{R_1 + R_2} + \frac{R_3 R_4}{R_3 + R_4} \tag{2.3.7}$$

【例 2.3.1】   求图 2.3.3(a)所示单口网络的等效电阻。

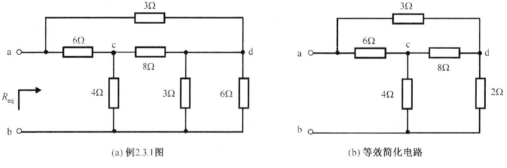

(a) 例2.3.1图   (b) 等效简化电路

图 2.3.3   例 2.3.1 图

解： 图 2.3.3(a)中3Ω 和6Ω 并联，可等效为2Ω，如图 2.3.3(b)所示电路，图 2.3.3(b)正好 为平衡电桥电路，将c、d 支路的8Ω 作开路，则

$$R_{eq} = (6 + 4) // (3 + 2) = \frac{10 \times 5}{10 + 5} = \frac{10}{3} = 3.333\Omega$$

平衡惠斯登（wheatstone）电桥即平衡电阻桥，可以用来精确地测量一定范围内的电阻值，测量范围为 $1\Omega \sim 1M\Omega$。商用惠斯登电桥的精确度可以达到 $\pm 0.1\%$。如图 2.3.4 所示，未知待测电阻 R_x 接到电桥电路的桥臂上，c、d 电阻支路为特殊的电流控制器，并且其中一桥臂上的电阻可调，如 R_3。调节可变电阻直到没有电流流过检流计为止，此时，$i = 0A$，c 点和 d 点同电位，满足电桥平衡的条件，即 $R_2 R_3 = R_1 R_x$，则

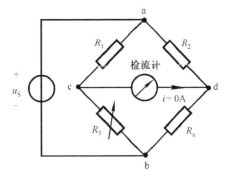

图 2.3.4 平衡惠斯登电桥

$$R_x = \frac{R_2 R_3}{R_1} \tag{2.3.8}$$

若 $R_1 = R_2$，当调节可变电阻 R_3 到检流计没有电流指示时，则 $R_x = R_3$。

这种电桥电路不仅能精确地测量电阻，在自动测量仪如温度计和压力计中也得到了广泛的应用。

2.3.2 Y - △ 等效变换

对于图 2.3.1 所示的电路，若不满足电桥平衡条件，则无法利用前面介绍的简单串、并联等效电阻的计算方法来求解该电阻网络的输入端等效电阻。采用三角形－星形（△－Y）或 Π 形－T 形等效电路，可以将上述互连的电阻电桥简化为单个等效电阻。图 2.3.5 所示为电阻的 Y（或 T）形连接图，图 2.3.6 所示为电阻的△（或 Π）形连接图，两种互连方式均为 3 端网络。

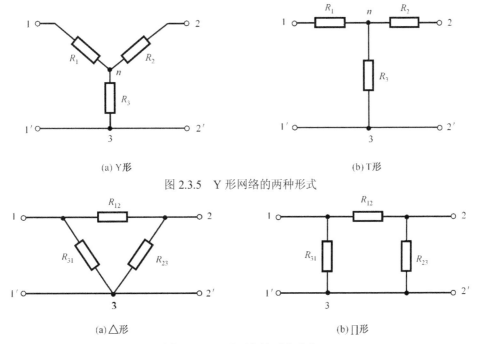

(a) Y形　　　　　　　　　　　　　(b) T形

图 2.3.5 Y 形网络的两种形式

(a)△形　　　　　　　　　　　　　(b) Π形

图 2.3.6 △形网络的两种形式

1. △−Y 变换

比较△形和 Y 形两个网络，在△形网络中的每一对节点间的电阻必须等于 Y 形网络中对应的节点间的电阻值。以图 2.3.5 和图 2.3.6 为例，对于节点 1、2 而言

$$R_{12}(Y) = R_1 + R_2 \tag{2.3.9a}$$

$$R_{12}(\triangle) = R_{12} // (R_{23} + R_{31}) \tag{2.3.9b}$$

使 $R_{12}(Y) = R_{12}(\triangle)$，有

$$R_1 + R_2 = \frac{R_{12} \times (R_{23} + R_{31})}{R_{12} + R_{23} + R_{31}} \tag{2.3.10a}$$

同理可得

$$R_2 + R_3 = \frac{R_{23} \times (R_{31} + R_{12})}{R_{12} + R_{23} + R_{31}} \tag{2.3.10b}$$

$$R_1 + R_3 = \frac{R_{31} \times (R_{12} + R_{23})}{R_{12} + R_{23} + R_{31}} \tag{2.3.10c}$$

用式（2.3.10c）减去式（2.3.10b），得

$$R_1 - R_2 = \frac{R_{12} \times (R_{31} - R_{23})}{R_{12} + R_{23} + R_{31}} \tag{2.3.11}$$

用式（2.3.10a）加上式（2.3.11），得

$$R_1 = \frac{R_{12} R_{31}}{R_{12} + R_{23} + R_{31}} \tag{2.3.12}$$

用式（2.3.10a）减去式（2.3.11），得

$$R_2 = \frac{R_{12} R_{23}}{R_{12} + R_{23} + R_{31}} \tag{2.3.13}$$

用式（2.3.10c）减去式（2.3.12），得

$$R_3 = \frac{R_{23} R_{31}}{R_{12} + R_{23} + R_{31}} \tag{2.3.14}$$

式（2.3.12）~式（2.3.14）不必死记，只要观察△形和 Y 形互换网络，如图 2.3.7 所示，按照下述转换规则，即可由△形网络计算得到 Y 形网络中的 R_1、R_2 和 R_3 的电阻值

$$Y形电阻 = \frac{△形相邻电阻的乘积}{△形电阻之和}$$

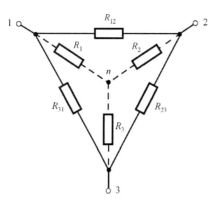

图 2.3.7 Y 形网络与△形网络的迭合作为相互转换的辅助方法图

2. Y−△变换

Y−△变换，即用△形网络等效 Y 形网络。

将式（2.3.12）～式（2.3.14）作代数运算，得

$$R_1R_2 + R_2R_3 + R_3R_1 = \frac{R_{12} \times R_{23} \times R_{31}(R_{12} + R_{23} + R_{31})}{(R_{12} + R_{23} + R_{31})^2} = \frac{R_{12}R_{23}R_{31}}{R_{12} + R_{23} + R_{31}} \quad (2.3.15)$$

式（2.3.15）分别被式（2.3.12）～式（2.3.14）相除，得到

$$\begin{cases} R_{23} = \dfrac{R_1R_2 + R_2R_3 + R_3R_1}{R_1} \\[2mm] R_{31} = \dfrac{R_1R_2 + R_2R_3 + R_3R_1}{R_2} \\[2mm] R_{12} = \dfrac{R_1R_2 + R_2R_3 + R_3R_1}{R_3} \end{cases} \quad (2.3.16)$$

由式（2.3.16）和图 2.3.7 可以归纳出 Y－△ 变换的规则为

$$\triangle 形电阻 = \frac{Y形电阻两两乘积之和}{Y形不相邻电阻}$$

若 $R_1 = R_2 = R_3 = R_Y$，或 $R_{12} = R_{23} = R_{31} = R_\triangle$，则称为平衡 Y 形网络或平衡△形网络，对平衡网络有

$$R_Y = \frac{R_\triangle}{3} \quad 或 \quad R_\triangle = 3R_Y \quad (2.3.17)$$

【例 2.3.2】　求图 2.3.8 所示电路中 40V 电压源提供的电流 i 和功率。

解：这里关心的是 40V 电压源提供的电流和功率。一旦获得 a、b 端口的等效电阻，问题就迎刃而解了。将上面的△（100Ω，25Ω，125Ω）形网络用相应的 Y 形网络等效，由式（2.3.12）～式（2.3.14）可计算出 Y 形网络的电阻值。

$$R_1 = \frac{100 \times 125}{100 + 25 + 125} = \frac{12500}{250} = 50\Omega$$

$$R_2 = \frac{100 \times 25}{250} = 10\Omega$$

$$R_3 = \frac{125 \times 25}{250} = 12.5\Omega$$

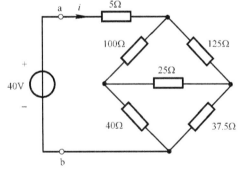

图 2.3.8　例 2.3.2 图

将 Y 形网络代入图 2.3.8 中，产生如图 2.3.9(a) 所示的电路，利用电阻的串、并联简化方法，很容易计算出 a、b 两端的等效电阻为

$$R_{eq} = 5 + 50 + \frac{(10 + 40) \times (12.5 + 37.5)}{10 + 40 + 12.5 + 37.5} = 80\Omega$$

由图 2.3.9(b)可得

$$i = \frac{40}{80} = 0.5A$$

$$p = -u_S i = -40 \times 0.5 = -20W \quad （提供功率20W）$$

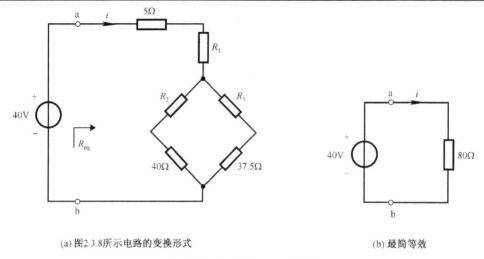

(a) 图2.3.8所示电路的变换形式　　　　　　　　　　(b) 最简等效

图 2.3.9　图 2.3.8 的等效电路

2.4　电源的等效变换

除电阻支路可以简化等效外，根据基尔霍夫定律和独立源的元件特性，很多含源单口网络也能进行等效简化，本节主要介绍一些常用的等效变换规律。

2.4.1　含理想电压源的电路等效

1．电压源的串联及等效

将 KVL 应用于电压源串联支路中，**串联电压源的等效电压是各电压源电压的代数和，因此电压源串联支路可以用一个等效的电压源替代。**图 2.4.1(a)所示为 n 个电压源的串联，可以用图 2.4.1(b)所示的单个电压源等效，这个等效电压源的端口电压为

$$u_S = u_{S1} + u_{S2} + \cdots + u_{Sn} = \sum_{k=1}^{n} u_{Sk} \qquad (2.4.1)$$

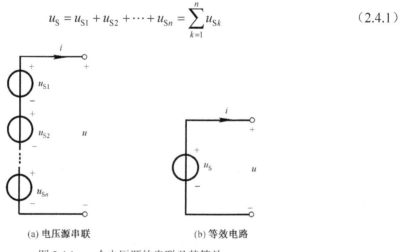

(a) 电压源串联　　　　　　　　　　(b) 等效电路

图 2.4.1　n 个电压源的串联及其等效

如果 u_{Sk} 的参考方向与图 2.4.1(b)中的等效电压源 u_S 的参考方向一致，则式（2.4.1）中 u_{Sk} 的前面取 "+" 号，如果不一致则取 "–" 号。

2．电压源与元件的并联

图 2.4.2(a)所示为电压源与元件的并联结构，图 2.4.2(b)所示为电压源与子电路 N 网络的并联结构，其端口的 VAR 均为 $u = u_S$，与图 2.4.2(c)的 VAR 相同，即图 2.4.2(a)、图 2.4.2(b)与图 2.4.2(c)等效。

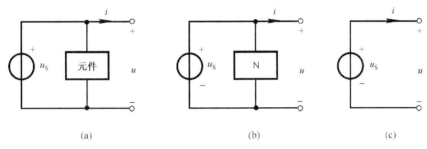

图 2.4.2　电压源与元件的并联及等效

可见，电压源与元件或子电路并联等效为电压源本身。若并联的元件也是电压源，则要求两个电压源的极性和大小相同，否则违背 KVL，其等效电路为其中任一电压源。

2.4.2　含理想电流源的电路等效

1．电流源的并联及等效

将 KCL 应用于电流源并联支路中，**并联电流源的等效电流是各电流源电流的代数和，因此电流源并联支路可以用一个等效的电流源替代**。图 2.4.3(a)所示为 n 个电流源的并联，可以用图 2.4.3(b)所示的单个电流源等效，这个等效电流源的激励电流为

$$i_S = i_{S1} + i_{S2} + \cdots + i_{Sn} = \sum_{k=1}^{n} i_{Sk} \tag{2.4.2}$$

如果 i_{Sk} 的参考方向与图 2.4.3(b)中的等效电流源 i_S 的参考方向一致，则式（2.4.2）中 i_{Sk} 的前面取 "+" 号，反之取 "–" 号。图 2.4.4(a)所示的电路，其等效的电流源如图 2.4.4(b)所示。

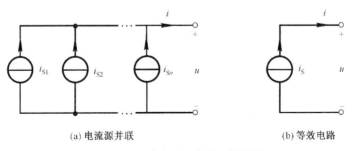

(a) 电流源并联　　　　　　　　　　　　　(b) 等效电路

图 2.4.3　n 个电流源并联及其等效

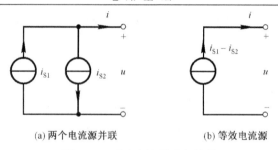

(a) 两个电流源并联　　　(b) 等效电流源

图 2.4.4　两个电流源反向并联

2．电流源与元件的串联

图 2.4.5(a)所示为电流源与元件的串联结构，图 2.4.5(b)为电流源与子电路 N 网络的串联结构，其端口的 VAR 均为：$i = i_\text{S}$，与图 2.4.5(c)所示端口的 VAR 完全相同，即图 2.4.5(a)、图 2.4.5(b)与图 2.4.5(c)所示的单口网络等效。

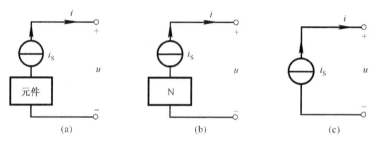

(a)　　　　　　　(b)　　　　　　　(c)

图 2.4.5　电流源与元件的串联及等效

可见，电流源与元件或子电路串联等效为电流源本身。若串联的元件也是电流源，则要求两个电流源的方向和大小完全一样，否则违背 KCL，其等效电路为其中任一电流源。

2.4.3　两种实际电源模型的等效变换

图 2.4.6(a)所示为实际电压源模型，又称为戴维南支路；图 2.4.6(b)所示为实际电流源模型，又称为诺顿支路，两图中的 u 和 i 参考方向相同。

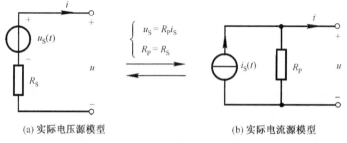

$$\begin{cases} u_\text{S} = R_\text{P} i_\text{S} \\ R_\text{P} = R_\text{S} \end{cases}$$

(a) 实际电压源模型　　　　　　　(b) 实际电流源模型

图 2.4.6　两种实际电源模型的等效变换

图 2.4.6(a)所示电路的端口 VAR 为

$$u = u_\text{S} - R_\text{S} i \tag{2.4.3}$$

图 2.4.6(b)所示电路的端口 VAR 为

$$u = R_p i_S - R_p i \tag{2.4.4}$$

比较式（2.4.3）和式（2.4.4），当满足 $u_S = R_p i_S$，$R_p = R_S$ 时，两种实际电源模型才具有完全相同的 VAR，即这两个电路互相等效。

在等效变换时，不仅要注意数值关系，还要注意电压源的极性和电流源的方向，应始终保持电压源的正极性和电流源的箭头方向一致。

利用前述的基本等效规律往往能将一些电阻电路等效为最简电路。最简等效电路通常是指仅由一个电压源串联一个电阻所组成的支路（称为戴维南支路），或由一个电流源并联一个电阻所组成的支路（称为诺顿支路）。

【例 2.4.1】　求图 2.4.7(a)所示电路的最简等效电路。

解： 按照基本等效规律，将原电路从左到右逐步等效简化的过程如图 2.4.7(b)～图 2.4.7(e)所示。

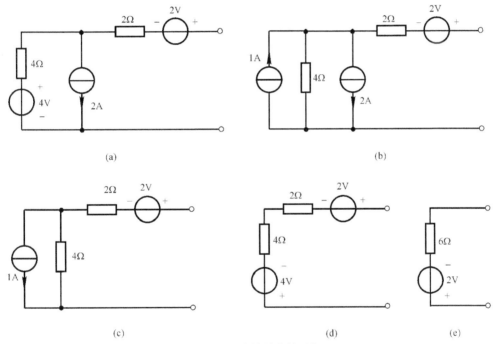

图 2.4.7　电路等效化简过程

在进行等效电源变换时，一般情况下，若遇到两支路并联，可将戴维南支路等效成诺顿支路，如图 2.4.7(a)到图 2.4.7(b)的转换，因为在并联电路中多个电流源并联可直接进行代数和运算。同理，在遇到串联支路时，可将诺顿支路等效成戴维南支路，如图 2.4.7(c)到图 2.4.7(d)的转换，因为串联电路中多个电压源串联可进行代数和运算。

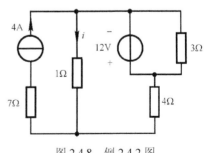

图 2.4.8　例 2.4.2 图

【例 2.4.2】　利用电源的等效变换求图 2.4.8 所示电路中的电流 i。

解： 利用电源等效变换计算：即先求除去待求支路以外的单口网络的最简电路，再求 1Ω 电阻支路的电流，其等效求解过程如图 2.4.9(a)～图 2.4.9(d)所示。

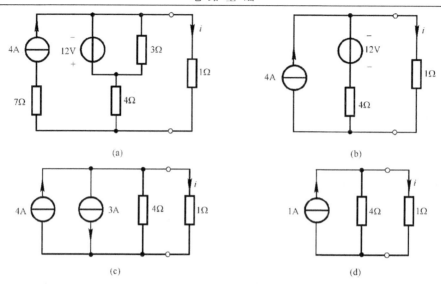

图 2.4.9 电路等效化简过程

根据电流源串联元件等效成电流源、电压源并联元件等效成电压源的原则，得到图 2.4.9(b) 所示的电路，再将戴维南支路等效成诺顿支路，得到图 2.4.9(c)所示的电路，进一步化简，得到图 2.4.9(d)所示的最简等效电路，在图 2.4.9(d)中，由分流公式求得

$$i = \frac{4}{4+1} \times 1 = 0.8\text{A}$$

【例 2.4.3】 求图 2.4.10(a)所示电路的最简等效电路。

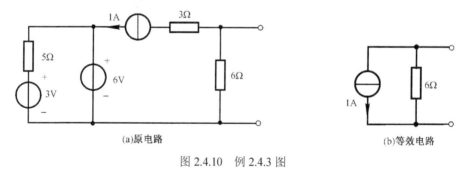

(a)原电路   (b)等效电路

图 2.4.10 例 2.4.3 图

解： 图 2.4.10(a)中存在 1A 电流源与子网络串联的支路，故可将该支路等效为电流源自身，如图 2.4.10 (b)所示，其最简形式为诺顿支路。

2.5 含受控源电路的等效变换

受控源是 4 端元件，有控制端和受控制端，但是在保持控制量一定的情况下，其输出端具有独立源的特性，如受控电压源始终保持输出的电压表达式不变，类似于独立电压源的输出特性。**因此一般情况下，前述的所有电源等效变换规律同样适用于含受控源电路**，如图 2.5.1(a)和图 2.5.1(b)是等效的。

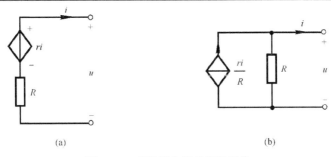

(a)   (b)

图 2.5.1 受控源之间的等效互换

注意：分析含受控源电路时，可将受控源视为独立源进行等效变换，但由于受控源的输出要通过控制量来确定，因此，对含受控源电路进行等效时，控制量支路通常保留。

【例 2.5.1】   化简图 2.5.2(a)所示的单口网络，r 为常数，求其最简单的电路形式。

解：对原电路逐步进行等效变换，等效过程如图 2.5.2(b)～图 2.5.2(d)所示，图 2.5.2(c)中：

$$u = \left(\frac{r}{2}i - i \right) \times 3 = 3\left(\frac{r}{2} - 1 \right)i$$

图 2.5.2(d)中：

$$R_{\text{eq}} = 3\left(\frac{r}{2} - 1 \right)\Omega$$

图 2.5.2(a)和图 2.5.2(d)具有完全相同的 VAR，即图 2.5.2(d)是图 2.5.2(a)的最简电路。说明不含独立源，仅含受控源的电路最终等效为一个等效电阻的形式，可以认为受控源同时具有电阻的性质。由于受控源在电路中并不是真正的激励源，这是它和独立源的本质区别。例 2.5.1 的结果还表明受控源有可能具有负电阻的特性，如当 $r < 2$ 时，$R_{\text{eq}} < 0\,\Omega$。

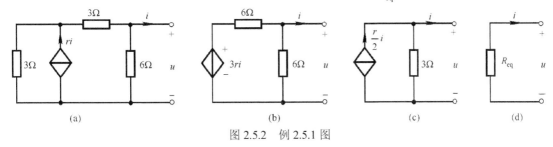

(a)   (b)   (c)   (d)

图 2.5.2 例 2.5.1 图

【例 2.5.2】   试化简图 2.5.3(a)所示的单口网络。

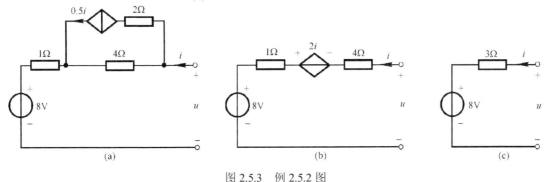

(a)   (b)   (c)

图 2.5.3 例 2.5.2 图

解：图 2.5.3(a)中，与受控电流源串联的电阻为多余电阻，可以消去，进一步简化电路如图 2.5.3(b)所示，可求得端口 VAR 为

$$u = (1+4)i - 2i + 8 = 3i + 8$$

图 2.5.3(c)所示电路与图 2.5.3(b)具有同样的 VAR 关系，故为图 2.5.3(a)的最简等效电路。

由此可见，含受控源、电阻及独立源的单口网络与含电阻及独立源的单口网络一样，可等效为实际电压源模型或实际电流源模型。即对于含受控源的电路，其最简等效电路中并不含受控源。

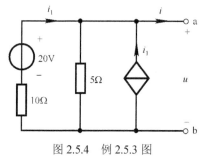

图 2.5.4　例 2.5.3 图

【例 2.5.3】　电路如图 2.5.4 所示，求单口网络的最简等效电路。

解：图 2.5.4 中，由于受控源的控制支路不宜消去，故不宜用基本等效规律对电路进行简化，而从等效变换的定义出发，先求单口网络的端口 VAR。

由 KCL 得　　　　　　　$i = i_1 + i_1 - \dfrac{u}{5}$

由 KVL 得　　　　　　　$u = 20 - 10i_1$

联立两式消去 i_1，得

$$u = 10 - 2.5i \quad 或 \quad i = 4 - \frac{u}{2.5}$$

得到对应的最简等效电路如图 2.5.5 所示。

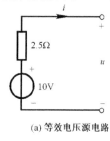
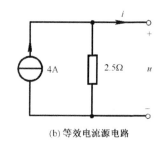

(a) 等效电压源电路　　　　　　　　　　　　(b) 等效电流源电路

图 2.5.5　最简等效电路

前述例题说明：应用基本等效规律或从等效的定义出发求端口 VAR，是求解单口网络等效电路的常用方法。

习　　题

2.1　电路如图 2.1 所示，试求电阻值 R 在不同情况下的 u、i_1 和 i_2。

（1）$R = 6\Omega$；（2）$R \to \infty$；（3）$R = 0\Omega$。

2.2　一支额定工作电压为 10V、功率为 0.5W 的测电笔接到 12V 的电源上，应串多大的电阻才能使它正常工作？

2.3　有 220V、60W 和 220V、100W 的灯泡各一只，将它们并联在 220V 电源上，哪盏灯亮？若串联在 220V 电源上，哪盏灯亮？为什么？

2.4　在图 2.2 所示电路中，求 u、i 和电压源提供的功率。

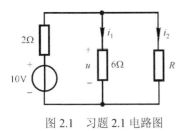

图 2.1　习题 2.1 电路图

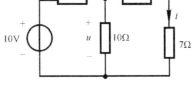

图 2.2　习题 2.4 电路图

2.5　求图 2.3 所示电路中的各电阻支路的电流。

2.6　求图 2.4 所示电路中的 i 和 u。

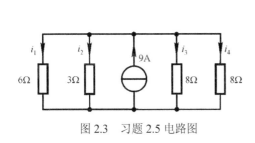

图 2.3　习题 2.5 电路图

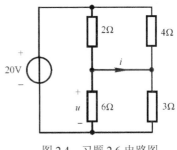

图 2.4　习题 2.6 电路图

2.7　对图 2.5 中的每个单口网络，求 a、b 两端的等效电阻。

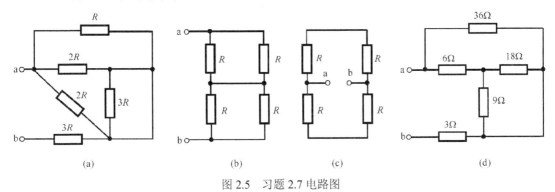

图 2.5　习题 2.7 电路图

2.8　确定图 2.6 所示电路中的 i。

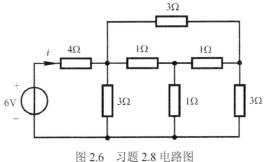

图 2.6　习题 2.8 电路图

2.9 在图2.7所示电路中，当R取不同值时，求电压源的电流i和提供功率。

（1） $R = 6\Omega$ ；（2） $R = 7.5\Omega$ 。

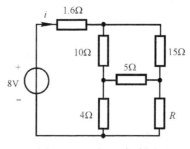

图2.7 习题2.9 电路图

2.10 化简图2.8所示的各单口网络。

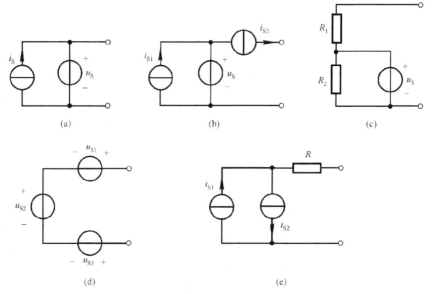

图2.8 习题2.10 电路图

2.11 将图2.9中各单口网络等效为最简电路形式。

2.12 求图2.10所示电路a、b端口的等效电阻。

2.13 用电源等效变换求图2.11中的 i 。

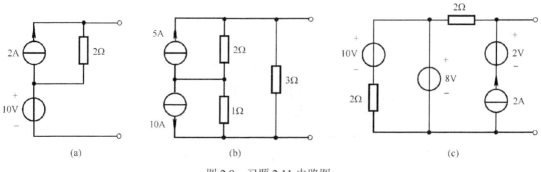

图2.9 习题2.11 电路图

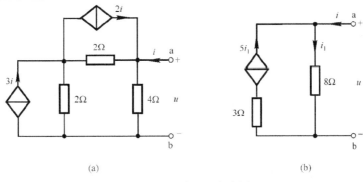

(a)　　　　　　　　　　　　　　　(b)

图 2.10　习题 2.12 电路图

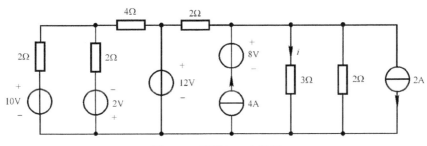

图 2.11　习题 2.13 电路图

2.14　用电源的等效变换求图 2.12 所示电路中的 u。

2.15　在图 2.13 所示电路中，单口网络 N 的伏安特性为 $u = 6 + 2i$，求 3A 电流源提供的功率。

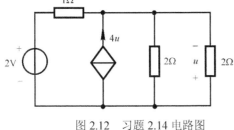

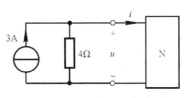

图 2.12　习题 2.14 电路图　　　　　　　图 2.13　习题 2.15 电路图

2.16　图 2.14 所示为电压表的内部结构，图 2.14(a)为单量程电压表结构，图 2.14(b)为多量程电压表结构。假设 $R_m = 2k\Omega$，满量程电流 $I_m = 100\mu A$，试设计多量程电压表中的 R_n 的值。

（1）量程 1：0～5V；（2）量程 2：0～10V；（3）量程 3：0～100V。

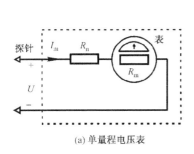

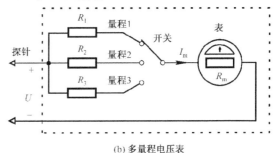

(a) 单量程电压表　　　　　　　　　　(b) 多量程电压表

图 2.14　习题 2.16 电路图

2.17　图 2.15 所示为电流表的内部结构。假设电流表的内阻 $R_m = 50\Omega$，满量程电流 $I_m = 1mA$。试设计具有如下多量程电流表中的 R_n 的值。

（1）量程 1：0～10mA；（2）量程 2：0～100mA；（3）量程 3：0～1A。

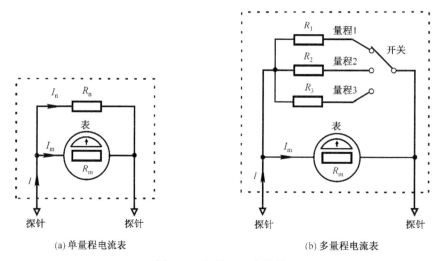

　　　　(a) 单量程电流表　　　　　　　　　　　　(b) 多量程电流表

图 2.15　习题 2.17 电路图

第3章 电阻电路的一般分析方法

前两章介绍了电路的基本概念，讨论了用等效变换分析简单电路的方法。在此基础上，本章通过介绍电阻电路的一般分析方法，详细讲解电路分析中常用的方法，即支路电流法、节点电压法和网孔电流法等。其中，节点电压法是基于基尔霍夫电流定律（KCL）的分析方法；网孔电流法则是基于基尔霍夫电压定律（KVL）的分析方法。

3.1 KCL、KVL 方程的独立性

3.1.1 KCL 方程的独立性

当电路元件相互连接组成具有一定几何结构的电路后，电路中出现了节点和回路，各支路的电压变量和电流变量将被元件约束和拓扑约束所支配。根据这两类约束关系可以列出联系电路中所有电压变量、电流变量的足够方程组。例如，对于一个具有 b 条支路的电路，可以列出联系 b 个支路电流变量和 b 个支路电压变量的 $2b$ 个独立方程式。以图 3.1.1 为例，在图 3.1.1 所示电路中，共有 4 个节点、6 条支路，按照图中所示的电流参考方向，对 4 个节点分别列写 KCL 方程，若设流出节点的电流为正，则有：

节点① $i_1 + i_2 - i_6 = 0$
节点② $-i_1 + i_4 + i_5 = 0$
节点③ $-i_3 - i_4 + i_6 = 0$
节点④ $-i_2 + i_3 - i_5 = 0$

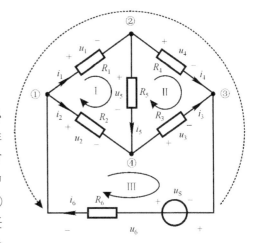

图 3.1.1 列写独立方程示意图

以上方程组中，每一支路电流都出现两次，一次为正，一次为负。因此，将 4 个方程相加必然得出等号两边为零的结果，故这 4 个方程是非独立的。但是去掉任意一个方程，如节点④方程，再观察其余的 3 个方程可发现，每个方程中均有一个支路电流未被另外两式涉及（如节点①中的 i_2、节点②中的 i_5 和节点③中的 i_3），因此任一方程都不可能由其余两个方程导出，故这 3 个方程是独立的，所以对具有 4 个节点的电路，可得到 3 个独立的 KCL 方程。

将这一结果推广到一般情况：对于具有 n 个节点的电路，其独立的 KCL 方程数为 $n-1$ 个。

与独立 KCL 方程相对应的节点称为独立节点，剩下的那个节点称为非独立节点或参考节

点。参考节点可以任意指定，因此参考节点不同，所对应的独立 KCL 方程组就会不同，即独立的 KCL 方程组不是唯一的。

3.1.2 KVL 方程的独立性

由于 KVL 方程是针对回路列写的，讨论 KVL 的独立方程数，其实质是要寻找一组相互独立的回路。

在平面电路中，每一条支路或者为两个网孔共有，或者只属于电路的外界。如果把边界也看成一个包围外部"空间"的网孔，称为外沿网孔，则所有支路都为两个网孔共有。仍以图 3.1.1 为例，该电路中有 3 个内网孔和一个外沿网孔。假设 3 个内网孔按顺时针方向、外沿网孔按逆时针方向列写 KVL 方程，则有

网孔 I： $u_1 + u_5 - u_2 = 0$

网孔 II： $u_4 - u_3 - u_5 = 0$

网孔 III： $u_2 + u_3 + u_6 = 0$

外沿网孔： $-u_1 - u_6 - u_4 = 0$

将这 4 个方程相加，必然得出等号两边为零的结果。这是因为在 KVL 方程中，每一支路电压都出现两次，一次为正，一次为负，互相抵消，故这 4 个方程是非独立的。但是如果去掉一个网孔方程（如去掉外沿网孔方程），再观察 3 个内网孔方程可发现，每个方程中均有一个支路电压在另外两个方程中未出现过。如网孔 I 方程中的 u_1、网孔 II 方程中的 u_4 和网孔 III 方程中的 u_6。这时各方程不能相互推出，说明方程组是独立的。与独立 KVL 方程对应的一组回路称为独立回路。事实上，电路中的网孔总是互相独立的，它是最小的一组独立而完备的回路，即平面图的网孔数就是独立回路数。

将这一结果推广到一般情况，对于具有 b 条支路、n 个节点的电路，其网孔数为 $b-(n-1)$ 个，这 $b-(n-1)$ 个回路称为独立回路。**当一个回路至少有一条其他回路未包含的支路时，则该回路是独立回路。由于网孔总是独立的，所以通常选取网孔来列写回路电压方程。**

综上所述，**对于一个具有 b 条支路、n 个节点的电路，可列写独立的 KCL 方程数为 $n-1$ 个，独立的 KVL 方程数为 $b-(n-1)$ 个。**即由基尔霍夫定律共可以列 b 个独立方程。另外，由 b 条支路的 VAR 也可以得到 b 个独立方程，则一共可以得到 $2b$ 个联立方程，正好可以反映电路的 $2b$ 个电压、电流变量的全部约束关系。例如，图 3.1.1 所示电路有 6 条支路，由 KCL、KVL 得到方程数为 6 个，其中 3 个 KCL 方程，3 个 KVL 方程。再由每条支路的 VAR 可得

$$\begin{cases} u_1 = R_1 i_1 \\ u_2 = R_2 i_2 \\ u_3 = R_3 i_3 \\ u_4 = R_4 i_4 \\ u_5 = R_5 i_5 \\ u_6 = R_6 i_6 - u_S \end{cases}$$

解 $2b$ 个联立方程，可以求出电路中所有未知支路电压和支路电流，这种方法称为 $2b$ 法。它是电路分析的基础。但由于 $2b$ 法的方程数目较多，利用手工求解较为困难，通常借助计算机来解决这一繁重的计算工作量。

在图 3.1.1 所示的电路中，若将 6 条支路的 VAR 方程代入 3 个网孔方程中，即可消去支路电压，得到以支路电流为求解变量的 6 个独立方程，这种电路分析方法称为支路电流法。

3.2　支路电流法

支路电流法是以支路电流为变量列写电路方程的分析方法，它是在 2b 法的基础上得来的。支路电流法的分析过程如下：

（1）标出各支路电流的参考方向；

（2）根据 KCL，列写 $(n-1)$ 个独立的节点电流方程；

（3）选定独立回路并指定每个回路的绕行方向，再根据 KVL 列出 $b-(n-1)$ 个独立的回路电压方程，且利用元件的 VAR 特性将各支路电压用支路电流表示；

（4）求解（2）（3）所列的联立方程组，得各支路电流。如有必要，可进一步计算电压、功率等物理量。

【例 3.2.1】　电路如图 3.2.1 所示，求 i_1、i_2。

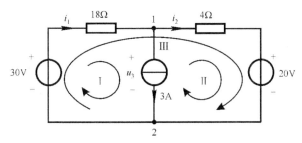

图 3.2.1　例 3.2.1 图

解： 本例中存在电流源支路，处理这类问题有两种方法。

方法 1：选网孔为独立回路，由于电流源的电压无法表示为电流的函数，需将电流源的电压作为未知量出现在 KVL 方程中，设电流源端电压为 u_3，其网孔绕行方向如图所示，则

KCL 方程：$\qquad\qquad\qquad i_1 - i_2 - 3 = 0$

网孔 I：$\qquad\qquad\qquad\qquad 18i_1 + u_3 - 30 = 0$

网孔 II：$\qquad\qquad\qquad\qquad 4i_2 + 20 - u_3 = 0$

联立 3 个方程解得：$\qquad i_1 = 1\text{A}$，$i_2 = -2\text{A}$，$u_3 = 12\text{V}$

方法 2：选取独立回路时，避开电流源支路，这样就无须为电流源两端假设未知电压。由于电流源支路的电流是已知的，则未知支路电流减少一个，因此可减少一个 KVL 方程。所以只需建立 KCL 方程和回路III的 KVL 方程。

KCL 方程：$\qquad\qquad\qquad i_1 - i_2 - 3 = 0$

KVL 方程：$\qquad\qquad\qquad 18i_1 + 4i_2 + 20 - 30 = 0$

解方程同样可得：$\qquad\qquad i_1 = 1\text{A}$，$i_2 = -2\text{A}$

比较两种方法，显然方法 2 方程数少，计算更方便。

【例 3.2.2】　求图 3.2.2 所示电路中的各支路电流。

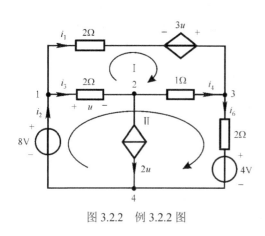

图 3.2.2 例 3.2.2 图

解： 本例电路中含有受控源，需将受控源视为独立源列写电路方程，若控制量不是支路电流，则需增加一个用支路电流表示控制量的附加方程。将受控电流源支路看做已知电流，可减少一个 KVL 方程，采用例 3.2.1 的方法 2，选择避开受控电流源支路的回路作为独立回路，则列写的 KCL 和 KVL 方程分别如下。

节点 1：$\quad i_1 + i_3 - i_2 = 0$

节点 2：$\quad -i_3 + i_4 + 2u = 0$

节点 3：$\quad -i_1 - i_4 + i_6 = 0$

回路 I：$\quad 2i_1 - 3u - i_4 - 2i_3 = 0$

回路 II：$\quad 2i_3 + i_4 + 2i_6 + 4 - 8 = 0$

由于控制量 u 不是支路电流，故需增加一个附加方程，该方程为

$$u = 2i_3$$

联立以上方程，解得

$$i_1 = -5\,\text{A}, \quad i_2 = -7\,\text{A}, \quad i_3 = -2\,\text{A}, \quad i_4 = 6\,\text{A}, \quad i_5 = -8\,\text{A}, \quad i_6 = 1\,\text{A}$$

支路电流法虽然简单，但当支路数较多时，解方程比较困难，因此该方法常用来分析支路数少的电路，对支路数较多的电路通常采用节点分析法或网孔分析法。

3.3 节点分析法

节点分析法是以电路中的节点电压为变量建立方程的电路分析法，节点分析法又称为节点电压法或节点法。

3.3.1 节点电压方程的建立

节点电压法是对电路的各独立节点建立 KCL 方程，结合各支路的 VAR 方程，将 KCL 方程中的各支路电流以节点电压表示。因此，若对含 n 个节点的电路采用节点分析法，可以建立 $n-1$ 个独立的 KCL 方程。通常按 3 个步骤建立各节点电压方程，以图 3.3.1 所示的电路为例，第一步，该电路共有 4 个节点，任意选择其中一个节点作为参考节点，标注其他 3 个节点的节点号，设其相应的节点电压为 u_{n1}、u_{n2}、u_{n3}。

第二步，对节点 1、节点 2 和节点 3 分别列写 KCL 方程，如式（3.3.1）；并根据欧姆定律将各支路电流用节点电压表示，如式（3.3.2）。

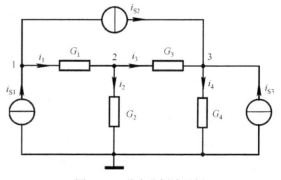

图 3.3.1 节点分析法示例

$$\begin{cases} i_{S1} = i_1 + i_{S2} \\ i_1 = i_2 + i_3 \\ i_4 = i_3 + i_{S2} + i_{S3} \end{cases} \qquad (3.3.1)$$

$$\begin{cases} i_1 = G_1(u_{n1} - u_{n2}) \\ i_2 = G_2 u_{n2} \\ i_3 = G_3(u_{n2} - u_{n3}) \\ i_4 = G_4 u_{n3} \end{cases} \qquad (3.3.2)$$

将式（3.3.2）代入式（3.3.1）中，整理得

$$\begin{cases} G_1 u_{n1} - G_1 u_{n2} = i_{S1} - i_{S2} \\ -G_1 u_{n1} + (G_1 + G_2 + G_3) u_{n2} - G_3 u_{n3} = 0 \\ -G_3 u_{n2} + (G_3 + G_4) u_{n3} = i_{S2} + i_{S3} \end{cases} \qquad (3.3.3)$$

式（3.3.3）中是仅以节点电压为未知变量的 KCL 方程，称为节点电压方程。

节点电压法的第三步是联立 3 个方程，即可求解出节点电压 u_{n1}、u_{n2} 和 u_{n3}。

观察式（3.3.3），可得到列写节点电压方程的一般规律，将式（3.3.3）概括为如下的形式

$$\begin{cases} G_{11} u_{n1} + G_{12} u_{n2} + G_{13} u_{n3} = i_{S11} \\ G_{21} u_{n1} + G_{22} u_{n2} + G_{23} u_{n3} = i_{S22} \\ G_{31} u_{n1} + G_{32} u_{n2} + G_{33} u_{n3} = i_{S33} \end{cases} \qquad (3.3.4)$$

式（3.3.4）左边为各电阻支路上流出相应节点的电流代数和，其中 G_{11}、G_{22}、G_{33} 分别称为节点 1、节点 2、节点 3 的自电导，即分别为各节点上所有电导的总和，如 $G_{22} = G_1 + G_2 + G_3$；

G_{ij}（$i \neq j$）称为节点 i 和节点 j 的互电导，如 G_{12} 为节点 1 和节点 2 的互电导，它是节点 1 和节点 2 的公有电导的负值，如式（3.3.3）中 $G_{12} = -G_1$。

方程右边的 i_{S11}、i_{S22}、i_{S33} 为分别流入节点 1~节点 3 的所有电源提供的电流代数和，如式（3.3.3）中 $i_{S11} = i_{S1} - i_{S2}$。

将式（3.3.4）进一步推广，对于具有 n 个节点的电路，其节点电压方程的一般形式为

$$\begin{cases} G_{11} u_{n1} + G_{12} u_{n2} + ... + G_{1(n-1)} u_{n(n-1)} = i_{S11} \\ G_{21} u_{n1} + G_{22} u_{n2} + ... + G_{2(n-1)} u_{n(n-1)} = i_{S22} \\ \qquad\qquad\qquad \vdots \\ G_{(n-1)1} u_{n1} + G_{(n-1)2} u_{n2} + ... + G_{(n-1)(n-1)} u_{n(n-1)} = i_{S(n-1)(n-1)} \end{cases} \qquad (3.3.5)$$

由此，可以总结列写节点电压方程求解电路的一般步骤：

（1）选定一个节点作为参考节点，标注 $n-1$ 个独立节点的节点号，设其相应的节点电压为 $u_{n1}, u_{n2}, \cdots, u_{n(n-1)}$；

（2）按照式（3.3.5）的规律，分别对 $n-1$ 个独立节点列写节点电压方程；

（3）联立方程求解各节点电压；如需要，进一步求解其他电路变量。

3.3.2　节点分析法的应用

1. 仅含独立电流源电路的节点分析

【例 3.3.1】　列写图 3.3.2 所示电路中的节点电压方程。

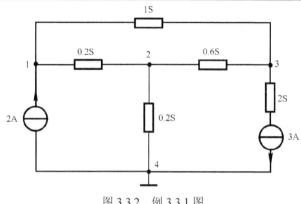

图 3.3.2　例 3.3.1 图

解：选节点 4 为参考节点，其余节点号标注如图 3.3.2 所示，按照式（3.3.5）的规律对各节点列写电压方程。

节点 1：　　　　$(0.2+1)u_{n1} - 0.2u_{n2} - u_{n3} = 2$

节点 2：　　　$-0.2u_{n1} + (0.2+0.2+0.6)u_{n2} - 0.6u_{n3} = 0$

节点 3：　　　　$-u_{n1} - 0.6u_{n2} + (1+0.6)u_{n3} = -3$

注意：和节点 3 相连接的支路中，含有一个电阻串联一个电流源的支路，根据等效变换的基本规律，与电流源串联的电阻并不影响电流源的输出，可将其等效成电流源。**故和电流源串联的电阻通常不列入节点电压方程中，该电阻为多余电阻。**

2. 含受控源电路的节点分析

根据受控源与独立源电路特性的相似性，对于含受控源的电路，仍可按前述规则列写节点电压方程。具体方法是：先将受控源视为独立源，按一般步骤列写节点电压方程，再将方程中受控源的控制量用节点电压表示，并整理方程。

【**例 3.3.2**】　在图 3.3.3(a)所示电路中，用节点电压法求电压 u。

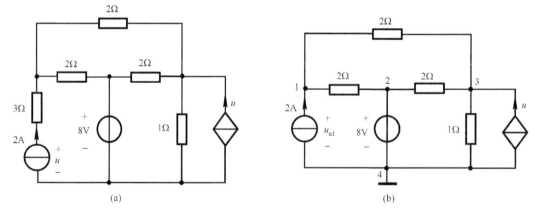

图 3.3.3　例 3.3.2 图

解：观察电路结构作适当等效变换，并选节点 4 为参考节点，如图 3.3.3(b)所示，先将受控电流源视为独立电流源，列写各节点的电压方程

$$\begin{cases} \left(\dfrac{1}{2}+\dfrac{1}{2}\right)u_{n1}-\dfrac{1}{2}u_{n2}-\dfrac{1}{2}u_{n3}=2 \\ u_{n2}=8V \\ -\dfrac{1}{2}u_{n1}-\dfrac{1}{2}u_{n2}+\left(\dfrac{1}{2}+\dfrac{1}{2}+\dfrac{1}{1}\right)u_{n3}=u \end{cases}$$

由于受控电流源的控制量为未知量，需增加用节点电压表示控制量的辅助方程。根据图 3.3.4(a)，有

$$u=3\times 2+u_{n1}$$

联立 4 个方程，整理得

$$\begin{cases} u_{n1}-\dfrac{1}{2}u_{n2}-\dfrac{1}{2}u_{n3}=2 \\ u_{n2}=8V \\ -\dfrac{3}{2}u_{n1}-\dfrac{1}{2}u_{n2}+2u_{n3}=6 \end{cases}$$

解得 $\qquad\qquad\qquad u_{n1}=13.6V$ ， $u_{n3}=15.2V$

因此 $\qquad\qquad\qquad u=19.6V$

3．含独立电压源电路的节点分析

对含独立电压源电路应用节点电压法分析时，由于电压源的输出电流由外电路决定，不能直接应用节点分析法的一般步骤列写方程，需要根据电压源在电网络中出现的形式不同来分别进行处理。一般分为三种情况：

（1）电压源以戴维南支路形式出现时，先等效为诺顿支路后，再列写节点电压方程；

（2）若理想电压源支路上没有串联电阻元件（无伴电压源支路），则选择该电压源的一端为参考节点，其另一端的节点电压即为该电压源的电压，该节点的电压已知，则无须按照式（3.3.5）的一般规则列写电压方程；

（3）若电路中出现多个独立电压源支路，且参考节点的选择无法满足多个电压源的公共端，则先选择其中一个电压源的一端为参考节点，对跨接在两个独立节点之间的无伴电压源，需假设流过的电流为未知量，再按节点电压法的规则列写节点电压方程，最后增加相应的辅助方程。

【例 3.3.3】 试用节点分析法求图 3.3.4(a)所示电路中的电流 i_1 和 i_2。

解： 首先观察电路，在图 3.3.4(a)所示电路上标出各节点号，再将10V 电压源与2Ω 电阻的串联支路等效为诺顿支路，如图 3.3.4(b)所示。本例选择节点 3 为参考节点，则节点 2 的电压已知，由此只需对节点 1 和节点 4 应用一般规则列写节点电压方程，其完整的节点电压方程如下

$$\begin{cases} \left(\dfrac{1}{2}+\dfrac{1}{2}+\dfrac{1}{4}\right)u_{n1}-\dfrac{1}{2}u_{n2}-\dfrac{1}{2}u_{n4}=5 \\ u_{n2}=5V \\ -\dfrac{1}{2}u_{n1}-\dfrac{1}{3}u_{n2}+\left(\dfrac{1}{2}+\dfrac{1}{3}+\dfrac{1}{6}\right)u_{n4}=-5 \end{cases}$$

解得
$$u_{n1} = \frac{35}{6}\text{V}, \quad u_{n4} = -\frac{5}{12}\text{V}$$

由图 3.3.4(a)电路可解得
$$i_1 = \frac{u_{n1} - 10 - u_{n4}}{2} = -\frac{15}{8}\text{A}$$

$$i_2 = \frac{u_{n2} - u_{n4}}{3} = \frac{5 - \left(-\frac{5}{12}\right)}{3} = \frac{65}{36}\text{A}$$

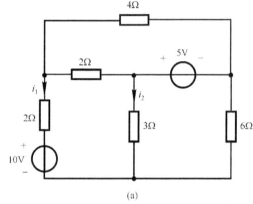
(a)

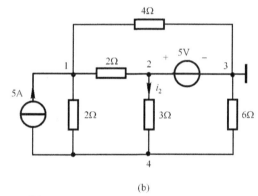
(b)

图 3.3.4　例 3.3.3 图

【例 3.3.4】 试用节点电压法求解图 3.3.5(a)所示电路中的电流 i 以及受控电压源对外提供的功率。

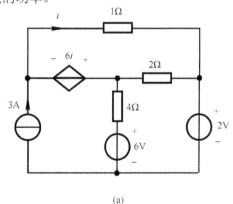
(a)

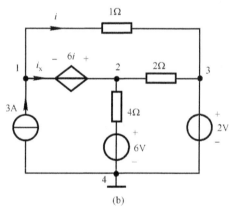
(b)

图 3.3.5　例 3.3.4 图

解： 根据题意，标出电路中的各节点号，并假设受控电压源的输出电流为 i_x，如图 3.3.5(b) 所示，选择节点 4 为参考节点。由于 6V 电压源电压已知，可直接将 4Ω 电阻与 6V 电压源之间的连接点看为已知节点电压，则列写的各节点电压方程为

$$\begin{cases} \frac{1}{1}u_{n1} - \frac{1}{1}u_{n3} = 3 - i_x \\ \left(\frac{1}{2} + \frac{1}{4}\right)u_{n2} - \frac{1}{2}u_{n3} - \frac{1}{4} \times 6 = i_x \\ u_{n3} = 2\text{V} \end{cases}$$

分别对受控电压源的控制量 i 和其输出的电流 i_x 列写附加方程

$$\begin{cases} u_{n1} - u_{n2} = -6i \\ i - \dfrac{u_{n1} - u_{n3}}{1} \end{cases}$$

联立 5 个方程，解得

$$u_{n1} = 2.64\text{V} , \quad u_{n2} = 6.48\text{V} , \quad i_x = 2.36\text{A} , \quad i = 0.64\text{A}$$

$$p = -i_x \times 6i = -9.06\text{W}$$

受控电压源对外提供的功率为 9.06W。

综上所述，用节点电压法列写电路方程时，需注意以下几点：

（1）合理地选择参考节点，以减少方程中的未知量，通常选取理想电压源的一端作为参考节点；

（2）与电流源串联的电阻不列入节点电压方程中；

（3）将戴维南支路等效为诺顿支路，可避免假设电压源输出的电流，达到减少未知量的目的；

（4）有些情况下，必须假设无伴的理想电压源对外输出的电流量，并增加一个由已知电压源与节点电压之间关系所列的方程。

由于节点分析法只需列写 $n-1$ 个独立的 KCL 方程，与支路电流法相比，减少了 $b-(n-1)$ 个回路的 KVL 方程数。

3.4　网孔分析法

网孔分析法也称为网孔电流法，为了减少电路联立方程的个数，它以网孔电流为变量列写电路方程，而不以流经元件的支路电流为变量。

3.4.1　网孔电流方程的建立

前述的节点分析法是对节点列写 KCL 方程求节点电压，与之相对应，网孔电流法是对网孔列写 KVL 方程求网孔电流。网孔分析法仅适用于平面电路，对具有 n 个节点、b 条支路的平面电路，网孔数为 $b-(n-1)$，则有 $b-(n-1)$ 个网孔电流，需要 $b-(n-1)$ 个网孔电流方程。

若一个电路有 m 个网孔，则可按下列 3 个步骤求得网孔电流：

（1）定义各网孔的网孔电流 i_{m1}，i_{m2}，…，i_{mm}。

（2）对每一个网孔分别列 KVL 方程，应用欧姆定律时，各支路电流均用网孔电流来表示。

（3）联立 m 个方程，求解网孔电流。

以图 3.4.1 所示电路为例说明上述步骤。

第一步对电路中的所有网孔分别定义网孔电流 i_{m1}、i_{m2} 和 i_{m3}，网孔电流方向可赋以任何方

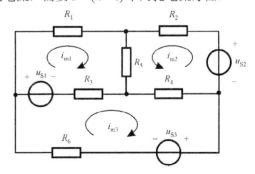

图 3.4.1　有 3 个网孔的电路

向，但习惯上总是假设所有网孔电流均为顺时针方向或均为逆时针方向流动。接着对 3 个网孔分别列写 KVL 方程，通常以网孔电流的参考方向作为列方程时的回路绕行方向，以网孔电流为变量的方程组称为网孔方程。对图 3.4.1 所示的电路，列得如式（3.4.1）所示的网孔电流方程为

$$\begin{cases} R_1 i_{m1} + R_5(i_{m1} + i_{m2}) + R_3(i_{m1} - i_{m3}) - u_{S1} = 0 \\ R_2 i_{m2} + R_5(i_{m1} + i_{m2}) + R_4(i_{m2} + i_{m3}) - u_{S2} = 0 \\ R_3(i_{m3} - i_{m1}) + R_4(i_{m3} + i_{m2}) + R_6 i_{m3} + u_{S1} + u_{S3} = 0 \end{cases} \tag{3.4.1}$$

经过整理，得

$$\begin{cases} (R_1 + R_3 + R_5) i_{m1} + R_5 i_{m2} - R_3 i_{m3} = u_{S1} \\ R_5 i_{m1} + (R_2 + R_4 + R_5) i_{m2} + R_4 i_{m3} = u_{S2} \\ -R_3 i_{m1} + R_4 i_{m2} + (R_3 + R_4 + R_6) i_{m3} = -u_{S1} - u_{S3} \end{cases} \tag{3.4.2}$$

最后，联立方程可求解各网孔电流，进一步求解支路电流等其他电路物理量。

相比支路电流法，网孔电流法的联立方程数较少，并且这类只含独立源及电阻的电路建立网孔方程是很容易的，根据观察即能列出。为此，将式（3.4.2）概括为如下的形式

$$\begin{cases} R_{11} i_{m1} + R_{12} i_{m2} + R_{13} i_{m3} = u_{S11} \\ R_{21} i_{m1} + R_{22} i_{m2} + R_{23} i_{m3} = u_{S22} \\ R_{31} i_{m1} + R_{32} i_{m2} + R_{33} i_{m3} = u_{S33} \end{cases} \tag{3.4.3}$$

式中，R_{11}、R_{22}、R_{33} 分别为网孔 1、网孔 2 和网孔 3 的自电阻，即分别为对应网孔内的所有电阻总和，如 $R_{11} = R_1 + R_3 + R_5$，R_{11} 是网孔 1 的所有电阻之和。

而 $R_{ij}(i \neq j)$ 称为网孔 i 和网孔 j 的互电阻，或称为公有电阻，如 $R_{12} = R_5$ 是网孔 1 和网孔 2 的公有电阻。注意，互电阻 R_{ij} 有正值，也可能为负值，如 $R_{13} = -R_3$，出现负值是因为网孔电流 i_{m1} 和 i_{m3} 以相反的方向流过互电阻 R_3。因此互电阻的正、负值要视相关的网孔电流流过互电阻时的方向而定，同向为正，异向为负。但如果各网孔电流的参考方向一律设为顺时针或一律设为逆时针方向，则各互电阻均为有关网孔公有电阻总和的负值。

u_{S11}、u_{S22}、u_{S33} 分别为各网孔中所有电源电压升的代数和，如 $u_{S33} = -u_{S1} - u_{S3}$。

式（3.4.3）为含有 3 个网孔电路的网孔方程的普遍形式，很易于记忆。推广到具有 m 个网孔的电路，网孔方程的一般形式如下：

$$\begin{cases} R_{11} i_{m1} + R_{12} i_{m2} + \ldots + R_{1m} i_{mm} = u_{S11} \\ R_{21} i_{m1} + R_{22} i_{m2} + \cdots + R_{2m} i_{mm} = u_{S22} \\ \qquad\qquad\qquad \vdots \\ R_{m1} i_{m1} + R_{m2} i_{m2} + \cdots + R_{mm} i_{mm} = u_{Smm} \end{cases} \tag{3.4.4}$$

式（3.4.4）也可理解为：各网孔中所有电阻支路的电压降的代数和等于方程右边所有电源电压升的代数和。

3.4.2 网孔分析法的应用

网孔分析法只适用于平面电路，并且它是一个虚拟的量，无法进行测量，但并不意味着

它是个无用的概念。相反，利用网孔电流方程解得网孔电流后，也就知道了电路中的各支路电流，随之可计算电压或功率等物理量。

1. 仅含独立电压源电路的网孔分析

【例 3.4.1】   试用网孔电流法求图 3.4.2 所示电路中 3Ω 电阻上消耗的功率。

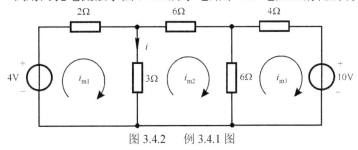

图 3.4.2   例 3.4.1 图

解：根据 3 个网孔电流的参考方向，按照式（3.4.4）的规则列写网孔电流方程

$$\begin{cases} (2+3)i_{m1} - 3i_{m2} = 4 \\ -3i_{m1} + (3+6+6)i_{m2} - 6i_{m3} = 0 \\ -6i_{m2} + (4+6)i_{m3} = -10 \end{cases}$$

解得

$$i_{m1} = \frac{\begin{vmatrix} 4 & -3 & 0 \\ 0 & 15 & -6 \\ -10 & -6 & 10 \end{vmatrix}}{\begin{vmatrix} 5 & -3 & 0 \\ -3 & 15 & -6 \\ 0 & -6 & 10 \end{vmatrix}} = \frac{276}{480} = 0.575\text{A} ,$$

$$i_{m2} = \frac{\begin{vmatrix} 5 & 4 & 0 \\ -3 & 0 & -6 \\ 0 & -10 & 10 \end{vmatrix}}{\begin{vmatrix} 5 & -3 & 0 \\ -3 & 15 & -6 \\ 0 & -6 & 10 \end{vmatrix}} = -0.375\text{A} ,$$

$$i_{m3} = \frac{\begin{vmatrix} 5 & -3 & 4 \\ -3 & 15 & 0 \\ 0 & -6 & -10 \end{vmatrix}}{\begin{vmatrix} 5 & -3 & 0 \\ -3 & 15 & -6 \\ 0 & -6 & 10 \end{vmatrix}} = -1.225\text{A}$$

则 3Ω 电阻上的支路电流为

$$i = i_{m1} - i_{m2} = 0.95\text{A}$$

其消耗的功率为

$$p = i^2 R = (0.95)^2 \times 3 = 2.7\text{W}$$

2. 含受控源电路的网孔分析

如果电路中含有受控源，同列写节点方程类似，可先将受控源视为独立源列写方程，然后将受控源的控制量用网孔电流来表示，最后整理为式（3.4.4）的形式。例 3.4.2 说明了网孔分析法在含受控源电路中的应用。

【例 3.4.2】　　试用网孔分析法求图 3.4.3 所示电路中的 u。

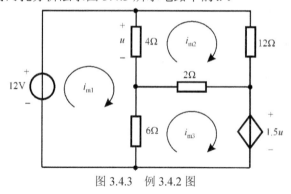

图 3.4.3　例 3.4.2 图

解： 电路中含有的受控源先视为独立源处理，按照图 3.4.3 标示的网孔电流参考方向，对 3 个网孔分别列写网孔电流方程

$$\begin{cases} (4+6)i_{m1} - 4i_{m2} - 6i_{m3} = 12 \\ -4i_{m1} + (4+2+12)i_{m2} - 2i_{m3} = 0 \\ -6i_{m1} - 2i_{m2} + (2+6)i_{m3} = -1.5u \end{cases}$$

对受控源的控制量增列附加方程

$$u = 4(i_{m1} - i_{m2})$$

将附加方程代入网孔电流方程，解得

$$i_{m1} = 1.6\text{A} ， \quad i_{m2} = 0.4\text{A} ， \quad i_{m3} = 0.4\text{A}$$

所以

$$u = 4 \times (1.6 - 0.4) = 4.8\text{V}$$

3. 含电流源电路的网孔分析

若电路中含有电流源，由于电流源上有电压，并且其电压由外电路决定。因此，要根据电流源在电路中存在的两种不同情况来应用网孔分析法。

第一种情况：电流源只存在于一个网孔中，或通过调整支路，可以将电流源支路移至外网孔中。

如图 3.4.4 所示，方法一：按照图示的网孔电流方向，将电流源的电流作为网孔电流，可列写网孔方程

$$\begin{cases} (3+2)i_{m1} + 2i_{m2} = 9 \\ i_{m2} = 2\text{A} \end{cases}$$

解得

$$i_{m1} = 1\text{A}$$

由此可见，尽量将电流源的电流作为网孔电流，可以减少方程数。

方法二：将图 3.4.4 等效为图 3.4.5，即在应用网孔分析法时，若将电路中的诺顿支路等效为戴维南支路，可减少网孔数，达到减少方程数的目的。

以上两种处理方法均避免了考虑电流源上的电压，减少方程中的未知量。

第二种情况：电流源存在于两个网孔的公共支路，且无法通过变换电路移到网孔外围。这时除网孔电流外，必须假设电流源上的电压为未知量，需要增加相应的辅助方程。

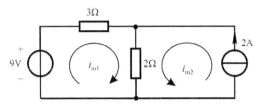

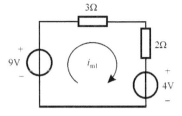

图 3.4.4　电流源电流视为网孔电流　　　　　图 3.4.5　图 3.4.4 等效电路

【例 3.4.3】　　在图 3.4.6 所示电路中，用网孔分析法求 u 和受控电流源的功率。

解： 观察图 3.4.6 所示的电路，网孔 1 中 2A 的独立电流源处于单个网孔中，其电流视为网孔电流，则无须对网孔 1 按照式（3.4.4）的规则列写网孔电流方程。受控电流源处于网孔 2 和网孔 3 的公共支路，必须考虑其两端电压，假设为 u_x，先将受控源视为独立源，对 3 个网孔列写方程

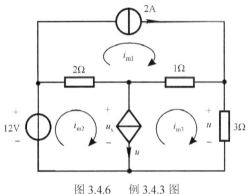

$$\begin{cases} i_{m1} = 2A \\ -2i_{m1} + 2i_{m2} = 12 - u_x \\ -i_{m1} + (1+3)i_{m3} = u_x \end{cases}$$

对受控电流源的控制量 u 和其输出的电压 u_x 增加两个辅助方程 $u = 3i_{m3}$，　$u = i_{m2} - i_{m3}$

由两个辅助方程得到　　　　　　$i_{m2} = 4i_{m3}$

图 3.4.6　例 3.4.3 图

代入网孔电流方程组，最后解得

$$i_{m1} = 2A，\quad i_{m2} = 6A，\quad i_{m3} = 1.5A$$

由网孔电流法可解得　　　　　　　　$u_x = 4V，\quad u = 4.5V$

受控电流源的功率

$$p = u_x \times u = 4 \times 4.5 = 18W \quad （吸收功率）$$

【例 3.4.4】　　用网孔法求图 3.4.7(a)所示电路的电流 i 和电压 u。

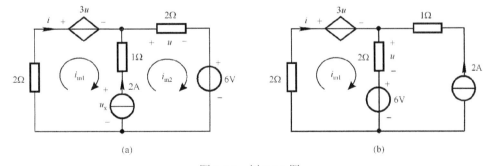

(a)　　　　　　　　　　　　　　　　　　　　(b)

图 3.4.7　例 3.4.4 图

解： 方法一：2A 电流源串联 1Ω 电阻支路处于 1、2 两个网孔之间，对网孔方程来说，1Ω 电阻不是多余电阻，故不能将其等效成电流源后再列方程，假设电流源两端电压为 u_x，则网孔方程为

$$\begin{cases} (2+1)i_{m1} - i_{m2} = -3u - u_x \\ -i_{m1} + (1+2)i_{m2} = -6 + u_x \end{cases}$$

附加方程为

$$u = 2i_{m2}$$

$$2 = i_{m2} - i_{m1}$$

解联立方程得 $\qquad i = i_{m1} = -2.2\text{A}$，$i_{m2} = -0.2\text{A}$，$u = -0.4\text{V}$

方法二：考虑到电流源处于外界时可减少方程的个数，将并联的电压源支路与电流源支路互换位置，如图 3.4.7(b)所示，则网孔方程为

$$(2+2)i_{m1} + 2 \times 2 = -3u - 6$$

受控源增加的辅助方程为 $\qquad u = 2(i_{m1} + 2)$

其结果仍为 $\qquad i = i_{m1} = -2.2\text{A}$，$i_{m2} = -0.2\text{A}$，$u = -0.4\text{V}$

显然方法二比方法一更为简单。

综上所述，用网孔法列写电路方程时，需注意以下几点：

（1）合理地选择网孔电流，以减少方程中的未知量，通常取外围电流源电流作为网孔电流；

（2）与电流源串联的电阻应列入网孔电流方程中；

（3）将诺顿支路等效为戴维南支路，可避免假设电流源两端的电压，达到减少未知量的目的；

（4）当没有并联电阻元件的理想电流源（称为无伴电流源）处于两个网孔之间时，必须为无伴的理想电流源两端假设电压，并增加一个根据已知电流源与网孔电流之间关系所列的方程。

3.4.3　节点电压法和网孔电流法的比较

节点分析法和网孔分析法都为复杂电路网络的分析提供了系统的解决方法。那么，在具体求解电路变量时，选择哪种方法更有效呢？这没有明确的答案，但是通常有两个因素会影响方法的选择。

（1）电路的连接方式。若电路中含有许多串联元件、电压源或戴维南支路，则比较适合应用网孔分析法；若电路中并联元件、电流源或诺顿支路较多，则适合应用节点分析法。两种方法的选择关键在于所选定的方法要使联立方程的个数尽量少，即若电路中节点少、网孔多，则宜用节点分析法；反之，则宜用网孔分析法。

（2）需要求解的电路参数也会影响两种方法的选择。应注意：网孔分析法只适用于平面网络，节点分析法则无此限制，因此节点分析法更具有普遍意义。目前，在计算机辅助网络分析中应用节点分析法及其改进形式是很广泛的。同时在某个具体电路中，这两种方法有其各自的局限性，例如，对晶体管电路的分析通常用网孔电流法；而在处理含运算放大器电路的分析中常采用节点分析法。

【例 3.4.5】　图 3.4.8(a)所示为 NPN 型晶体三极管的符号，B、C、E 分别称为三极管的基极、集电极和发射极。根据 KCL 有 $I_E = I_B + I_C$。图 3.4.8(b)所示电路中的晶体管处于放大状态，此时，$I_C = \beta I_B$，设 $U_{BE} = 0.7\text{V}$，$\beta = 100$，求 U_{CE}。

解：对输入回路列 KVL 方程，有

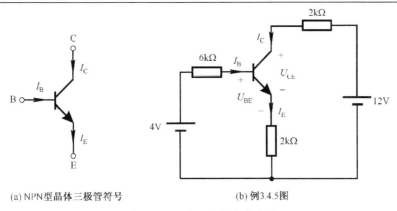

(a) NPN型晶体三极管符号   (b) 例3.4.5图

图 3.4.8   晶体三极管直流电路

$$\begin{cases} -4 + 6 \times 10^3 I_\text{B} + 2 \times 10^3 I_\text{E} + 0.7 = 0 \\ I_\text{C} = 100 I_\text{B} \\ I_\text{E} = I_\text{C} + I_\text{B} \end{cases}$$

联立化解为 $202 I_\text{B} = 3.3\text{mA}$

即 $I_\text{B} = 15.87\mu\text{A}$ ， $I_\text{C} = 1.587\text{mA}$ ， $I_\text{E} = 1.602\text{mA}$

由输出回路得 $2 \times 10^3 I_\text{C} + 2 \times 10^3 I_\text{E} + U_\text{CE} = 12$

将 I_C、I_E 的值代入得

$$U_\text{CE} = 5.622\text{V}$$

此例说明，由于晶体管各极之间的电位不同，不能直接应用节点电压方程求解。

【例 3.4.6】   求图 3.4.9 所示电路中的电流 i_1、i_2 和 i_3。

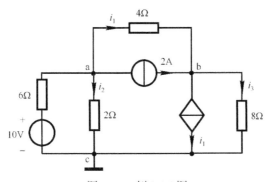

图 3.4.9   例 3.4.6 图

解：方法一：不改变图 3.4.9 中的电路结构直接列写方程，若选用网孔分析法，由于电路中含 4 个网孔和两个电流源，则需要列写 4 个网孔方程，加上电流源上的电压未知，共需 6 个方程式才能求解出各网孔电流。而电路中仅含有 3 个节点，需列节点电压方程两个，加上受控电流源的控制量需要增加辅助方程，即利用节点分析法共需 3 个方程，因此，选择节点分析法求解更有效。

按照图 3.4.9 所示电路中标注的节点号和参考节点列写节点电压方程

$$\begin{cases}\left(\dfrac{1}{6}+\dfrac{1}{2}+\dfrac{1}{4}\right)u_{\mathrm{a}}-\dfrac{1}{4}u_{\mathrm{b}}-\dfrac{1}{6}\times10=-2\\[2mm]-\dfrac{1}{4}u_{\mathrm{a}}+\left(\dfrac{1}{4}+\dfrac{1}{8}\right)u_{\mathrm{b}}=2-i_1\\[2mm]i_1=\dfrac{u_{\mathrm{a}}-u_{\mathrm{b}}}{4}\end{cases}$$

解得 $\qquad\qquad u_{\mathrm{a}}=4\mathrm{V}\ ,\qquad u_{\mathrm{b}}=16\mathrm{V}\ ,\qquad i_1=-3\mathrm{A}$

由此得 $\qquad\qquad\qquad\qquad i_2=\dfrac{u_{\mathrm{a}}}{2}=2\mathrm{A}$

$$i_3=\dfrac{u_{\mathrm{b}}}{8}=2\mathrm{A}$$

方法二：调整电路，将电流源移到外网孔，如图 3.4.10 所示。

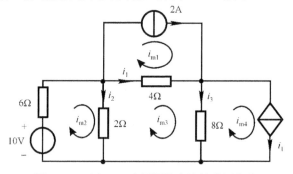

图 3.4.10　例 3.4.6 应用网孔电流法求解电路

将电流源的电流作为网孔电流，可以减少方程数，所列写的网孔电流方程如下

$$\begin{cases}i_{\mathrm{m1}}=2\mathrm{A}\\(6+2)i_{\mathrm{m2}}-2i_{\mathrm{m3}}=10\\-4i_{\mathrm{m1}}-2i_{\mathrm{m2}}+(2+4+8)i_{\mathrm{m3}}-8i_{\mathrm{m4}}=0\\i_{\mathrm{m4}}=i_1\end{cases}$$

对受控源增加方程 $\qquad\qquad i_1=i_{\mathrm{m3}}-i_{\mathrm{m1}}$

联立方程解得 $\qquad i_{\mathrm{m2}}=1\,\mathrm{A},\ i_{\mathrm{m3}}=-1\,\mathrm{A},\ i_1=i_{\mathrm{m4}}=-3\,\mathrm{A}$

$$i_2=i_{\mathrm{m2}}-i_{\mathrm{m3}}=2\,\mathrm{A}$$

$$i_3=i_{\mathrm{m3}}-i_{\mathrm{m4}}=2\,\mathrm{A}$$

3.5　对　偶　原　理

　　对偶原理是电路分析中出现的大量相似性的归纳和总结。以前述电路为例来说明这种相似联系。

　　对 n 个电阻串联电路和 n 个电导并联电路，分别用 N 和 $\overline{\mathrm{N}}$ 表示，在 N 与 $\overline{\mathrm{N}}$ 的相关公式之间，存在着一定的相似性。

在 N 中

$$
\left\{
\begin{aligned}
&\text{总电阻：} \quad R = \sum_{k-1}^{n} R_k \\
&\text{电流：} \quad i = \frac{u}{R} \\
&\text{分压公式：} \quad u_k = \frac{R_k}{R} u
\end{aligned}
\right.
\qquad (3.5.1)
$$

在 $\overline{N}$ 中

$$
\left\{
\begin{aligned}
&\text{总电导：} \quad G = \sum_{k=1}^{n} G_k \\
&\text{电压：} \quad u = \frac{i}{G} \\
&\text{分流公式：} \quad i_k = \frac{G_k}{G} i
\end{aligned}
\right.
\qquad (3.5.2)
$$

对比式（3.5.1）和式（3.5.2）可见，若将式（3.5.1）中的电压 u 与 i 互换，电阻 R 和电导 G 互换，那么 N 中的公式就成为 $\overline{N}$ 中的公式，反之亦然。将这种对应关系称为对偶关系，这些互换元素称为对偶元素。如串联与并联、电压与电流、电阻与电导都是对偶元素，而 N 和 $\overline{N}$ 则称为对偶网络。同样，若将节点方程式（3.3.5）和网孔方程式（3.4.4）加以比较，就会发现：把式（3.3.5）中的节点电压换为网孔电流，电导换成电阻，电流源换电压源就可以得到网孔方程式（3.4.4）。

认识这种对偶性有助于掌握电路的规律，由此及彼，便于记忆后面所学的电路公式。表 3.1 列举了一些电路中常用的对偶量。

表 3.1　电路常用的对偶量

电压	电流	网孔电流	节点电压
电阻	电导	电压源	电流源
短路	开路	电容	电感
串联	并联	电荷	磁链
KVL	KCL		

习　题

3.1　用支路电流法求图 3.1 所示电路中 2V 电压源及 3A 电流源产生的功率。

3.2　用支路电流法求图 3.2 所示电路中的各支路电流。

3.3　列写图 3.3 所示电路的支路电流方程。

3.4　用节点电压法求图 3.4 所示电路中的电压 u。

3.5　根据下列节点电压方程，绘出可能的相应电路。

$$\begin{cases} \left(\dfrac{1}{R_1}+\dfrac{1}{R_2}\right)u_{n1}-\dfrac{1}{R_2}u_{n2}=i_{S1} \\ -\dfrac{1}{R_2}u_{n1}+\left(\dfrac{1}{R_2}+\dfrac{1}{R_3}\right)u_{n2}=i_{S2} \\ -\dfrac{1}{R_3}u_{n2}+\left(\dfrac{1}{R_3}+\dfrac{1}{R_4}\right)u_{n3}=-i_{S1}+\dfrac{u_S}{R_4} \end{cases}$$

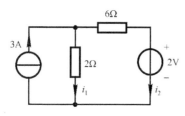
图 3.1   习题 3.1 电路图

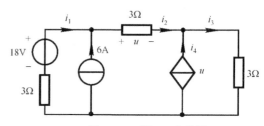
图 3.2   习题 3.2 电路图

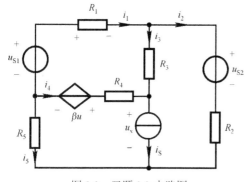
图 3.3   习题 3.3 电路图

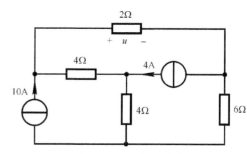
图 3.4   习题 3.4 电路图

3.6   用节点电压法求图 3.5 所示电路中的电流 i 。

3.7   用节点电压法求图 3.6 所示电路中的 u 及受控源吸收的功率。

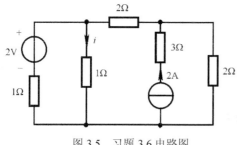
图 3.5   习题 3.6 电路图

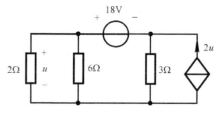
图 3.6   习题 3.7 电路图

3.8   求图 3.7 所示电路中的各节点电压。

3.9   应用网孔电流法求解图 3.8 所示每个电压源产生的功率。

3.10   图 3.9 所示为含三极管电路，晶体管处于放大状态，此时 $I_C=\beta I_B$ ，设 $\beta=80$ ，$U_{BE}=0.7\text{V}$ ，求 U_{CE} 。

3.11   应用网孔电流法求图 3.10 所示电路中的 u 和受控源吸收的功率。

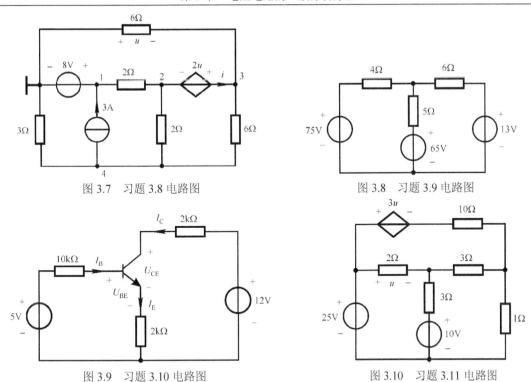

图 3.7　习题 3.8 电路图　　　　　　　　　　图 3.8　习题 3.9 电路图

图 3.9　习题 3.10 电路图　　　　　　　　　　图 3.10　习题 3.11 电路图

3.12　用网孔电流法求图 3.11 所示电路中的电流 i。

3.13　用网孔电流法求图 3.12 所示电路中的 u_x。

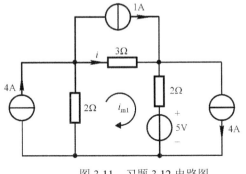

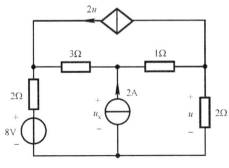

图 3.11　习题 3.12 电路图　　　　　　　　　　图 3.12　习题 3.13 电路图

3.14　求图 3.13 所示电路中的 u。

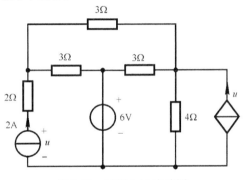

图 3.13　习题 3.14 电路图

第4章 电路定理

第 3 章介绍的网孔分析法和节点分析法适应于普通电路，但是对一个大而复杂的电路，其求解过程伴随着繁重的计算量。

随着电路应用领域的扩展，电路由简单电路向复杂电路发展。为了处理复杂电路，工程专家们研究出一些定理以简化电路分析的计算，这些定理只适用于线性电路。本章首先介绍线性电路的基本特性，然后引入叠加原理、戴维南定理和诺顿定理，最后讲述应用戴维南定理得到的最大功率传递定理。

线性电路的性质是线性电路本身所具有的，利用这些性质或定理可简化线性电路的分析与计算。这些性质或定理既适用于稳态电路也适用于动态电路，既适用于直流电阻电路，也适用于正弦电路。

4.1 线 性 特 性

仅由线性元件、线性受控源及独立源组成的电路称为线性电路。

独立源是非线性二端元件，是电路的输入，对电路起着**激励（Excitation）**的作用。也就是说，电压源的电压、电流源的电流与所有其他元件的电压、电流相比，扮演着完全不同的角色，后者是激励引起的**响应（Response）**。

线性特性是比例性和叠加性的组合。

比例性：线性电路中，若只有单个激励 $e(t)$ 作用，激励 $e(t)$ 与其响应 $r(t)$ 存在线性关系，如式（4.1.1）所示。

$$r(t) = Ke(t) \tag{4.1.1}$$

式中，K 为常数。

显然，若激励 $e(t)$ 增大 C 倍，则响应 $r(t)$ 也随之增大 C 倍，如式（4.1.2）所示。

$$Cr(t) = CKr(t) \tag{4.1.2}$$

式中，C 为常数，可以是实数，也可以是复数。这样的性质称为线性电路的比例性（又称为齐次性和均匀性）。

叠加性：对各个输入和的响应等于对每个输入的单独响应之和。

线性电路中，设激励 $e_1(t)$ 引起响应 $r_1(t)$，表示为 $e_1(t) \rightarrow r_1(t)$；激励 $e_2(t)$ 引起响应 $r_2(t)$，表示为 $e_2(t) \rightarrow r_2(t)$。若输入为 $e_1(t) + e_2(t)$，则

$$e_1(t) + e_2(t) \rightarrow r_1(t) + r_2(t) \tag{4.1.3}$$

式（4.1.3）反应了线性电路的叠加性。齐次性和叠加性的组合可以用式（4.1.4）表示。

$$C_1e_1(t) + C_2e_2(t) \rightarrow C_1r_1(t) + C_2r_2(t) \tag{4.1.4}$$

图 4.1.1 所示为仅含单个激励源的线性电路，电流源 i_S 为电路的激励（输入），则 R_3 两端的电压 u_O 为响应（输出）。

由图 4.1.1 求得电路的响应 u_O 为

$$u_O = \frac{R_1 R_3}{R_1 + R_2 + R_3} i_S$$

显然响应与激励呈线性关系。同时可以得到，若 i_S 增大 C 倍，则 u_O 也增大 C 倍。

【例 4.1.1】　在图 4.1.2 所示电路中：①若设 $i_1 = 1A$，求 i_S 的值；②若 $i_S = 16A$，求各支路电流。

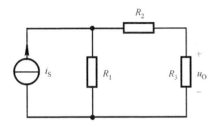

图 4.1.1　含单个激励的线性电路

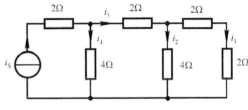

图 4.1.2　例 4.1.1 图

解：（1）由 KCL、KVL 及欧姆定律可得

$$i_2 = \frac{(2+2) \times i_1}{4} = 1A , \quad i_3 = i_1 + i_2 = 2A$$

$$i_4 = \frac{2i_3 + 4i_2}{4} = 2A , \quad i_S = i_3 + i_4 = 4A$$

（2）若 $i_S = 16A$，即激励为原来的 4 倍，根据线性电路的比例性，响应也是原来的 4 倍，各支路电流分别为

$$i_1 = 4A , \quad i_2 = 4A , \quad i_3 = 8A , \quad i_4 = 8A$$

4.2　叠 加 原 理

叠加原理是电路分析中的重要原理，它反映了线性电路的一个基本性质，即叠加性。

叠加原理：线性电路中，由多个独立源共同作用产生的响应（支路电压或电流）等于各独立源单独作用时所产生的响应分量代数和。如果线性电路中有多个激励源 $e_1(t)$，$e_2(t)$，$\cdots$，$e_m(t)$，则共同作用引起的响应 $r(t)$ 可以表示为

$$r(t) = K_1 e_1(t) + K_2 e_2(t) + \cdots + K_m e_m(t) \tag{4.2.1}$$

式中，K_1，K_2，$\cdots$，K_m 为常数。

当其中的一个独立源单独作用时，其余的独立源置零。其方法是：电流源置零予以开路，电压源置零予以短路，其余元件如受控源和电阻等保留。

叠加原理不只适用于电路分析，对其他许多因果关系是线性的领域都适用。

利用图 4.2.1(a)所示的电路来验证叠加原理的正确性。

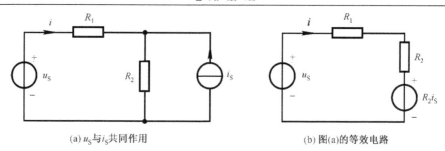

(a) u_S 与 i_S 共同作用　　　　　　　　　　　(b) 图(a)的等效电路

图 4.2.1　叠加原理的验证

方法一：运用电源的等效变换，将图 4.2.1(a)所示的电路等效为图 4.2.1(b)所示的电路，可得式（4.2.2）。

$$i = \frac{u_S - R_2 i_S}{R_1 + R_2} = \frac{u_S}{R_1 + R_2} - \frac{R_2 i_S}{R_1 + R_2} \tag{4.2.2}$$

方法二：运用叠加原理求解电流 i 。

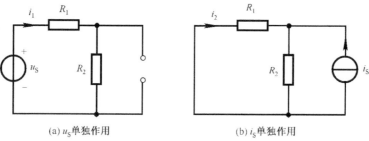

(a) u_S 单独作用　　　　　　　　　　　(b) i_S 单独作用

图 4.2.2　运用叠加原理求解电路

图 4.2.2(a)所示电路中，电压源 u_S 单独作用所产生的电流分量 i_1 为

$$i_1 = \frac{u_S}{R_1 + R_2}$$

图 4.2.2(b)所示电路中，电流源 i_S 单独作用所产生的电流分量为 i_2 ，利用分流公式得

$$i_2 = -\frac{R_2}{R_1 + R_2} i_S$$

由此可得，两个独立源共同作用所引起的电流为

$$i = i_1 + i_2 = \frac{u_S}{R_1 + R_2} - \frac{R_2 i_S}{R_1 + R_2} \tag{4.2.3}$$

比较式（4.2.2）与式（4.2.3），结果相同。

因此，运用叠加原理求解电路的三个基本步骤为：

（1）取其中一个独立源单独作用，将其他独立源置零，求出在该独立源作用下所引起的响应分量；

（2）对其余每一个独立源重复步骤（1）；

（3）将各独立源单独作用产生的响应分量进行代数和，求得总的响应。

必须指出，通常叠加原理只限于线性电路中电流和电压的分析计算，不适用于功率的计算。因为电阻的功率 $p = i^2 R = \dfrac{u^2}{R}$ ，它与电流（或电压）的平方成正比，不存在线性关系。

用叠加原理分析电路的主要优点是：用短路来取代电压源，或由开路来取代电流源，降低了电路的复杂程度，使电路简单化，便于计算。

【例 4.2.1】　用叠加原理计算图 4.2.3 所示电路中的电流 i ，并计算 4Ω 电阻上消耗的功率。

解： 首先画出各独立源单独作用的电路分解图，如图 4.2.4 所示。

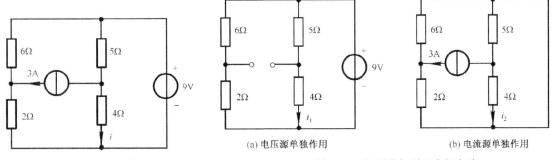

图 4.2.3　例 4.2.1 图　　　　　　　　　　　(a) 电压源单独作用　　　　　(b) 电流源单独作用

图 4.2.4　运用叠加原理求解电路

图 4.2.4(a)中，9V 电压源单独作用引起的响应分量

$$i_1 = \frac{9}{5+4} = 1\text{A}$$

对图 4.2.4(b)，等效化简电路后，利用分流公式求得电流源单独作用引起的响应分量

$$i_2 = -\frac{5}{4+5} \times 3 = -1.67\text{A}$$

由叠加原理，可得

$$i = i_1 + i_2 = 1 + (-1.67) = -0.67\text{A}$$

4Ω 电阻上消耗的功率为

$$p = Ri^2 = 4 \times (-0.67)^2 = 1.8\,\text{W}$$

很显然　　　　　　　　　　　　　　　　$$p \neq Ri_1^2 + Ri_2^2$$

【例 4.2.2】　含受控源电路如图 4.2.5(a)所示，试用叠加原理求 u 及 10V 电压源提供的功率。

解： （1）图 4.2.5(b)所示为10V 电压源单独作用的电路图。

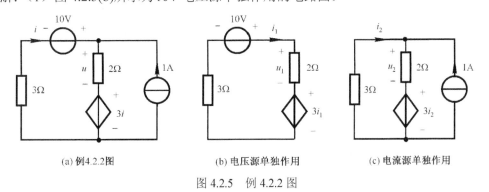

(a) 例4.2.2图　　　　　　　(b) 电压源单独作用　　　　　　(c) 电流源单独作用

图 4.2.5　例 4.2.2 图

由 KVL 得

$$(3+2)i_1 + 3i_1 = 10$$

$$i_1 = 1.25\text{A}$$

$$u_1 = 2i_1 = 2.5\text{V}$$

（2）图 4.2.5(c)所示为 1A 电流源单独作用的电路分解图，列写网孔电流方程

$$(2+3)i_2 + 2\times 1 = -3i_2$$

解得 $\qquad\qquad\qquad\qquad i_2 = -0.25\text{A}$

由 KVL 得 $\qquad\qquad\qquad u_2 = 2(i_2 + 1) = 1.5\text{V}$

（3）根据叠加原理 $\qquad\quad i = i_1 + i_2 = 1\text{A}；\quad u = u_1 + u_2 = 4\text{V}$

$$p = -10\times 1 = -10\text{W}$$

即电压源提供的功率为 10W 。

注意：① 应用叠加原理时，各独立源单独作用时，受控源应予以保留；② 在对电路等效时，受控源的控制支路通常不可消去。

【例 4.2.3】 在图 4.2.6 所示电路中，（1）当 $u_S = 4\text{V}$ ，$i_S = 1\text{A}$ 时，用叠加原理计算电压 u；（2）当 $u_S = 12\text{V}$ ，$i_S = 0.5\text{A}$ 时，用线性特性求电压 u。

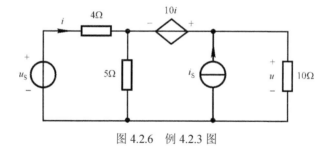

图 4.2.6　例 4.2.3 图

解：（1）当电压源 $u_S = 4\text{V}$ 单独作用时，电路如图 4.2.7(a)所示，利用网孔电流法列方程

$$\begin{cases} (4+5)i_1 - 5i_2 = 4 \\ -5i_1 + (5+10)i_2 = 10i_1 \end{cases}$$

联立求解得 $\qquad\qquad\qquad i_1 = 1\text{A}, \qquad i_2 = 1\text{A}$

$$u_1 = 1\times 10 = 10\text{V}$$

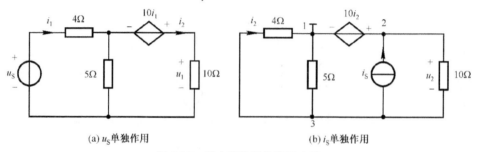

(a) u_S单独作用　　　　　　　　　　　(b) i_S单独作用

图 4.2.7　独立源单独作用子电路

电流源 $i_S = 1\text{A}$ 单独工作时，电路如图 4.2.7(b)所示，利用节点电压法列方程

$$\begin{cases} u_{n2} = 10i_2 \\ \left(\dfrac{1}{4} + \dfrac{1}{5} + \dfrac{1}{10}\right)u_{n3} - \dfrac{1}{10}u_{n2} = -1 \\ i_2 = \dfrac{u_{n3}}{4} \end{cases}$$

联立求解得
$$u_{n2} = -10\text{V}, \qquad u_{n3} = -4\text{V}$$

$$u_2 = u_{n2} - u_{n3} = -10 + 4 = -6\text{V}$$

$$u = u_1 + u_2 = 10 - 6 = 4\text{V}$$

（2）当 $u_S = 12\text{V}$，$i_S = 0.5\text{A}$ 作用时，由线性电路的比例性和叠加性得到

$$u = u_1 + u_2 = \frac{12}{4} \times 10 + \frac{0.5}{1} \times (-6) = 27\text{V}$$

【例 4.2.4】　图 4.2.8 所示网络，N 是内部结构未知的线性有源网络。已知当 $u_S = 0\text{ V}$，$i_S = 1\text{A}$ 时，负载电阻 R_L 上获得的电压 $u = 3\text{ V}$；当 $u_S = 2\text{V}$，$i_S = -1\text{A}$ 时，$u = 0\text{V}$；当 $u_S = 1\text{V}$，$i_S = 2\text{A}$ 时，$u = 3.5\text{V}$。求当 $u_S = 2\text{V}$，$i_S = 1\text{A}$ 时电压 u 为多少？

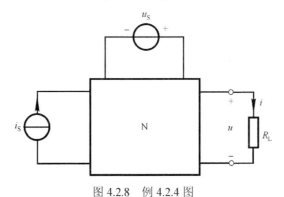

图 4.2.8　例 4.2.4 图

解：本例的 N 网络未给出具体的电路结构和参数等，因此从叠加原理的定义式（4.2.1）可得输出电压 u 为

$$u = K_1 u_S + K_2 i_S + u_3$$

式中，系数 K_1、K_2 为常系数，u_3 为 N 网络内部自带的独立源作用时引起的响应分量。将已知条件代入得

$$\begin{cases} K_2 + u_3 = 3 \\ 2K_1 - K_2 + u_3 = 0 \\ K_1 + 2K_2 + u_3 = 3.5 \end{cases}$$

解得

$$K_1 = -0.5, \quad K_2 = 1, \quad u_3 = 2$$

因此可得，负载电阻的电压与各激励源满足如下的线性关系

$$u = -0.5u_S + i_S + 2$$

当 $u_S = 2V$ ， $i_S = 1A$ 时

$$u = -0.5 \times 2 + 1 + 2 = 2V$$

通过该例可知，对于内部结构未知的线性有源网络，在电路结构和参数不变的条件下，结合实验测量数据，并运用叠加原理便可确定电路激励与响应的关系。

4.3 戴维南定理

在电路分析中，有时只需要研究某个有源线性单口网络对电路的其余部分或负载支路的影响，如电路的某条支路是可变更的，其他支路不改变，这时若用前面所学的方法求解电路，则支路参数每变更一次，就需要重新对电路求解一次，非常麻烦。因此希望能用一个简单的电路来等效除去待求支路以外的单口网络，简化分析与计算。戴维南定理和诺顿定理提供了求含源线性单口网络等效电路的另一种方法，对求最简等效电路提出了普遍适用的方法和形式。这两个定理是计算复杂线性电路的有力工具，尤其是在"黑箱"分析计算方面有广泛的应用。本节先讨论戴维南定理。

戴维南定理是由法国电报工程师 M. Leon Thevenin（1857～1926）于 1883 年提出的。

戴维南定理：如图 4.3.1(a)所示，任意一个线性有源单口网络 N，就其对外电路的作用而言，总可以用一个理想电压源和一个线性电阻串联的支路来等效，如图 4.3.1(b)所示。理想电压源的电压等于 N 网络的端口开路电压 u_{OC}，如图 4.3.1(c)所示；电阻 R_O 等于网络 N 中所有独立源置零后端口的等效电阻，如图 4.3.1(d)所示。

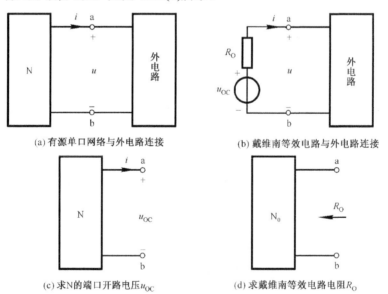

(a) 有源单口网络与外电路连接   (b) 戴维南等效电路与外电路连接

(c) 求N的端口开路电压u_{OC} (d) 求戴维南等效电路电阻R_O

图 4.3.1 戴维南定理示意图

图 4.3.1 中，N 表示含源线性单口网络，N_0 表示 N 中所有独立源置零后的无源线性单口网络。图 4.3.1(b)所示的理想电压源串联电阻支路称为戴维南等效电路，在图中所示端口电压 u 和电流 i 参考方向下，可得到端口 VAR 表示为

$$u = u_{OC} - R_O i \qquad (4.3.1)$$

应用戴维南定理分析计算电路的一般步骤：

（1）断开待求支路，求除去待求支路后的含源单口网络的开路电压 u_{OC}；

（2）求单口网络的戴维南等效电阻 R_O；

（3）用戴维南等效电路替代原来的含源单口网络，求解待求量。

【例 4.3.1】　电路如图 4.3.2 所示，图中负载电阻 R_L 为可变电阻。求当 R_L 分别为 3Ω 和 8Ω 时，流经 R_L 的电流 i_L。

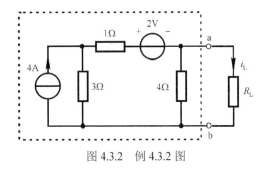

图 4.3.2　例 4.3.2 图

解：根据题意，先计算 a、b 端口左端单口网络的戴维南等效电路，然后求流过 R_L 的电流 i_L。

（1）u_{OC} 的计算

断开待求的负载支路，如图 4.3.3(a)所示，由 KVL 列方程

$$(1+4)i + 2 + 3(i-4) = 0$$

解得

$$i = 1.25\text{A}$$

$$u_{OC} = 4i = 5\text{V}$$

（2）R_O 的计算

为求得 R_O，应把图 4.3.3(a)所示含源单口网络中的两个独立源置零，如图 4.3.3(b)所示。显然，a、b 两端的等效电阻

$$R_O = \frac{(3+1)\times 4}{3+1+4} = 2\Omega$$

（3）i_L 的计算

画出图 4.3.2 的戴维南等效电路，如图 4.3.3(c)所示，求得 i_L 为

$$i_L = \frac{u_{OC}}{R_O + R_L}$$

当 $R_L = 3\Omega$ 时，

$$i_L = \frac{5}{2+3} = 1\text{A}$$

当 $R_L = 8\Omega$ 时，

$$i_L = \frac{5}{2+8} = 0.5\text{A}$$

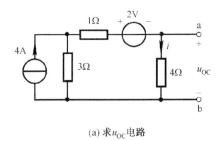

(a) 求 u_{OC} 电路

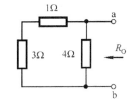

(b) 求 R_O 电路

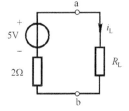

(c) 戴维南等效电路

图 4.3.3　例 4.3.1 的求解步骤

通过本例可知：应用戴维南定理，关键是掌握如何正确求出含源单口网络的开路电压 u_{OC} 以及戴维南等效电阻 R_O。开路电压 u_{OC} 可以运用前面所学的节点法、网孔法和叠加原理等电路分析方法进行求解。而等效电阻 R_O 的计算，则需要视情况不同选择相应的求解方法，主要根据单口网络中是否含受控源而定，通常有三种求解方法。

（1）串、并联法：将含源单口网络内部独立源置零后，利用电阻串、并联或 $Y-\triangle$ 等效变换方法等求出端口的等效电阻。该方法仅适用于不含受控源的网络。

（2）外施电源法：将单口网络内部独立源置零后，在其端口外接一电压源 u（或电流源 i），如图 4.3.4 所示；再列写端口的 VAR 方程，由式（4.3.2）求出端口等效电阻 R_O。

$$R_O = \frac{u}{i} \qquad (4.3.2)$$

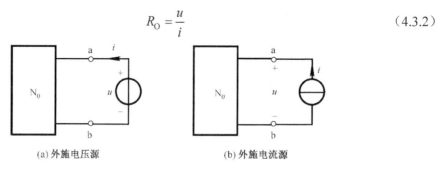

(a) 外施电压源　　　　　(b) 外施电流源

图 4.3.4　外施电源法求 R_O

（3）短路电流法：用实验方法或计算方法求出含源单口网络的端口开路电压 u_{OC} 和短路电流 i_{SC}，如图 4.3.5 所示，根据式（4.3.3）求得等效电阻 R_O。

$$R_O = \frac{u_{OC}}{i_{SC}} \qquad (4.3.3)$$

以上三种常用的求戴维南等效电阻的方法主要应用于理论计算。在实验测量时，如果单口网络是个"黑箱子"，为避免短路电流过大造成电路损坏，电子电路中常采用实验测试法进行等效电阻的测量计算。

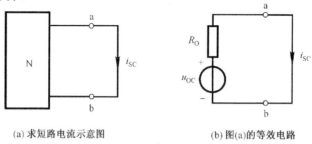

(a) 求短路电流示意图　　　　　(b) 图(a)的等效电路

图 4.3.5　短路电流法求 R_O

*（4）实验测试法：在实验中，往往将有源单口网络的端口接上负载 R_L，以避免输出端口短路引起的过电流损坏电路，测出负载电阻上的电压 u_{OCR}，如图 4.3.6 所示，由此容易计算其等效电阻 R_O 为

$$R_O = \left(\frac{u_{OC}}{u_{OCR}} - 1\right) R_L \qquad (4.3.4)$$

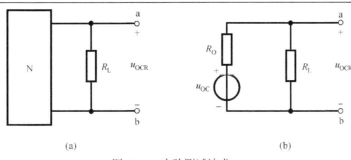

(a)   (b)

图 4.3.6   实验测试法求 R_O

注意：当含源单口网络中含有受控源时，通常采用外施电源法和短路电流法求解戴维南等效电阻。

【例 4.3.2】   求图 4.3.7 所示电路 a、b 端的戴维南等效电路。

解：（1）求开路电压 u_{OC}，电路如图 4.3.8(a)所示，利用节点电压法列写方程

$$\left(\frac{1}{3}+\frac{1}{12}\right)u_{OC}-\frac{1}{3}\times18=2-7i_1$$

对受控源控制量增加方程

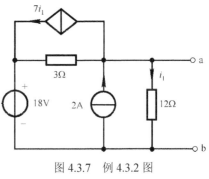

图 4.3.7   例 4.3.2 图

$$i_1=\frac{u_{OC}}{12}$$

解得

$$u_{OC}=8V$$

（2）求戴维南等效电阻 R_O

方法一：应用外施电源法求 R_O

如图 4.3.8(b)所示，将单口网络内部独立源置零，端口外接一电压源 u，求端口的 VAR。

由 KCL 和欧姆定律得

$$\begin{cases} i=\dfrac{u}{12}+\dfrac{u}{3}+7i_1 \\ i_1=\dfrac{u}{12} \end{cases}$$

消去变量 i_1，整理得端口的 VAR 为

$$u=i$$

即

$$R_O=\frac{u}{i}=1\Omega$$

方法二：应用短路电流法求 R_O

将图 4.3.7 所示电路中的 a、b 端口短路，如图 4.3.8(c)所示，显然 $i_1=0$，故受控电流源的输出电流 $7i_1=0$，相当于开路，因此容易得到

$$i_{SC}=2+\frac{18}{3}=8A$$

根据式（4.3.3）可得

$$R_O=\frac{u_{OC}}{i_{SC}}=1\Omega$$

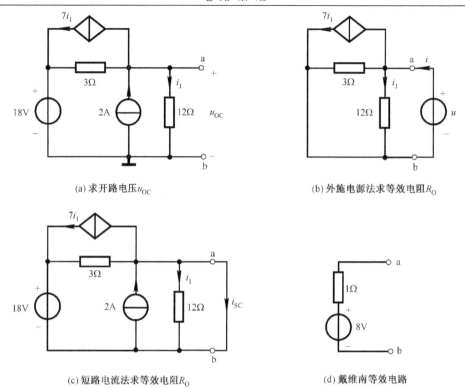

(a) 求开路电压 u_{OC}　　　　　　　　　　(b) 外施电源法求等效电阻 R_O

(c) 短路电流法求等效电阻 R_O　　　　　　(d) 戴维南等效电路

图 4.3.8　戴维南等效电路求解用图

（3）画出戴维南等效电路，如图 4.3.8(d)所示。

本例说明：运用短路电流法和外施电源法计算含有受控源单口网络的戴维南等效电阻 R_O，结果相同。需注意外施电源法中端口的 u、i 与短路电流法中 u_{SC}、i_{SC} 之间的参考方向有所不同，对单口网络而言，前者为关联参考方向，后者为非关联参考方向。

【**例 4.3.3**】　已知图 4.3.9(a)所示电路中 $u = 10V$，图 4.3.9(b)所示电路中短路电流 $i = 0.5A$，求网络 N 的戴维南等效电路。

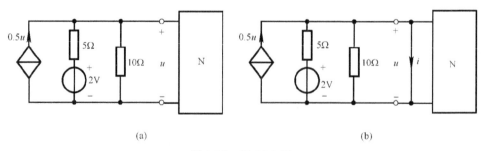

(a)　　　　　　　　　　　　　　　(b)

图 4.3.9　例 4.3.3 图

解：将 N 网络等效成戴维南等效电路，在图 4.3.9(a)中，由节点法得

$$\left(\frac{1}{5} + \frac{1}{10} + \frac{1}{R_O}\right)u - \frac{2}{5} - \frac{u_{OC}}{R_O} = 0.5u$$

在图 4.3.9(b)中，因 $u = 0$，受控电流源开路，则

$$\frac{2}{5} + \frac{u_{OC}}{R_O} = i$$

将 $u = 10$，$i = 0.5$ 代入得

$$\begin{cases} 3 + \dfrac{10}{R_O} - 0.4 - \dfrac{u_{OC}}{R_O} = 5 \\[3mm] 0.4 + \dfrac{u_{OC}}{R_O} = 0.5 \end{cases}$$

解得

$$R_O = 4\Omega，\qquad u_{OC} = 0.4V$$

值得注意的是，戴维南定理要求被等效网络必须是线性的，而对外电路无此要求。另外，还要求单口网络与外电路之间没有耦合关系，如受控源的控制变量必须在单口网络内部或端口输出端。

戴维南定理在电路分析中是非常重要的，它简化了复杂线性电路的分析计算，是电路设计中一个强有力的工具。

4.4　诺 顿 定 理

戴维南定理公布的 43 年之后，1926 年，E. L. Norton（诺顿）——一位在贝尔电话实验室工作的美国工程师提出了类似的定理，称为诺顿定理。

诺顿定理：任意一个线性有源单口网络 N，如图 4.4.1(a)所示，就其对外电路的作用而言，总可以用一个理想电流源和一个线性电阻并联的支路来等效，如图 4.4.1(b)所示。理想电流源的电流等于单口网络 N 的端口短路电流 i_{SC}，如图 4.4.1(c)所示；并联电阻 R_O 等于 N 中所有独立源置零后的输入电阻，如图 4.4.1(d)所示。

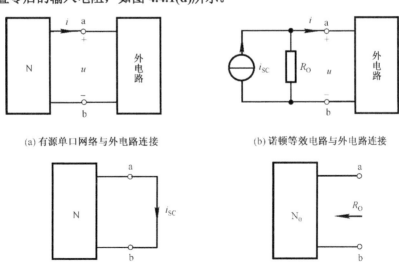

(a) 有源单口网络与外电路连接　　　　　(b) 诺顿等效电路与外电路连接

(c) 求N的端口短路电流i_{SC}　　　　　(d) 求诺顿等效电路电阻R_O

图 4.4.1　诺顿定理示意图

图 4.4.1(b)所示电流源并联电阻电路称为诺顿等效电路，在图中所示端口电压 u 和电流 i 参考方向下，可得到端口 VAR 表示为

$$i = i_{SC} - \frac{u}{R_O} \qquad (4.4.1)$$

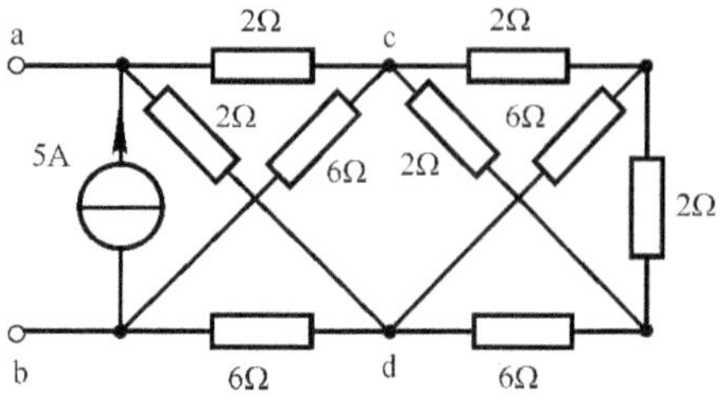

在 2.4 节电源的等效变换中已讨论过实际电压源可以与实际电流源互为等效，因此，含源单口网络的戴维南等效电路和诺顿等效电路对外电路来讲也是彼此可以等效的，故诺顿定理中等效电阻 R_O 的计算方法与戴维南等效电阻的计算方法相同。

图 4.4.2 例 4.4.1 图

【例 4.4.1】 求图 4.4.2 所示电路中 a、b 端口的诺顿等效电路。

解：（1）根据诺顿定理，先求 a、b 端口的短路电流 i_{SC}。显然，将 a、b 端口短路后，有 $i_{SC} = 5A$。

（2）将端口网络内部独立源置零，求 R_O。

电流源开路后，将 c、d 节点右侧视为等效电阻 R_{eq}，如图 4.4.3(a)所示，利用电桥平衡的特点，可将电阻 R_{eq} 等效为开路或短路；若作开路处理，则得到单口网络的诺顿等效电阻为

$$R_O = \frac{1}{2}(2+6) = 4\Omega$$

（3）画出诺顿等效电路，如图 4.4.3(b)所示。

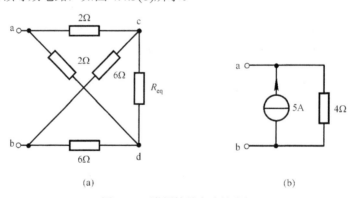

(a)   (b)

图 4.4.3 诺顿等效电路的求解

【例 4.4.2】 试求图 4.4.4 所示电路的戴维南等效电路和诺顿等效电路。

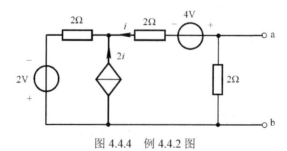

图 4.4.4 例 4.4.2 图

解：（1）求 a、b 端开路电压 u_{OC}

由 KVL 得　　　　　　　　　　$4 + 2i + 2 \times (i + 2i) - 2 + 2i = 0$

解得　　　　　　　　　　$i = -0.2\text{A}$，　$u_{OC} = -2i = 0.4\text{V}$

（2）求 a、b 端短路电流 i_{SC}

a、b 端口短路后，则并联在端口的 2Ω 电阻支路电压为零，由 KVL 得

$$4 + 2i + 2 \times (i + 2i) - 2 = 0$$

解得　　　　　　　　　　$i = -0.25\text{A}$；　$i_{SC} = -i = 0.25\text{A}$

$$R_O = \frac{u_{OC}}{i_{SC}} = \frac{0.4}{0.25} = 1.6\Omega$$

由此，图 4.4.4 的等效电路如图 4.4.5 所示。

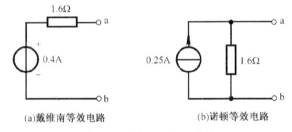

图 4.4.5　例 4.4.2 等效电路

本例说明，只要等效电阻满足 $0 < R_O < \infty$，则当已求得戴维南等效电路后，便可用实际电源等效变换法得到诺顿等效电路，反之亦然。

4.5　最大功率传递定理

在许多实际应用电路系统中，如通信和仪器系统等，通过电信号传输信息或数据时，发送器和探测器的有用功率受到限制，因此传输尽可能多的功率到接收器或负载是人们所期望的。本节讨论直流线性电路中负载获得最大功率的条件及获得的最大功率。

在信号传输和处理电路中，信号源可以用戴维南或诺顿等效电路作为其模型。如图 4.5.1 所示，含源电路 N_1 为信号源，负载电路 N_2 为负载电阻 R_L，设 R_L 可调，含源线性单口网络给定，则传递到负载的功率为

$$p = i^2 R_L = \left(\frac{u_{OC}}{R_O + R_L} \right)^2 R_L \qquad (4.5.1)$$

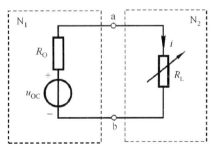

图 4.5.1　最大功率传递电路

由式（4.5.1）可知，当 $R_L = 0$ 或 $R_L = \infty$ 时，$p = 0$，所以当 R_L 为（$0, \infty$）区间内的某个值时可获得最大功率。

对式（4.5.1）求 R_L 的一阶导数，得

$$\frac{\mathrm{d}p}{\mathrm{d}R_{\mathrm{L}}} = \frac{u_{\mathrm{OC}}^2[(R_{\mathrm{L}} + R_{\mathrm{O}})^2 - 2R_{\mathrm{L}}(R_{\mathrm{L}} + R_{\mathrm{O}})]}{(R_{\mathrm{L}} + R_{\mathrm{O}})^4} = \frac{u_{\mathrm{OC}}^2(R_{\mathrm{O}} - R_{\mathrm{L}})}{(R_{\mathrm{L}} + R_{\mathrm{O}})^3}$$

令 $\dfrac{\mathrm{d}p}{\mathrm{d}R_{\mathrm{L}}} = 0$ ，可得

$$R_{\mathrm{L}} = R_{\mathrm{O}} \tag{4.5.2}$$

由于

$$\left.\frac{\mathrm{d}^2 p}{\mathrm{d}R_{\mathrm{L}}^2}\right|_{R_{\mathrm{L}} = R_{\mathrm{O}}} = -\frac{u_{\mathrm{OC}}^2}{8R_{\mathrm{O}}^3} < 0$$

所以式（4.5.2）是功率 p 为最大值的条件。

最大功率传递定理：当负载电阻 R_{L} 等于从负载向单口有源网络看进去的戴维南等效电阻时（ $R_{\mathrm{L}} = R_{\mathrm{O}}$ ），传递到负载上的功率最大。

$R_{\mathrm{L}} = R_{\mathrm{O}}$ 称为最大功率匹配条件，此时负载获得的最大功率值为

$$p_{\max} = \frac{u_{\mathrm{OC}}^2}{4R_{\mathrm{O}}} \tag{4.5.3}$$

由式（4.5.1）可知，若单口网络的等效内阻 R_{O} 不变，则传递到负载电阻 R_{L} 的功率随 R_{L} 阻值的变化而变化，其曲线如图 4.5.2 所示。

假设网络输出功率的传输效率 η 为负载功率和信号源输出功率的比值，即

$$\eta = \frac{p}{u_{\mathrm{OC}}i} = \frac{R_{\mathrm{L}}i^2}{(R_{\mathrm{O}} + R_{\mathrm{L}})i^2} = \frac{R_{\mathrm{L}}}{R_{\mathrm{O}} + R_{\mathrm{L}}} \tag{4.5.4}$$

由式（4.5.4）可见，当 $R_{\mathrm{L}} = R_{\mathrm{O}}$ 时，负载获得网络输出功率的传输效率仅为 50%。如果 R_{O} 可变而 R_{L} 固定，则只有当电阻 $R_{\mathrm{L}} \gg R_{\mathrm{O}}$ 时，传输效率才比较高。

【例4.5.1】　电路如图 4.5.3 所示，求当电阻 R_{L} 为何值时可获得最大功率。最大功率为多少？

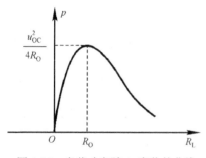

图 4.5.2　负载功率随 R_{L} 变化的曲线

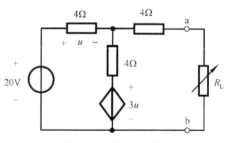

图 4.5.3　例 4.5.1 图

解：求解最大功率传递的关键是求解 a、b 端口的戴维南等效电路，如图 4.5.4 所示。

图 4.5.4(a)中，因负载电路开路后，由 KVL 得

$$(4 + 4)i + 3u = 20$$

$$u = 4i$$

解得　　　　　　　　　　　　　　　　$i = 1\mathrm{A}$ ， $u = 4\mathrm{V}$

因此， $$u_{OC} = 4i + 3u = 16V$$

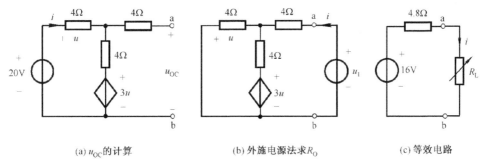

(a) u_{OC} 的计算   (b) 外施电源法求 R_O (c) 等效电路

图 4.5.4 求解戴维南等效电路

图 4.5.4(b) 中，用外施电源法求等效电阻 R_O，由 KVL 可得

$$\begin{cases} u_1 = 4i - u \\ u_1 = 4i + 4 \times \left(i + \dfrac{u}{4}\right) + 3u \end{cases}$$

联立两个方程，消去变量 u，整理得

$$5u_1 = 24i$$

戴维南等效电阻

$$R_O = \frac{u_1}{i} = \frac{24}{5} = 4.8\Omega$$

因此，当 $R_L = R_O = 4.8\Omega$ 时，负载电阻 R_L 可获得最大功率，其最大功率为

$$p_{max} = \frac{u_{OC}^2}{4R_O} = \frac{16^2}{4 \times 4.8} = 13.33W$$

习　题

4.1　求图 4.1 所示电路中的电流 i，若电压源电压升高到12V，则该电流是多少？

4.2　已知图 4.2 所示电路中，$i_1 = 1A$，求 i_S 的值。如果 $i_S = 16A$，求各支路电流。

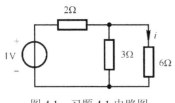

图 4.1　习题 4.1 电路图

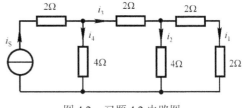

图 4.2　习题 4.2 电路图

4.3　在图 4.3 所示电路中，设 $R = 2\Omega$。求：

（1）若 $u_S = 4V$，计算 u 和 i；

（2）若 $u_S = 40V$，求 u 和 i；

（3）若 $R = 10\Omega$，且 $u_S = 40V$，u 和 i 有何变化？

4.4　用叠加原理求图 4.4 所示电路中的端口电压 u_{ab}。

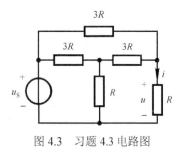

图 4.3　习题 4.3 电路图

4.5　用叠加原理计算图 4.5 所示电路中的电流 i。

（1）$V_b = -7.5\text{V}$；　　（2）$V_b = -30\text{V}$。

4.6　在图 4.6 所示电路中，欲使 $u = 2\text{V}$，则 u_S 应为多少？

4.7　在图 4.7 所示电路中，N_0 为无源网络，当 $u_S = 3\text{V}$、$i_S = 2\text{A}$ 时，$i = 9\text{A}$；当 $u_S = -2\text{V}$、$i_S = 1\text{A}$ 时，$i = 1\text{A}$。求当 $u_S = 2\text{V}$、$i_S = -2\text{A}$ 时的电流 i。

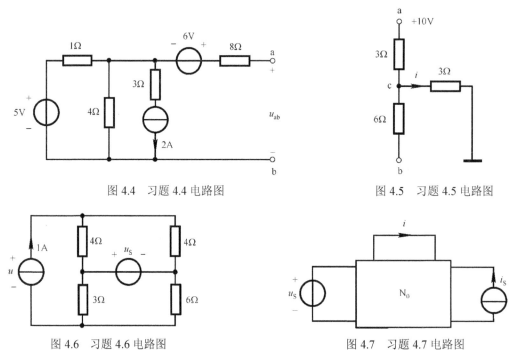

图 4.4　习题 4.4 电路图

图 4.5　习题 4.5 电路图

图 4.6　习题 4.6 电路图

图 4.7　习题 4.7 电路图

4.8　含受控源电路如图 4.8 所示，用叠加原理求电压 u_1 和电流 i_2。

4.9　在图 4.9 所示电路中，（1）用叠加原理求当 $u_S = 6\text{V}$，$i_S = 2\text{mA}$ 时的电流 i；（2）当 $u_S = 12\text{V}$，$i_S = 1\text{mA}$ 时，用线性特性求电流 i。

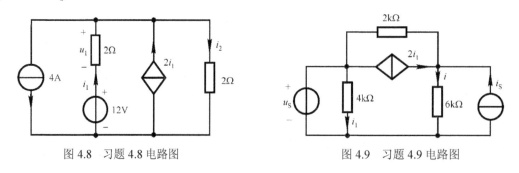

图 4.8　习题 4.8 电路图

图 4.9　习题 4.9 电路图

4.10　用叠加原理计算图 4.10 所示电路中的电压 u 及电流 i。

4.11　汽车蓄电池的开路端电压为 12.6V，当此电池给某发动机供电 25A 时，其端电压降到 12.1V，求此电池的戴维南等效电路。

4.12 在图 4.11 所示电路中，当 R_L 为何值时，流过的电流 $i = 2A$ ？

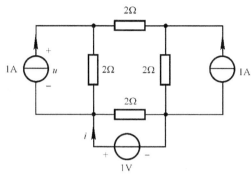

图 4.10 习题 4.10 电路图

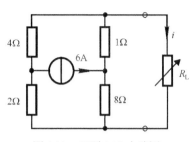

图 4.11 习题 4.12 电路图

4.13 图 4.12 所示为某晶体管等效电路模型，求电路中 a、b 两端的戴维南等效电路。

4.14 图 4.13 所示为射极跟随器电路模型，用来取得高输入电阻供匹配使用，负载 R_L 为 20Ω 的电阻器，求输入电阻 R_{in}。

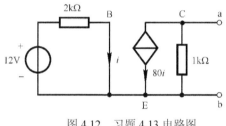

图 4.12 习题 4.13 电路图

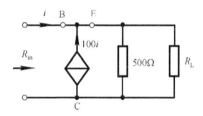

图 4.13 习题 4.14 电路图

4.15 线性有源电路如图 4.14 所示，已知当 $R_L = 3\Omega$ 时，$i = 4A$，试求当 $R_L = 13\Omega$ 时，i 为何值。

4.16 求图 4.15 所示电路 a、b 端的戴维南等效电路和诺顿等效电路。

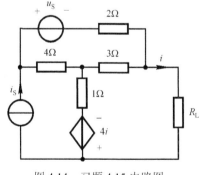

图 4.14 习题 4.15 电路图

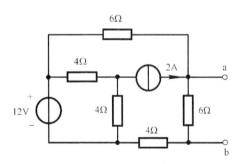

图 4.15 习题 4.16 电路图

4.17 求图 4.16 所示的各电路的戴维南等效电路和诺顿等效电路；若电路不存在戴维南等效电路，则只求其诺顿等效电路；反之，若电路不存在诺顿等效电路，则只求其戴维南等效电路。

4.18 在图 4.17 所示电路中，N 为含源线性电阻网络。已知 $u_S = 3V$，$i_S = 2A$ 且 a、b 端口的电压 $u = (2i - 6)V$。求：（1）单口网络 N 的诺顿等效电路；（2）若要使 $i = 1A$，试确定电阻 R 的值。

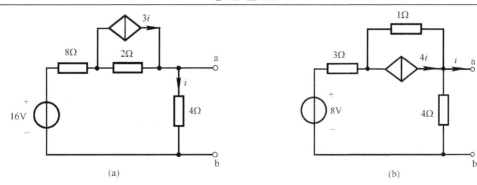

(a)   (b)

图 4.16   习题 4.17 电路图

4.19   在图 4.18 所示电路中，当负载电阻 $R_L = 6\Omega$ 时获得最大功率，试确定电路中 R_x 的值，并求出此时 R_L 上的最大功率。

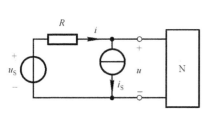

图 4.17   习题 4.18 电路图

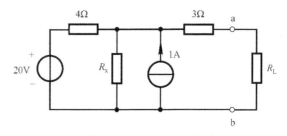

图 4.18   习题 4.19 电路图

4.20   电路如图 4.19 所示，（1）求 R_L 何时获得最大功率；（2）求 R_L 获得的最大功率。

4.21   在图 4.20 所示电路中，已知负载 R_L 为可调电阻，当 $R_L = 8\Omega$ 时，$i_L = 20A$；当 $R_L = 2\Omega$ 时，$i_L = 50A$。求 R_L 为何值时它消耗的功率为最大，最大功率为多少？

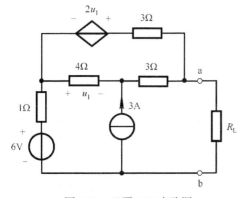

图 4.19   习题 4.20 电路图

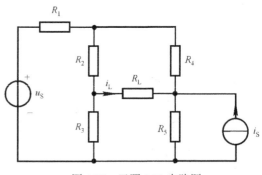

图 4.20   习题 4.21 电路图

第 5 章 动态电路分析

前面讨论的电阻电路是用代数方程描述的，是即时电路，即时电路在激励瞬间便会得到响应。然而许多实际电路不仅含有电阻元件和电源元件，还含有电容元件和电感元件，与电阻消耗能量不同，电容元件和电感元件不是消耗能量，而是储存能量，故称为储能元件。由于这两种元件的电压、电流关系不是代数形式，而是微积分形式，故又称为动态元件。含动态元件的电路称为动态电路，在动态电路中，两种动态储能元件的能量储存和释放都不是即刻完成的。动态电路是有"记忆"的，当电源突然接入或断开、电路结构或元件参数突然改变时，电路中的电流或电压可能要经过一个变化过程才能达到稳定。通常把从一种稳态转变成另一种稳态的中间过程称为暂态过程或过渡过程。

动态电路的过渡过程虽然短暂，但在电子电路中应用相当广泛，如在电子技术中常利用电路中的暂态现象改善波形或产生特定波形。但如果应用不当也会产生负作用，如某些电路在与电源接通或断开的暂态过程中，会产生过电压或过电流，从而使电气设备或器件遭受损坏，所以研究暂态过程的目的，不仅是要充分利用暂态过程的特性，同时也要预防它所带来的危害。

分析过渡过程常用的方法是根据 KCL、KVL 及元件的 VAR 来建立微分方程。若所描述电路特性的方程为一阶微分方程，则称该电路为一阶动态电路。为分析动态电路，本章首先介绍电容元件、电感元件及其性质，讨论过渡过程中电压、电流随时间变化的规律，研究在直流激励下，一阶线性动态电路的零输入响应、零状态响应和完全响应，重点介绍一种分析一阶动态电路简便、实用的方法——三要素法，最后讨论在直流激励下 RLC 二阶电路的零输入响应及零状态响应。

5.1 电容元件及其性质

5.1.1 电容元件

电容元件是电容器的理想化模型。电容器由具有一定间隙、中间充满绝缘介质的两块金属板构成。外施电源后，两块金属板上分别聚集等量异性电荷，并在介质中建立电场，从而具有电场能量。电源撤走后，电荷依靠电场力作用相互吸引，而又被介质绝缘隔离不能中和，因此电荷可继续聚集在极板上，电场继续存在，所以电容器是一个储存电荷或者说储存电场能量的元件。如果忽略电容器的漏电阻和介质损耗，可将其抽象为只具有储存电场能量特性的电容元件。

电容元件的定义是：**一个二端元件如果在任一时刻，它的电荷 q 同它两端的电压 u 之间关系可用 $u-q$ 平面上的一条曲线表示，则此二端元件称为电容元件。** 如果平面上 $u-q$ 特性曲线是一条通过原点的直线且不随时间变化，则此电容元件称为线性时不变电容（简称电容）。与电阻一样，电容元件也有线性、非线性、时变、时不变之分，本书介绍的电容均为线性时不变电容。线性时不变电容元件的符号及特性曲线如图 5.1.1 所示。

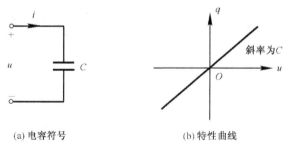

(a) 电容符号   (b) 特性曲线

图 5.1.1 线性时不变电容元件

由图 5.1.1(b)可知，u 与 q 的关系式为

$$q = Cu \tag{5.1.1}$$

式中，C 为正值常数，是表征电容元件聚集电荷能力的物理量，称为电容量，单位为法拉，简称法（F）。当电容较小时，常用微法（μF）、纳法（nF）和皮法（pF）作为单位，且有 $1\mu F = 10^{-6}F$，$1nF = 10^{-9}F$，$1pF = 10^{-12}F$。

电容器是最常用的电子元件，在电子学、通信、计算机和功率系统中普遍使用，其主要用途有耦合、滤波、振荡、调谐、储能及无功功率补偿等。在使用电容器时，除了选择容量大小外，还应注意实际的工作电压不应超过额定电压值，一旦工作电压过高，就可能造成介质击穿，使介质由原来的不导电变为导电，丧失电容作用。

5.1.2 电容元件 VAR

若电容元件的电压、电流参考方向为关联参考方向，则

$$i = \frac{dq}{dt} = \frac{dCu}{dt} = C\frac{du}{dt} \tag{5.1.2}$$

若电容元件的电压、电流参考方向为非关联参考方向，则 $i = -C\dfrac{du}{dt}$，一般不加特殊说明均指关联参考方向。

由式（5.1.2）可见，**电容上的电流与其电压的变化率成正比，即动态的电压才能产生电流，所以称为动态元件。如果电容两端电压保持不变，则通过它的电流为零。**即对直流电压而言，电容相当于开路，表明电容具有隔直作用。另外由上式还可以看出，**对于有限电流值来说，电容两端的电压不能跃变，**即电容变化需要时间，否则电容电流为无穷大。

若将式（5.1.2）两边积分，便可得出电容元件上电压与电流的另一种 VAR

$$u = \frac{1}{C}\int_{-\infty}^{t} i\,dt = \frac{1}{C}\int_{-\infty}^{t_0} i\,dt + \frac{1}{C}\int_{t_0}^{t} i\,dt = u(t_0) + \frac{1}{C}\int_{t_0}^{t} i\,dt \quad t \geq t_0 \tag{5.1.3}$$

式中，$u(t_0) = \dfrac{1}{C}\displaystyle\int_{-\infty}^{t_0} i\,dt$ 体现了起始时刻 $t = t_0$ 之前电流对电容电压的全部贡献，称为电容元件的初始电压或初始状态，而 $\dfrac{1}{C}\displaystyle\int_{t_0}^{t} i\,dt$ 体现了从 $t = t_0$ 到时间 t 电流的贡献。

式（5.1.3）表明，某一时刻电容上的电压值取决于从 $-\infty$ 到 t 所有时刻的电流值。这是因为电容是聚集电荷的元件，而电荷的聚集是电流从 $-\infty$ 到 t 长时间作用的结果，因此**电容电压具有"记忆"电流的性质，是记忆元件。**

电容的记忆特性是它具有储存电场能量的反映。在电压和电流的关联参考方向下，电容吸收的功率为 $p = ui = Cu\dfrac{\mathrm{d}u}{\mathrm{d}t}$。当 $p > 0$ 时，电容吸收功率，说明电容从电源或外电路中吸收能量建立电场，此时电容充电；当 $p < 0$ 时，表示元件产生功率，即电容把储存的能量加以释放，此时电容放电。电容从 $t = -\infty$ 到任意时刻 t 储存的能量为

$$w_C = \int_{-\infty}^{t} p\mathrm{d}t = \int_{-\infty}^{t} ui\mathrm{d}t = \int_{-\infty}^{t} Cu\frac{\mathrm{d}u}{\mathrm{d}t}\mathrm{d}t = C\int_{u(-\infty)}^{u(t)} u\mathrm{d}u$$

$$= \frac{1}{2}Cu^2(t) - \frac{1}{2}Cu^2(-\infty) \tag{5.1.4}$$

式（5.1.4）表明，电容能量只与时间端点的电压值有关，与此期间其他电压值无关。可以认为 $u(-\infty) = 0$，因为在 $t = -\infty$ 时，电容器未充电，从而得到

$$w_C = \frac{1}{2}Cu^2 \tag{5.1.5}$$

由于 C 为大于零的常数，故 w_C 不可能为负，即电容释放能量不可能大于从外电路吸收的能量，所以**电容是一个无源元件。**

由上述电容性质可得理想电容器的几个重要特性：

（1）如果电容两端电压不随时间变化，那么流过电容的电流为零，因此电容对直流而言相当于开路；

（2）即使流过电容的电流为零，电容中也可能储存有限的能量，比如电容两端的电压是常数；

（3）若流经电容的电流是有限值，则电容电压不跃变，即电容电压是连续的；

（4）理想电容器不消耗能量，而只会储存能量，从数学模型上来说是正确的，但对实际非理想电容器来说不正确，因为电介质和封装都会使电容器具有一定的内阻，所以实际非理想电容器有一个并联模式的漏电阻。

5.1.3 电容元件的串并联

电容元件的串联主要用来减小电容值和提高耐压值。

n 个电容元件串联的电路如图 5.1.2(a)所示，设流过各电容的电流为 i，各电容电压分别为 u_1，u_2，$\cdots$，u_n，与电流为关联参考方向，则根据 KCL 及电容元件的 VAR 可得，串联后的电容两端电压 u 为

$$u = u_1 + u_2 + \cdots + u_n = \left(\frac{1}{C_1} + \frac{1}{C_2} + \cdots + \frac{1}{C_n}\right)\int_{-\infty}^{t} i\mathrm{d}t = \frac{1}{C_S}\int_{-\infty}^{t} i\mathrm{d}t \tag{5.1.6}$$

式中，$\dfrac{1}{C_S} = \dfrac{1}{C_1} + \dfrac{1}{C_2} + \cdots + \dfrac{1}{C_n} = \displaystyle\sum_{k=1}^{n} \frac{1}{C_k}$，$C_S$ 为 n 个电容串联的等效电容，如图 5.1.2(b)所示，其值等于各电容量倒数之和的倒数，即**电容串联与电阻并联的计算方法相同。**

串联电容分压关系

$$u_k = \frac{1/C_k}{1/C_S}u \tag{5.1.7}$$

其中，$k = 1, 2, \cdots, n$。

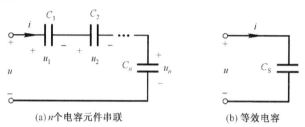

(a) n个电容元件串联 (b) 等效电容

图 5.1.2 串联电容的等效

图 5.1.3(a)所示是 n 个电容并联电路，有

$$i = i_1 + i_2 + \cdots + i_n = (C_1 + C_2 + \cdots + C_n)\frac{\mathrm{d}u}{\mathrm{d}t} = C_P \frac{\mathrm{d}u}{\mathrm{d}t} \tag{5.1.8}$$

式中，$C_P = C_1 + C_2 + \cdots + C_n = \sum_{k=1}^{n} C_k$，$C_P$ 为 n 个电容并联的等效电容，如图 5.1.3(b)所示，其值等于各电容量之和，即**电容并联与电阻串联的计算方法相同**。

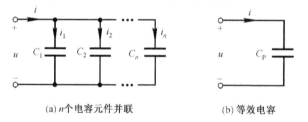

(a) n个电容元件并联 (b) 等效电容

图 5.1.3 并联电容的等效

并联电容分流关系

$$i_k = \frac{C_k}{C_P}i \tag{5.1.9}$$

其中，$k = 1, 2, \cdots, n$。

【例 5.1.1】 在图 5.1.4(a)所示电路中，$C = 0.5\text{F}$，$u(0) = 0$，电流波形如图 5.1.4(b)所示。求电容电压 u、瞬时功率 p 及储能 w，并画出波形。

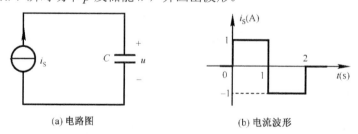

(a) 电路图 (b) 电流波形

图 5.1.4 例 5.1.1 图

解： 电流源电流为

$$i_{S} = \begin{cases} 0 & -\infty < t < 0 \\ 1A & 0 < t < 1 \\ -1A & 1 < t < 2 \\ 0 & t > 2 \end{cases}$$

根据式（5.1.3）分段计算电容的电压 u，当 $-\infty < t < 0$ 时，由已知条件可知，$u = 0$。

$0 \leqslant t \leqslant 1s$ 期间

$$u = u(0) + \frac{1}{C} \int_{0}^{t} i\mathrm{d}t = \frac{1}{0.5} \int_{0}^{t} 1\mathrm{d}t = (2t)\mathrm{V}$$

当 $t = 1s$ 时，$u(1) = 2\mathrm{V}$。

$1 \leqslant t \leqslant 2s$ 期间

$$u = u(1) + \frac{1}{0.5} \int_{1}^{t} (-1) \times \mathrm{d}t = 2 - 2(t-1) = (4-2t)\mathrm{V}$$

当 $t = 2s$ 时，$u(2) = 0$。

$t \geqslant 2s$ 时

$$u = u(2) + \frac{1}{0.5} \int_{2}^{t} 0 \times \mathrm{d}t = 0$$

所以

$$u(t) = \begin{cases} 0 & -\infty < t \leqslant 0 \\ (2t)\mathrm{V} & 0 \leqslant t \leqslant 1 \\ (4-2t)\mathrm{V} & 1 \leqslant t \leqslant 2 \\ 0 & t \geqslant 2 \end{cases}$$

瞬时功率为

$$p = ui = \begin{cases} 0 & -\infty < t < 0 \\ (2t)\mathrm{W} & 0 < t < 1 \\ (2t-4)\mathrm{W} & 1 < t < 2 \\ 0 & t > 2 \end{cases}$$

电容的储能为

$$w = \frac{1}{2}Cu^2 = \begin{cases} 0 & -\infty < t \leqslant 0 \\ t^2\mathrm{J} & 0 \leqslant t \leqslant 1 \\ (2-t)^2\mathrm{J} & 1 \leqslant t \leqslant 2 \\ 0 & t \geqslant 2 \end{cases}$$

如图 5.1.5 所示，图 5.1.5(a)为电容的电压波形，图 5.1.5(b)为功率波形，图 5.1.5(c)为能量波形。

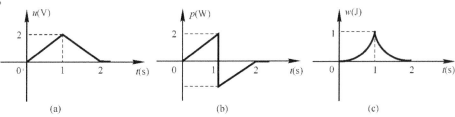

(a)　　　　　　　　　　(b)　　　　　　　　　　(c)

图 5.1.5　例 5.1.1 的波形图

由例 5.1.1 可知，电容的电流可以不连续，但电压是连续的，电容能量仅与电压有关，与电流无关。

5.2　电感元件及其性质

5.2.1　电感元件

当一根导线通有电流时，周围会产生磁场，若将导线绕成线圈，可增加线圈内部的磁场，由此形成的元件称为电感线圈或电感器。每一线圈为一匝，若匝数为 N 的电感线圈通入电流 i，产生磁通 φ 与 N 匝线圈交链，则磁链 $\psi = N\varphi$。如果忽略电感器内阻及匝与匝之间的分布电容，则为理想电感器，又称为电感元件。理想电感器只具有产生磁通、建立磁场的作用。

电感元件的定义是：**一个二端元件如果在任一时刻 t，它的电流 i 同它的磁链 ψ 之间的关系可用 $i-\psi$ 平面上的一条曲线来确定，则此二端元件称为电感元件。**如果 $i-\psi$ 平面上的特性曲线是一条通过原点的直线，且不随时间变化，则此电感元件称为线性时不变元件（简称电感）。同样电感元件也有线性、非线性、时变、时不变之分，本书只介绍线性时不变电感。线性时不变电感元件的符号及特性曲线如图 5.2.1 所示。

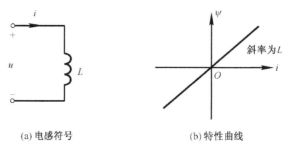

　　　　(a) 电感符号　　　　　　　　　　(b) 特性曲线

图 5.2.1　线性时不变电感元件

由图 5.2.1(b)可知，线性时不变电感元件 i 与 ψ 的关系式为

$$\psi = Li \tag{5.2.1}$$

式中，L 为正值常数，是表征电感元件产生磁链能力的物理量，单位为亨利，简称亨（H）。当电感量较小时，常用毫亨（mH）、微亨（μH）作为单位，且有 $1\text{mH} = 10^{-3}\text{H}$，$1\mu\text{H} = 10^{-6}\text{H}$。

电感器在电力、电子、通信、计算机和控制系统中被广泛使用，它是构成振荡、调谐、滤波、储能及电磁偏转等电路的主要器件。在实际使用电感时，除了选择电感量大小外，还应注意实际的工作电流不应超过额定电流值，一旦电流过大，电感线圈可能被烧毁。

5.2.2　电感元件 VAR

当电感线圈通有随时间变化的电流时，磁链 ψ 也会随时间变化，在电感线圈两端会感应出电压。如果感应电压 u 的参考方向与 ψ 的方向符合右手螺旋法则，则根据法拉第电磁感应定律可得

$$u = \frac{\mathrm{d}\psi}{\mathrm{d}t} \qquad (5.2.2)$$

当电感电流、电压参考方向关联时，将式（5.2.1）代入式（5.2.2）可得

$$u = L\frac{\mathrm{d}i}{\mathrm{d}t} \qquad (5.2.3)$$

式（5.2.3）表明：某一时刻电感电压只取决于该时刻电流的变化率，因此电感元件也是一个动态元件。当电感电流不变即为直流时，电压为零，意味着电感对直流相当于短路。若将电感电流表示成电压的函数，则有

$$i = \frac{1}{L}\int_{-\infty}^{t} u\mathrm{d}t = \frac{1}{L}\int_{-\infty}^{t_0} u\mathrm{d}t + \frac{1}{L}\int_{t_0}^{t} u\mathrm{d}t = i(t_0) + \frac{1}{L}\int_{t_0}^{t} u\mathrm{d}t \qquad t \geqslant t_0 \qquad (5.2.4)$$

式中，$i(t_0) = \frac{1}{L}\int_{-\infty}^{t_0} u\mathrm{d}t$ 体现了起始时刻 $t = t_0$ 之前电压对电感电流的贡献，称为电感元件的初始电流或初始状态。

式（5.2.4）表明，某一时刻电感上的电流与该时刻以前电压的全部历史有关，即**电感电流有"记忆"电压的性质，因此电感也是一种记忆元件。**

电感的记忆特性是它储存磁场能量的反映。当电感上电压、电流参考方向关联时，电感吸收功率为 $p = ui = iL\frac{\mathrm{d}i}{\mathrm{d}t}$。当 $p > 0$ 时，电感从外电路中吸收能量建立磁场，当 $p < 0$ 时，电感释放储存的能量，其从 $-\infty$ 到任意 t 储存的能量为

$$\begin{aligned}
w_{\mathrm{L}} &= \int_{-\infty}^{t} p\mathrm{d}t = \int_{-\infty}^{t} iL\frac{\mathrm{d}i}{\mathrm{d}t}\mathrm{d}t = L\int_{i(-\infty)}^{i(t)} i\mathrm{d}i \\
&= \frac{1}{2}Li^2(t) - \frac{1}{2}Li^2(-\infty)
\end{aligned} \qquad (5.2.5)$$

式（5.2.5）表明，**电感能量只与时间端点的电流值有关，与此期间其他电流值无关。** 可以认为 $i(-\infty) = 0$，因为在 $t = -\infty$ 时，电感器并未储能，从而得到

$$w_{\mathrm{L}} = \frac{1}{2}Li^2 \qquad (5.2.6)$$

由于 L 为正值常数，故 w_{L} 不可能为负。说明电感元件释放出的能量不可能大于它吸收的能量，**电感元件也属于无源元件。**

由上述电感性质可得理想电感器的几个重要特性：

（1）如果流过电感的电流不随时间变化，那么电感两端的电压为零，因此电感对直流而言相当于短路；

（2）即使电感两端的电压为零，电感中也可能储存有限的能量，比如流过电感的电流是常数；

（3）若电感两端的电压是有限值，则电感电流不跃变，即电感电流是连续的；

（4）理想电感器不消耗能量，而只会储存能量，从数学模型上来说是正确的，但对实际非理想电感器来说不正确，因为实际非理想电感器需考虑有一个串联内阻的存在。

比较电容特性与电感特性，不难发现它们的对偶关系，这里将"电感"替换"电容"，

"电感电流"替换"电容电压","短路"替换"开路","串联"替换"并联",就得到前面关于电容特性的表述,反之亦然。

5.2.3　电感元件的串并联

图 5.2.2(a)所示是 n 个电感的串联电路,流过电感的电流为 i,各电感电压为 u_1,u_2,$\cdots$,u_n,与电流为关联参考方向,则根据 KVL 及电感元件的 VAR 可得串联后的电感两端电压 u 为

$$u = u_1 + u_2 + \cdots + u_n = (L_1 + L_2 + \cdots + L_n)\frac{\mathrm{d}i}{\mathrm{d}t} = L_\mathrm{S}\frac{\mathrm{d}i}{\mathrm{d}t} \tag{5.2.7}$$

式中,$L_\mathrm{S} = L_1 + L_2 + \cdots + L_n = \sum_{k=1}^{n} L_k$,$L_\mathrm{S}$ 为 n 个电感串联的等效电感,如图 5.2.2(b)所示,其值等于各电感量之和,即**电感串联与电阻串联的计算方法相同**。

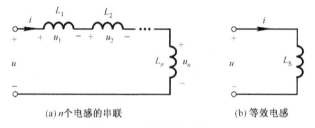

(a) n个电感的串联　　　　　　(b) 等效电感

图 5.2.2　电感的串联电路

串联电感分压关系

$$u_k = \frac{L_k}{L_\mathrm{S}}u \tag{5.2.8}$$

其中,$k = 1$, 2, $\cdots$, n。

图 5.2.3(a)所示是 n 个电感的并联电路,设流过各电感的电流为 i_1, i_2, $\cdots$, i_n,各电感电压为 u,电压与电流为关联参考方向,则根据 KCL 及电感元件的 VAR 可得并联后的电感电流 i 为

$$i = i_1 + i_2 + \cdots + i_n = \left(\frac{1}{L_1} + \frac{1}{L_2} + \cdots + \frac{1}{L_n}\right)\int_{-\infty}^{t} u\mathrm{d}t = \frac{1}{L_\mathrm{P}}\int_{-\infty}^{t} u\mathrm{d}t \tag{5.2.9}$$

式中,$\dfrac{1}{L_\mathrm{P}} = \dfrac{1}{L_1} + \dfrac{1}{L_2} + \cdots + \dfrac{1}{L_n} = \sum_{k=1}^{n}\dfrac{1}{L_k}$,$L_\mathrm{P}$ 为 n 个电感并联的等效电感,如图 5.1.3(b)所示,其值等于各电感量倒数之和的倒数,即**电感并联与电阻并联的计算方法相同**。

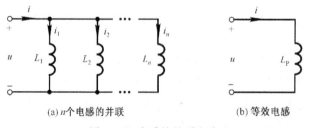

(a) n个电感的并联　　　　　　(b) 等效电感

图 5.2.3　电感的并联电路

并联电感分流关系为

$$i_k = \frac{1/L_k}{1/L_p} i \tag{5.2.10}$$

其中，$k = 1, 2, \cdots, n$。

5.3 换路定则及其初始条件

5.3.1 换路定则

本章主要研究含开关的动态电路。我们把电路中开关的接通、断开或电路参数的突然变化等统称为换路，并认为换路即刻完成。通常把换路时刻取为 $t = 0$，用 $t = 0_-$ 表示换路开始前一瞬间，称为起始时刻。用 $t = 0_+$ 表示换路开始后一瞬间，称为初始时刻。虽然在数学上 0_+ 和 0_- 都是零，但它反映了两种不同的物理状态。若换路前瞬间电容电压为 $u_C(0_-)$，换路后瞬间电容电压为 $u_C(0_+)$，则

$$u_C(0_+) = u_C(0_-) + \frac{1}{C} \int_{0_-}^{0_+} i\mathrm{d}t \tag{5.3.1}$$

在换路过程中若电容电流为有限值，则上式积分项为零，即

$$u_C(0_+) = u_C(0_-) \tag{5.3.2}$$

若换路前瞬间电感电流为 $i_L(0_-)$，换路后瞬间电感电流为 $i_L(0_+)$，则

$$i_L(0_+) = i_L(0_-) + \frac{1}{L} \int_{0_-}^{0_+} u\mathrm{d}t \tag{5.3.3}$$

在换路过程中若电感电压为有限值，则积分为零，即

$$i_L(0_+) = i_L(0_-) \tag{5.3.4}$$

把式（5.3.2）和式（5.3.4）称为换路定则，它只适用于换路瞬间，且电容电流、电感电压均为有限值。 根据换路定则可求出 $t = 0_+$ 时各支路电流、电压的初始值。

5.3.2 初始条件确定

电路中各支路电压、电流初始值计算过程如下。

（1）首先求出换路前一瞬间的 $u_C(0_-)$ 和 $i_L(0_-)$：在直流激励下换路前如果储能元件已储有能量，并且电路已处于稳定状态时，电容视为开路，电感视为短路，可得到 $t = 0_-$ 时的等效电路，然后求电容电压 $u_C(0_-)$ 和电感电流 $i_L(0_-)$；如果换路前储能元件没有储能，则可直接得出 $u_C(0_-) = 0$，$i_L(0_-) = 0$。

（2）求换路后 $t = 0_+$ 时各支路电压、电流的初始值：由换路定则可得出电压的初始值 $u_C(0_+)$ 和电流的初始值 $i_L(0_+)$，然后用电压为 $u_C(0_+)$ 的电压源替代电容，用电流为 $i_L(0_+)$ 的电流源替代电感，画出换路后 $t = 0_+$ 时的等效电路，利用前面在电阻电路中介绍的分析方法可求出其他支路电流、电压初始值。

【例 5.3.1】　电路如图 5.3.1(a)所示，开关动作前电路已处于稳定状态，$t = 0$ 时开关 S 闭合，求 u_C、u_L、i_L、i_C 及 i 的初始值。

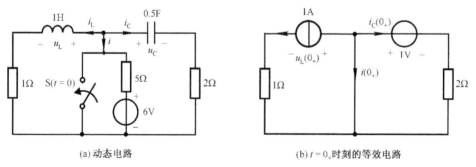

图 5.3.1　例 5.3.1 图

解：在直流激励下换路前电容、电感均已储能，所以电容相当于开路，电感相当于短路。根据 $t = 0_-$ 时刻的电路状态，求得

$$i_L(0_-) = \frac{6}{1 + 5} = 1\text{A}$$

$$u_C(0_-) = i_L(0_-) \times 1 = 1\text{V}$$

根据换路定则可知

$$i_L(0_+) = i_L(0_-) = 1\text{A}$$

$$u_C(0_+) = u_C(0_-) = 1\text{V}$$

用电压为 $u_C(0_+)$ 的电压源替代电容，电流为 $i_L(0_+)$ 的电流源替代电感，其电压参考方向及电流参考方向与原电路保持一致，得换路后一瞬间 $t = 0_+$ 时的等效电路如图 5.3.1(b)所示。求得

$$u_L(0_+) + i_L(0_+) \times 1 = 0$$

得

$$u_L(0_+) = -1\text{V}$$

$$1 + 2 \times i_C(0_+) = 0$$

得

$$i_C(0_+) = -\frac{1}{2}\text{A}$$

$$i(0_+) = -i_L(0_+) - i_C(0_+) = -\frac{1}{2}\text{A}$$

由上述计算可知，在换路瞬间除了电容电压和电感电流不发生跃变外，其余的电流、电压都可能发生跃变。

【例 5.3.2】　如图 5.3.2(a)所示电路，开关 S 在 $t = 0$ 时打开，开关打开前电感、电容均未储能。求 u_C、i_C、u_L、i_L 及 u 的初始值。

解：由于换路前动态元件均未储能，所以 $t = 0_-$ 时 $u_C(0_-) = 0$，$i_L(0_-) = 0$。由换路定则可知 $u_C(0_+) = u_C(0_-) = 0$，$i_L(0_+) = i_L(0_-) = 0$，相当于电容短路、电感开路，则换路后 $t = 0_+$ 时的等效电路如图 5.3.2(b)所示。求得

$$i_C(0_+) = 1A$$

$$u_L(0_+) = u(0_+) = 5i_C(0_+) = 5V$$

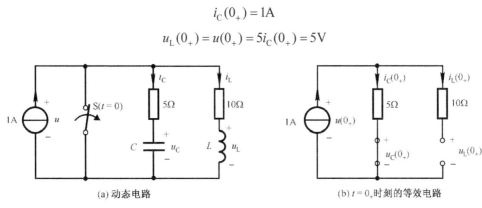

(a) 动态电路   (b) $t = 0_+$时刻的等效电路

图 5.3.2 例 5.3.2 图

5.4 一阶电路零输入响应

零输入响应是指动态电路在没有外施激励时，仅由动态元件的初始储能所引起的响应。

5.4.1 RC 电路的零输入响应

如图 5.4.1(a)所示电路，换路前开关 S 合在位置"1"上，电源对电容充电，$t = 0$ 时将开关从位置"1"合到位置"2"，如图 5.4.1(b)所示，此时无激励源作用，输入信号为零，由于 $t > 0$ 时无信号源作用，因而称为零输入响应。

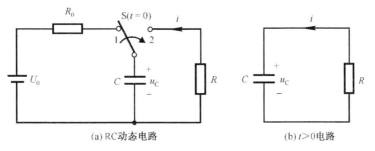

(a) RC动态电路   (b) $t > 0$ 电路

图 5.4.1 RC 电路零输入响应

在换路前由于电容上已储有能量，设初始电压 $u_C(0_+) = u_C(0_-) = U_0$。$t > 0$ 时电容经过电阻开始放电，由 KVL 可知，$u_C + iR = 0$，因为 $i = C\dfrac{du_C}{dt}$，得

$$RC\frac{du_C}{dt} + u_C = 0 \tag{5.4.1}$$

该方程为一阶齐次常微分方程，其解 $u_C = Ae^{st}$，代入式（5.4.1）并消去公因子 Ae^{st}，得特征方程为

$$RCs + 1 = 0$$

特征根为

$$s = -\frac{1}{RC}$$

则
$$u_C = Ae^{-\frac{1}{RC}t} \qquad (5.4.2)$$

由初始条件确定待定系数 A

$$u_C(0_+) = A = U_0$$

得
$$u_C(t) = U_0 e^{-\frac{t}{RC}} = u_C(0_+)e^{-\frac{t}{\tau}} \qquad (5.4.3)$$

其中，$\tau = RC$，当电阻单位为欧、电容单位为法时，欧·法＝（伏/安）·（库/伏）＝库/安＝库/（库/秒）＝秒，由于 τ 具有时间量纲，故称为时间常数。

电压 $u_C(t)$ 的衰减快慢取决于时间常数 τ，将不同 t 值对应的 u_C 数值列于表 5.4.1 中。

表 5.4.1 不同 t 值对应的 u_C

t	0	τ	2τ	3τ	4τ	5τ	6τ
u_C	U_0	$0.368U_0$	$0.135U_0$	$0.050U_0$	$0.018U_0$	$0.007U_0$	$0.002U_0$

根据 $u_C = U_0 e^{-\frac{t}{\tau}}$ 及 $i = C\frac{du_C}{dt} = -\frac{U_0}{R}e^{-\frac{t}{\tau}}$ 画出 u、i 的曲线如图 5.4.2 所示。

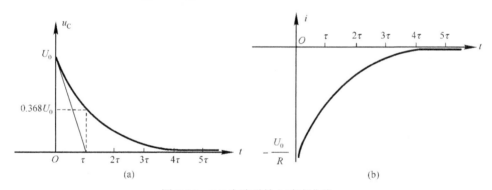

图 5.4.2 RC 电路零输入响应曲线

由此可见，**时间常数 τ 等于电压 u_C 衰减到初始值 U_0 的 36.8% 所需的时间**。此外，还可以通过数学方法证明指数曲线上任意点的次切距的长度都等于 τ。以初始点为例，$\frac{du_C}{dt}\Big|_{t=0} = -\frac{U_0}{\tau}$，即过初始点的切线与横轴相交于 τ。**τ 越小，衰减越快，反之越慢**。由于 $s = -\frac{1}{\tau}$，因而特征根具有频率量纲，故称为自然频率或固有频率，它们的大小取决于电路结构和元件参数，而与激励无关。

图 5.4.2 所示的 u_C 和 i 都是按指数规律衰减的，理论上讲只有 $t \to \infty$，过渡过程才能结束，但在工程上，一般认为经过 $3\tau \sim 5\tau$ 时间过渡过程就结束了，电路达到一种新的稳定状态。对于零输入响应来说，当过渡过程结束，则响应衰减到零。

从以上分析可知，RC 电路的零输入响应实际上是电容的放电过程，其物理意义是电容不断放出能量为电阻所消耗，最终使得原来储存在电容中的电场能量全部被电阻所吸收而转换成热能。

5.4.2 RL 电路的零输入响应

若将图 5.4.1 中的电容改为电感，如图 5.4.3 所示，则为 RL 电路的零输入响应。

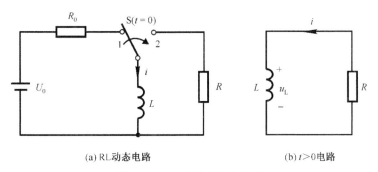

(a) RL 动态电路　　　　　　　(b) $t>0$ 电路

图 5.4.3　RL 电路零输入响应

令 $i=i_\text{L}$，则换路后由 KVL 及元件 VAR 得 $t>0$ 时电路微分方程为

$$Ri+L\frac{\mathrm{d}i_\text{L}}{\mathrm{d}t}=0 \tag{5.4.4}$$

将式（5.4.4）两边除以 R 得到

$$GL\frac{\mathrm{d}i_\text{L}}{\mathrm{d}t}+i_\text{L}=0 \tag{5.4.5}$$

比较式（5.4.5）与式（5.4.1）可以看出，将 G 改为 R、L 改为 C、i_L 改为 u_C，则式（5.4.5）变为式（5.4.1），反之亦然。所以，利用对偶特性可直接写出电感电流的零输入响应表达式

$$i_\text{L}=i_\text{L}(0_+)\mathrm{e}^{-\frac{t}{\tau}} \tag{5.4.6}$$

式中，$i_\text{L}(0_+)=\dfrac{U_0}{R_0}$，时间常数 $\tau=GL=\dfrac{L}{R}$。若取电阻单位为欧，电感单位为亨，亨/欧 =（韦伯/安）/（伏/安）= 韦伯/伏 = 韦伯/（韦伯/秒）= 秒，故它也具有时间量纲。

由式（5.4.6）看出，RL 电路与 RC 电路的变化规律相同，都是从初始值开始，按指数规律衰减到零。其衰减速度与时间常数 τ 有关，在 RC 电路中 $\tau=RC$，在 RL 电路中 $\tau=\dfrac{L}{R}$，式中 R 是换路后动态元件两端的戴维南等效电阻。

从 RC 和 RL 电路的零输入响应可以看出，**零输入响应的大小与其对应的初始值成正比，若初始值增加 K 倍，则响应也增加 K 倍，故将这一特性称为零输入响应比例性。**

【例 5.4.1】　换路前图 5.4.4 所示的电路已处于稳态，$t=0$ 时开关 S 闭合，求闭合后电容电压 u_C 及电流 i。

解：
$$u_\text{C}(0_+)=u_\text{C}(0_-)=1\times2+4=6\text{V}，\quad u_\text{C}(\infty)=0$$
$$\tau=R_0C=1\times0.2=0.2\text{s}$$

$$u_\text{C}(t)=u_\text{C}(0_+)\mathrm{e}^{-\frac{t}{\tau}}=6\mathrm{e}^{-5t}\text{V}\quad t>0$$
$$i(t)=1+\frac{4}{2}+\frac{u_\text{C}}{1}=(3+6\mathrm{e}^{-5t})\text{A}\quad t>0$$

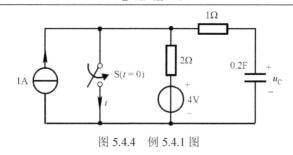

图 5.4.4　例 5.4.1 图

5.5　一阶电路的零状态响应及完全响应

零状态响应是指动态元件初始储能为零，仅由外施激励所引起的响应。

5.5.1　电路的零状态响应

1. RC 电路零状态响应

图 5.5.1 所示电路中，开关闭合前电容 C 未储能，所以电容初始状态 $u_C(0_-)=0$ ，$t=0$ 时开关 S 闭合，故其响应为零状态响应。

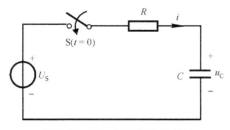

图 5.5.1　RC 电路零状态响应

由换路定则可知， $u_C(0_+)=u_C(0_-)=0$ ，$t>0$ 时根据 KVL 及元件 VAR 可得

$$RC\frac{\mathrm{d}u_C}{\mathrm{d}t}+u_C=U_S \qquad (5.5.1)$$

该一阶非齐次常微分方程的解由通解 u_{Ch} 和特解 u_{Cp} 两部分构成。其通解为对应齐次方程解，即 $u_{Ch}=A\mathrm{e}^{-\frac{1}{RC}t}$ 。特解 u_{Cp} 具有与输入函数相同的形式，因直流激励源为常数，令特解 $u_{Cp}=B$ ，代入式（5.5.1），得 $u_{Cp}=B=U_S$ 。于是

$$u_C=u_{Ch}+u_{Cp}=A\mathrm{e}^{-\frac{1}{RC}t}+U_S$$

当 $t=0_+$ 时 ， $u_C(0_+)=A+U_S=0$ ，得 $A=-U_S$ ，则

$$u_C(t)=U_S-U_S\mathrm{e}^{-\frac{t}{RC}}=U_S\left(1-\mathrm{e}^{-\frac{t}{\tau}}\right) \qquad (5.5.2)$$

式（5.5.2）中，特解 u_{Cp} 的变化规律受外加激励制约，故称为强迫响应分量或强制响应分量，由于外加的是直流激励，因此当 $t\to\infty$ 时该分量不消失，所以又称为稳态响应分量。通解 u_{Ch} 的形式与外加激励无关，仅由固有频率 s 确定，故称为自由响应分量或固有响应分量。又由于它是一个随时间的增长按指数规律衰减的分量。当 $t\to\infty$ 时该分量消失，所以称为暂态响应分量。

图 5.5.1 电路中的电流 i 为

$$i(t) = C\frac{\mathrm{d}u_\mathrm{C}}{\mathrm{d}t} = \frac{U_\mathrm{S}}{R}\mathrm{e}^{-\frac{t}{\tau}} \tag{5.5.3}$$

$u_\mathrm{C}(t)$、$i(t)$ 随时间 t 变化的曲线如图 5.5.2 所示。

　　上述电路变化过程是，换路后一瞬间由于电容电压不能跃变，电容相当于短路，电源电压全部施加到电阻两端，使电容电流由零跳变到 $\dfrac{U_\mathrm{S}}{R}$ 值。随着时间 t 的增加，电容不断充电，使其电容电压按指数规律上升，而电容电流按指数规律下降。电容充电结束后，电容电压达到稳定值，一般认为 $t\to\infty$ 时达到稳态，所以用 $u_\mathrm{C}(\infty)$ 代表电容稳态值，此时电容电流为零，相当于开路，电路进入新的稳定状态，所以 RC 电路零状态响应是一个电容充电过程。由式（5.5.2）可知，当 $t\to\infty$ 时，$u_\mathrm{C}(\infty)=U_\mathrm{S}$，所以可将电容电压的零状态响应写成

$$u_\mathrm{C}(t) = u_\mathrm{C}(\infty)\left(1 - \mathrm{e}^{-\frac{t}{\tau}}\right) \quad t > 0 \tag{5.5.4}$$

2. RL 电路零状态响应

将图 5.5.1 中的电容改为电感，令 $i = i_\mathrm{L}$，如图 5.5.3 所示，则该电路为 RL 电路零状态响应。

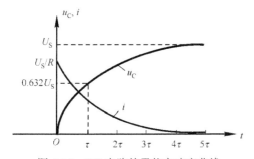

图 5.5.2　RC 电路的零状态响应曲线

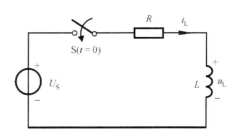

图 5.5.3　RL 电路零状态响应

由换路定则得：$i_\mathrm{L}(0_+) = i_\mathrm{L}(0_-) = 0$。$t > 0$ 时，由 KVL 及元件 VAR 可得

$$L\frac{\mathrm{d}i_\mathrm{L}}{\mathrm{d}t} + Ri_\mathrm{L} = U_\mathrm{S} \tag{5.5.5}$$

将式（5.5.5）两边除以 R 得

$$GL\frac{\mathrm{d}i_\mathrm{L}}{\mathrm{d}t} + i_\mathrm{L} = \frac{U_\mathrm{S}}{R} \tag{5.5.6}$$

　　将式（5.5.6）与式（5.5.1）比较并利用对偶关系可看出，两式可以互相转换，所以根据式（5.5.4）可直接写出电感电流的零状态响应表达式为

$$i_\mathrm{L}(t) = i_\mathrm{L}(\infty)\left(1 - \mathrm{e}^{-\frac{t}{\tau}}\right) \quad t > 0 \tag{5.5.7}$$

式中，$i_\mathrm{L}(\infty) = \dfrac{U_\mathrm{S}}{R}$，时间常数 $\tau = GL = \dfrac{L}{R}$。

　　由于 i_L 的变化规律与 u_C 相同，所以直流激励下零状态响应的物理过程是动态元件的储能

从无到有逐渐增长的过程。当达到稳态时电容开路，电感短路。又由于**稳态值的大小是由外加激励决定的，所以当外加激励增加 K 倍时，其零状态响应也增加 K 倍，这种外加激励与零状态响应之间的正比关系称为零状态比例性。当多个激励电源作用于初始状态为零的电路时可进行叠加，所以零状态响应具有线性特性。**

【例 5.5.1】 含受控源电路如图 5.5.4(a)所示，开关 S 闭合前电路已处于稳定。$t = 0$ 时开关闭合，求 $t > 0$ 时的电压 u_C 和电流 i。

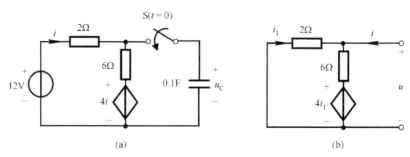

图 5.5.4　例 5.5.1 图

解：
$$u_C(0_+) = u_C(0_-) = 0\text{V}$$

当 $t \to \infty$ 时，电路达到新的稳定状态，将电容断开求戴维南等效电路，由 KVL 可知
$$2i(\infty) + 6i(\infty) + 4i(\infty) = 12$$

得
$$i(\infty) = 1\text{A}$$

$$u_{OC} = 6i(\infty) + 4i(\infty) = 10 \times 1 = 10\text{V}$$

$$u_C(\infty) = u_{OC} = 10\text{V}$$

利用外施电压法求戴维南等效电阻，如图 5.5.4(b)所示。
$$\begin{cases} u = 6(i + i_1) + 4i_1 \\ i_1 = -\dfrac{u}{2} \end{cases}$$

解得
$$u = 6i - \frac{10}{2}u, \quad 6u = 6i$$

故
$$R_0 = \frac{u}{i} = 1\Omega$$

$$\tau = R_0 C = 1 \times 0.1 = 0.1\text{s}$$

$$u_C(t) = u_C(\infty)\left(1 - e^{-\frac{t}{\tau}}\right) = 10\left(1 - e^{-10t}\right)\text{V} \qquad t > 0$$

$$i = \frac{12 - u_C}{2} = \frac{12 - 10(1 - e^{-10t})}{2} = (1 + 5e^{-10t})\text{A} \qquad t > 0$$

5.5.2　电路的完全响应

完全响应是指由非零初始状态和外施激励共同作用所产生的响应。

以 RC 电路为例，如图 5.5.5 所示，换路前电路已处于稳态，则 $u_C(0_-) = U_0$，$t = 0$ 时开关由"1"置于"2"的位置。

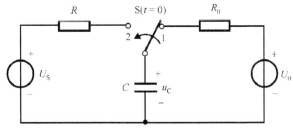

图 5.5.5 RC 电路完全响应

由换路定则得：$u_C(0_+) = u_C(0_-) = U_0$。当 $t > 0$ 时，由 KVL 及元件 VAR 列得

$$RC \frac{\mathrm{d}u_C}{\mathrm{d}t} + u_C = U_S \tag{5.5.8}$$

该微分方程的完全解为

$$u_C(t) = A\mathrm{e}^{-\frac{t}{\tau}} + U_S$$

由初始条件 $u_C(0_+) = A + U_S = U_0$ 得 $A = U_0 - U_S$，于是

$$u_C(t) = \underbrace{(U_0 - U_S)\mathrm{e}^{-\frac{t}{\tau}}}_{\text{暂态响应}} + \underbrace{U_S}_{\text{稳态响应}} \tag{5.5.9}$$

式（5.5.9）表明，**完全响应是由稳态响应和暂态响应两部分构成的。**式（5.5.9）还可改写为

$$u_C(t) = \underbrace{U_0\mathrm{e}^{-\frac{t}{\tau}}}_{\text{零输入响应}} + \underbrace{U_S\left(1 - \mathrm{e}^{-\frac{t}{\tau}}\right)}_{\text{零状态响应}} \tag{5.5.10}$$

式（5.5.10）表明，**完全响应为零输入响应与零状态响应的叠加，这是叠加定理在动态电路中的体现。**

需指出，零输入响应是初始状态的线性函数，零状态响应是外加激励的线性函数，但完全响应既不是外加激励的线性函数，也不是初始状态的线性函数，因此完全响应不具有比例性。

5.6 三要素法求一阶电路响应

本节主要讨论在直流激励下一阶电路的一般表达式，并在此基础上推出三要素法。

对只含一个储能元件或可等效成一个储能元件的线性电路，不论是简单电路还是复杂电路，它的微分方程都是一阶常系数微分方程，所以称为一阶线性动态电路。若动态电路中只含一个电容元件或一个电感元件，可将电容或电感以外的电阻电路等效为戴维南或诺顿等效电路，如图 5.6.1(a)或图 5.6.1(b)所示。

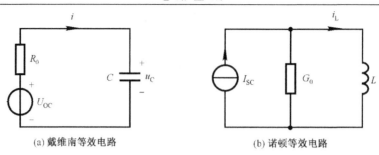

图 5.6.1　一阶动态电路

在图 5.6.1(a)中，由 KVL 及电容元件的 VAR 得

$$R_0 C \frac{\mathrm{d}u_C}{\mathrm{d}t} + u_C = U_{OC} \tag{5.6.1}$$

在图 5.6.1(b)中，由 KCL 及电感元件的 VAR 得

$$G_0 L \frac{\mathrm{d}i_L}{\mathrm{d}t} + i_L = I_{SC} \tag{5.6.2}$$

若用 $f(t)$ 代表电容电压 u_C 和电感电流 i_L，上述两个方程可以表示为具有统一形式的微分方程

$$\tau \frac{\mathrm{d}f}{\mathrm{d}t} + f = K \tag{5.6.3}$$

这是一个常系数线性非齐次一阶微分方程，这里的 $\tau = R_0 C$ 或 $G_0 L$，K 表示电压源 U_{OC} 或电流源 I_{SC}。

式（5.6.3）的解由通解 f_h 和特解 f_p 两部分构成，即 $f = f_h + f_p = A\mathrm{e}^{-\frac{t}{\tau}} + f_p$，由于直流激励下特解为一常数，令特解 $f_p = B$，并代入式（5.6.3）中，于是得 $f_p = K$，所以有

$$f = A\mathrm{e}^{-\frac{t}{\tau}} + K \tag{5.6.4}$$

式（5.6.4）中的常数 A 和 K 由 $t = 0_+$ 时的初始条件 $f(0_+)$ 和 $t = \infty$ 时的稳态值 $f(\infty)$ 确定

$$\begin{cases} f(0_+) = A + K \\ f(\infty) = K \end{cases}$$

解联立方程得 $A = f(0_+) - f(\infty)$、$K = f(\infty)$，于是得到 RC 和 RL 电路的一般表达式

$$f(t) = f(\infty) + [f(0_+) - f(\infty)]\mathrm{e}^{-\frac{t}{\tau}} \qquad t > 0 \tag{5.6.5}$$

该表达式的波形曲线如图 5.6.2 所示。

由图 5.6.2 所示的曲线可以看出，直流激励下任一响应总是从初始值 $f(0_+)$ 开始，按指数规律衰减或增长到稳态值 $f(\infty)$，其衰减或增长的快慢取决于时间常数 τ。因此，将初始值 $f(0_+)$、稳态值 $f(\infty)$ 和时间常数 τ 称为动态电路三要素。只要求出初始值、稳态值和时间常数这三个要素，就能确定响应的表达式，而不必建立和求解微分方程，这种计算直流激励下一阶动态电路响应的方法称为三要素法。由于这种方法简单、方便、快捷，因此得到广泛的应用。

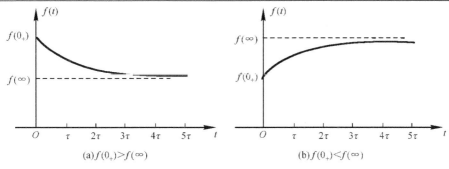

图 5.6.2　一阶动态电路完全响应的波形曲线

利用三要素法求解电路响应的一般步骤如下。

（1）求初始值 $f(0_+)$

首先求换路前 $t=0_-$ 时的 $u_C(0_-)$ 或 $i_L(0_-)$，然后由换路定则求出 $u_C(0_+)$ 或 $i_L(0_+)$，再用电压源 $u_C(0_+)$ 或电流源 $i_L(0_+)$ 替代电容或电感，在 $t=0_+$ 时刻的等效电路中可求得任意支路电压、电流的初始值（详见 5.3.2 节）。

（2）求稳态值 $f(\infty)$

换路后在直流激励下电路重新达到稳态时，电容相当于开路，电感相当于短路，在 $t\to\infty$ 的直流稳态等效电路中求得任意支路电压、电流的稳态值 $f(\infty)$。

（3）求时间常数 τ

由于时间常数 τ 是反映换路后暂态响应变化快慢的量，所以求 τ 必须在换路后的电路中进行，对一般电路而言，先求电容或电感以外的戴维南等效电阻 R_0，再计算出时间常数 $\tau=R_0C$ 或 $\tau=\dfrac{L}{R_0}$。

（4）在 $0<t<\infty$ 时，依据三要素法公式

$$f(t)=f(\infty)+[f(0_+)-f(\infty)]\mathrm{e}^{-\frac{t}{\tau}}\qquad t>0$$

将求得的三个要素 $f(0_+)$、$f(\infty)$ 和 τ 代入公式中，即可写出任意支路电压、电流的表达式。

若换路时刻 $t\neq0$，则三要素法公式改写成

$$f(t)=f(\infty)+[f(t_0)-f(\infty)]\mathrm{e}^{-\frac{t-t_0}{\tau}}\qquad t>t_0 \tag{5.6.6}$$

须指出：三要素法不仅用于计算完全响应，还可以用于计算零输入响应和零状态响应，只不过这些响应中有的初始值为零，有的稳态值为零。但要注意三要素法只适用于一阶线性动态电路，而且式（5.6.5）只用于一阶直流激励下有损耗的一阶电路。

【例 5.6.1】　图 5.6.3 所示的电路原已达稳定。$t=0$ 时开关打开，求 $t>0$ 时的响应 u_C、i_L 和 u。

解： 该电路虽然含有两个动态元件，但 S 打开后，电路被分成独立的两部分，每一部分只含有一个动态元件，满足三要素法。

（1）计算电容电压 u_C

$$u_C(0_+)=u_C(0_-)=\frac{10}{10+10}\times5=2.5\mathrm{V}$$

$$u_C(\infty) = 5V , \quad \tau_C = 0.1 \times 10 = 1s$$

$$u_C(t) = u_C(\infty) + [u_C(0_+) - u_C(\infty)]e^{-\frac{t}{\tau}} = (5 - 2.5e^{-t})V \quad t > 0$$

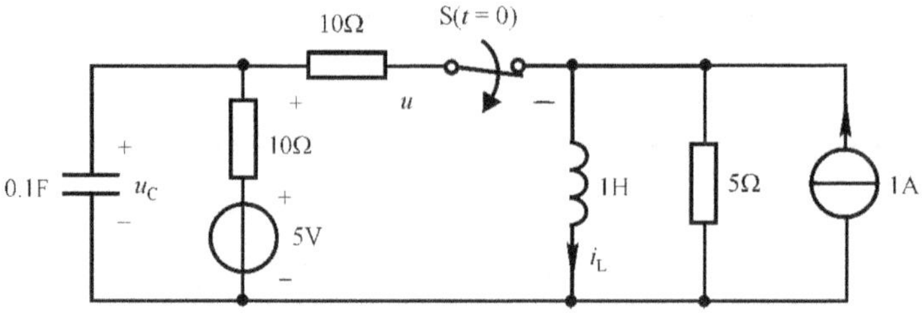

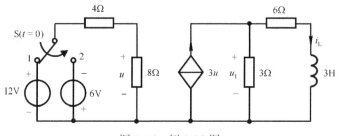

图 5.6.3　例 5.6.1 图

（2）计算电感电流 i_L

应用叠加原理得

$$i_L(0_+) = i_L(0_-) = \frac{5}{10 + 10} + 1 = 1.25A$$

$$i_L(\infty) = 1A , \quad \tau_L = \frac{1}{5}s$$

$$i_L(t) = (1 + 0.25e^{-5t})A \quad t > 0$$

$$u = u_C - L\frac{di_L}{dt} = (5 - 2.5e^{-t} + 1.25e^{-5t})V \quad t > 0$$

【例 5.6.2】　图 5.6.4 所示的电路在开关处于位置"1"时已达稳态，在 $t = 0$ 时开关转到"2"的位置，试用三要素法求 $t > 0$ 时的电感电流 i_L 及电压 u_1。

图 5.6.4　例 5.6.2 图

解：开关在位置"1"时

$$u(0_-) = \frac{8}{4 + 8} \times 12 = 8V$$

$$i_L(0_-) = 3u(0_-) \times \frac{3}{3 + 6} = 8A$$

由换路定则得初始值

$$i_L(0_+) = i_L(0_-) = 8A$$

换路后电压稳态值

$$u(\infty) = -\frac{8}{4 + 8} \times 6 = -4V$$

$$i_L(\infty) = 3u(\infty) \times \frac{3}{3 + 6} = -4A$$

利用外施电压法求等效电阻 R_0：当独立电压源置零后，控制量 $u = 0$，则受控电流源相当于开路，故 $R_0 = 3 + 6 = 9\Omega$，时间常数 $\tau = \frac{3}{9} = \frac{1}{3}s$。

由三要素法得

$$i_L(t) = i_L(\infty) + \left[i_L(0_+) - i_L(\infty)\right]e^{-\frac{t}{\tau}} = (-4 + 12e^{-3t})A \qquad t > 0$$

$$u_1 = 6i_L + u_L = 6i_L + L\frac{di_L}{dt} = -24 + 72e^{-3t} - 108e^{-3t} = (-24 - 36e^{-3t})V \qquad t > 0$$

【例 5.6.3】　　如图 5.6.5 所示电路，已知 $R = 1\text{k}\Omega$，$C = 10\mu\text{F}$，$U_S = 2\text{V}$，$t < 0$ 时开关 S_1 断开，而开关 S_2 处于"1"的位置，并且电路已处于稳态且电容未储能，$t = 0$ 时开关 S_1 闭合，$t = 1\text{s}$ 时开关 S_2 由"1"转到"2"的位置，试分析电容电压 u_C 的变化规律。

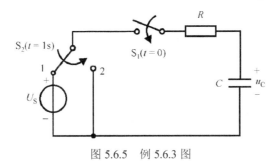

图 5.6.5　例 5.6.3 图

解：　$0 < t < 1\text{s}$ 时，应用三要素法求电容电压。

电容初始值　　　　　　　　　　　　$u_C(0_+) = u_C(0_-) = 0\text{V}$

稳态值　　　　　　　　　　　　　　$u_C(\infty) = U_S = 2\text{V}$

时间常数　　　　　　　　　$\tau = RC = 1000 \times 10 \times 10^{-6} = 0.01\text{s}$

则　　　　　　　　　　　　　$u_C(t) = 2(1 - e^{-100\,t})V \qquad 0 < t < 1\text{s}$

在此期间电容完成的是充电过程，由于 $\tau \ll 1\text{s}$，故电容很快从零充电到电源电压 U_S。

$t > 1\text{s}$ 时，电路的时间常数未发生改变，再次应用三要素法求 u_C。

初始值　　　　$u_C(1_+) = u_C(1_-) = 2(1 - e^{-100 \times 1}) = 2\text{V}$

稳态值　　　　　$u_C(\infty) = 0$

所以　　　　　　　　$u_C(t) = 2e^{-100(t-1)}V \qquad t > 1\text{s}$

此期间电容完成的是放电过程，同样由于 $\tau \ll 1\text{s}$，电容很快从电源电压 U_S 放电到零，其波形如图 5.6.6 所示。

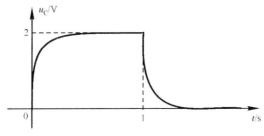

图 5.6.6　例 5.6.3 波形图

5.7　一阶电路的阶跃响应

电路对单位阶跃函数输入的零状态响应称为单位阶跃响应。

单位阶跃函数是一种奇异函数，这类函数具有不连续点或其导数（或微分）具有不连续点。单位阶跃函数 $\varepsilon(t)$ 的定义为

$$\varepsilon(t) = \begin{cases} 0 & t < 0 \\ 1 & t > 0 \end{cases}$$

其波形如图 5.7.1(a)所示，$\varepsilon(0_-) = 0$，$\varepsilon(0_+) = 1$，而 $\varepsilon(0)$ 未定义，介于 0～1 之间。这个函数可以用来描述图 5.7.1(b)所示的电路，它相当于在 $t > 0$ 时，将1V 直流电压施加于电路中，起到一个开关作用，故称为开关函数。

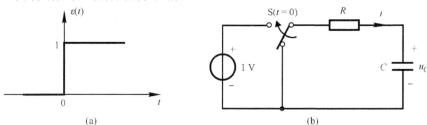

图 5.7.1　阶跃响应

若在 $t = t_0$ 时刻发生跃变，该函数可表示为

$$\varepsilon(t - t_0) = \begin{cases} 0 & t < t_0 \\ 1 & t > t_0 \end{cases}$$

由于 $\varepsilon(t - t_0)$ 是 $\varepsilon(t)$ 在时间轴上的移动，故称为延时单位阶跃信号。

利用单位阶跃信号和延时单位阶跃信号可构成分段常量信号。如图 5.7.2 所示的 $f(t)$ 信号可表示为

$$f(t) = \varepsilon(t) - \varepsilon(t - t_0)$$

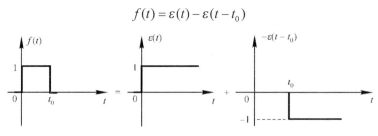

图 5.7.2　信号的波形

如果外加激励信号为单位阶跃信号，则对应的零状态响应称为单位阶跃响应。其分析方法与物理本质均与直流激励下的零状态响应相同。只不过把零状态响应表达式乘以 $\varepsilon(t)$，表明响应起始时间为零。若电源接入时间为 t_0，其响应表达式中将其阶跃响应变量 t 改为 $(t - t_0)$ 即可。

【例 5.7.1】　已知图 5.7.3(a)所示电路的电感初始储能为零，激励 u_S 波形如图 5.7.3(b)所示，求 $t > 0$ 时的电流 $i(t)$。

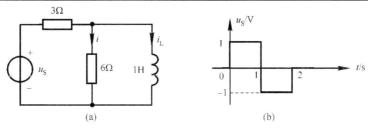

图 5.7.3 例 5.7.1 电路及波形

解: 令 $u'_S = \varepsilon(t)$,则 $i'_L(0) = 0$,电路达到稳态时电感相当于短路,则 $i'_L(\infty) = \dfrac{1}{3}$ A 。

时间常数
$$\tau = \frac{1}{\dfrac{3 \times 6}{3+6}} = \frac{1}{2}\text{s}$$

$u'_S = \varepsilon(t)$ 时,零状态响应
$$i'_L(t) = \frac{1}{3}(1 - e^{-2t})\varepsilon(t)\text{A}$$

$$i'(t) = \frac{u_L}{6} = \frac{1}{6} \times L\frac{\mathrm{d}i'_L}{\mathrm{d}t} = \frac{1}{9}e^{-2t}\varepsilon(t)\text{A}$$

由图 5.7.1(b)可知
$$u_S(t) = \big[\varepsilon(t) - 2\varepsilon(t-1) + \varepsilon(t-2)\big]\text{V}$$

利用线性电路的叠加原理及时不变特性可得

$$i(t) = \left[\frac{1}{9}e^{-2t}\varepsilon(t) - \frac{2}{9}e^{-2(t-1)}\varepsilon(t-1) + \frac{1}{9}e^{-2(t-2)}\varepsilon(t-2)\right]\text{A}$$

【例 5.7.2】 设图 5.7.4(a)所示的 RC 电路处于零状态,输入激励 u_i 波形如图 5.7.4(b)所示,已知 $R = 10\text{k}\Omega$, $C = 10\text{μF}$,试分析 u_O 的变化规律,并画出波形。

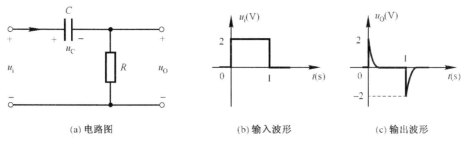

(a) 电路图　　　　　　　(b) 输入波形　　　　　　　(c) 输出波形

图 5.7.4 例 5.7.2 电路及波形

解: RC 电路时间常数 $\tau = RC = 10 \times 10^3 \times 10 \times 10^{-6} = 0.1\text{s}$,本例中的 τ 远小于脉冲宽度 $t_P = 1\text{s}$ 。 $0 < t < 1\text{s}$ 期间:当 $t = 0$ 时, u_i 从零突然上升到 2V ,由于电容未储能,故 $u_C(0_+) = u_C(0_-) = 0$,则 $u_O(0_+) = u_i(0_+) - u_C(0_+) = 2\text{V}$,因为 $\tau \ll t_P$,所以在 $0 \sim 1\text{s}$ 期间电容很快充电到 2V ,而 u_O 很快衰减到零,根据三要素公式可得 $u_O = u_O(0_+)e^{-\frac{t}{\tau}} = 2e^{-10t}\varepsilon(t)\text{V}$,即在电阻两端出现一个正的尖脉冲;在 $t = 1\text{s}$ 时, u_i 突然降为零,相当于短路,由于电容两端电压不能跃变,故 $u_O = -u_C = -2\text{V}$;当 $t > 1\text{s}$ 时电容经电阻很快放电, u_O 很快衰减到零,此时 $u_O = -2e^{-\frac{t-1}{\tau}} = -2e^{-10(t-1)}\varepsilon(t-1)\text{V}$,即在电阻两端出现一个负的尖脉冲,输出波形如图 5.7.4(c)

所示。这种输出尖脉冲反映了输入矩形脉冲的微分结果，因此称为微分电路。由上例可以看出，RC 微分电路的形成条件是：

（1）$\tau \ll t_p$（一般 $\tau < 0.2t_p$）；

（2）从电阻两端输出。

例 5.7.2 中输入信号是周期矩形脉冲，则输出的是周期性正负尖脉冲。在脉冲数字电路中，经常采用尖脉冲作为触发信号。

5.8　二阶电路零输入响应

图 5.8.1 所示的电路在换路前开关位于"1"处并已达到稳态，$t = 0$ 时开关转到位置"2"。由于换路后无电源激励，所以称为零输入响应。

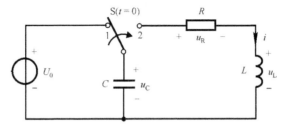

图 5.8.1　RLC 零输入响应电路

电路的初始条件由 $u_C(0_+)$ 和 $u'_C(0_+)$ 决定，而 $u'_C(0_+)$ 由电感初始电流确定。由图 5.8.1 可知，电感在换路前未储能，即 $i(0_+) = i(0_-) = 0$，由此可得电路的初始条件

$$u_C(0_+) = u_C(0_-) = U_0$$

$$\left. \frac{du_C}{dt} \right|_{0_+} = -\frac{i(0_+)}{C} = 0$$

$t > 0$ 时，根据 KVL 得

$$u_R + u_L - u_C = 0 \tag{5.8.1}$$

因为 $u_R = iR$，$i = -C\dfrac{du_C}{dt}$，$u_L = L\dfrac{di}{dt} = -LC\dfrac{d^2 u_C}{dt^2}$，代入式（5.8.1）中得

$$LC\frac{d^2 u_C}{dt^2} + RC\frac{du_C}{dt} + u_C = 0 \tag{5.8.2}$$

这是一个线性常系数二阶齐次微分方程，其特征根为

$$LCs^2 + RCs + 1 = 0$$

$$s_{1,2} = -\frac{R}{2L} \pm \sqrt{\left(\frac{R}{2L}\right)^2 - \frac{1}{LC}} \tag{5.8.3}$$

即

$$\begin{cases} s_1 = -\dfrac{R}{2L} + \sqrt{\left(\dfrac{R}{2L}\right)^2 - \dfrac{1}{LC}} \\[4mm] s_2 = -\dfrac{R}{2L} - \sqrt{\left(\dfrac{R}{2L}\right)^2 - \dfrac{1}{LC}} \end{cases}$$

由式（5.8.3）可见，s_1、s_2 仅与电路结构和元件参数有关，而与激励和初始储能无关，所以称为电路的固有频率，它决定了零输入响应的形式。根据 R、L、C 元件参数的不同，特征根可能会出现三种情况。

1．过阻尼情况

当 $\left(\dfrac{R}{2L}\right)^2 - \dfrac{1}{LC} > 0$ 时，即 $R > 2\sqrt{\dfrac{L}{C}}$，这时 s_1 和 s_2 为两个不相等的负实根，其解形式为

$$u_C = A_1 e^{s_1 t} + A_2 e^{s_2 t} \tag{5.8.4}$$

由电路初始条件可得

$$u_C(0_+) = A_1 + A_2 = U_0$$

$$\left.\frac{\mathrm{d}u_C}{\mathrm{d}t}\right|_{0_+} = A_1 s_1 + A_2 s_2 = 0$$

解得　$A_1 = \dfrac{s_2}{s_2 - s_1} U_0$，$A_2 = \dfrac{s_1}{s_1 - s_2} U_0$，于是

$$u_C = \frac{U_0}{s_2 - s_1}(s_2 e^{s_1 t} - s_1 e^{s_2 t}) \tag{5.8.5}$$

$$i = -C\frac{\mathrm{d}u_C}{\mathrm{d}t} = -\frac{CU_0 s_1 s_2}{s_2 - s_1}(e^{s_1 t} - e^{s_2 t}) = -\frac{U_0}{L(s_2 - s_1)}(e^{s_1 t} - e^{s_2 t}) \tag{5.8.6}$$

式中，$s_1 \cdot s_2 = \left(-\dfrac{R}{2L} + \sqrt{\left(\dfrac{R}{2L}\right)^2 - \dfrac{1}{LC}}\right)\left(-\dfrac{R}{2L} - \sqrt{\left(\dfrac{R}{2L}\right)^2 - \dfrac{1}{LC}}\right) = \dfrac{1}{LC}$

$$u_L = L\frac{\mathrm{d}i}{\mathrm{d}t} = \frac{U_0}{s_1 - s_2}(s_1 e^{s_1 t} - s_2 e^{s_2 t}) \tag{5.8.7}$$

u_C、i 及 u_L 随时间变化曲线如图 5.8.2 所示。从图 5.8.2 可以看出，u_C、i 始终不改变方向，而且有 $u_C > 0$，$i > 0$，因 u_C 和 i 非关联，所以 $P_C = -u_C i < 0$ 表明电容在整个工作过程中一直处于放电状态，因此称为非振荡放电。由于 R 较大，释放的能量大部分被电阻消耗，只有少部分被电感吸收，并转为磁场能量储存在电感中。随着 i 增加，磁场增强，当 i

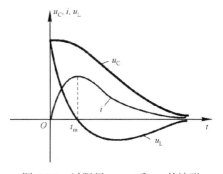

图 5.8.2　过阻尼 u_C、i 和 u_L 的波形

达到最大时，所对应的时间 t_m 可由 $\dfrac{\mathrm{d}i}{\mathrm{d}t} = 0$ 得到，其值为 $t_m = \dfrac{\ln(s_2/s_1)}{s_1 - s_2}$，当 $t > t_m$ 时，电感电压由正转为负，$P_L = u_L i < 0$，电感释放能量，此时电容、电感共同释放能量供电阻消耗，

直到把原有储能消耗殆尽。整个过程由于电阻过大，RLC 无法形成振荡，所以称为过阻尼状态。

2. 临界阻尼情况

当 $\left(\dfrac{R}{2L}\right)^2 - \dfrac{1}{LC} = 0$ 时，即 $R = 2\sqrt{\dfrac{L}{C}}$，这时 $s_1 = s_2 = -\alpha$ 为相等负实根，其中，$\alpha = -\dfrac{R}{2L}$ 称为衰减系数。其解形式为

$$u_C = (A_1 + A_2 t)\mathrm{e}^{-\alpha t} \tag{5.8.8}$$

由初始条件，得

$$\begin{cases} u_C(0_+) = A_1 = U_0 \\ \left.\dfrac{\mathrm{d}u_C}{\mathrm{d}t}\right|_{0_+} = A_2 - A_1\alpha = 0 \end{cases}$$

解得　$A_1 = U_0$，$A_2 = \alpha U_0$，于是

$$u_C = (1 + \alpha t)U_0 \mathrm{e}^{-\alpha t} \tag{5.8.9}$$

由式（5.8.9）可见，它具有非振荡的性质，然而这种过程是振荡与非振荡过程的分界线，所以称为临界非振荡过程，这时的电阻称为临界阻尼电阻。在工程实际中，由于电路参数受温度、湿度、振动和噪声等因素的影响，均可能发生微小变化，因此电路参数之间的这种关系很难维持。

3. 欠阻尼情况

当 $\left(\dfrac{R}{2L}\right)^2 - \dfrac{1}{LC} < 0$ 时，即 $R < 2\sqrt{\dfrac{L}{C}}$，这时 s_1 和 s_2 为一对共轭复数，令 $\alpha = -\dfrac{R}{2L}$ 称为衰减系数，$\omega_0 = \dfrac{1}{\sqrt{LC}}$ 称为谐振频率，$\omega_d = \sqrt{\omega_0^2 - \alpha^2}$ 称为振荡角频率，则

$$s_1 = -\alpha + \sqrt{\alpha^2 - \omega_0^2} = -\alpha + \mathrm{j}\sqrt{\omega_0^2 - \alpha^2} = -\alpha + \mathrm{j}\omega_d$$

$$s_2 = -\alpha - \sqrt{\alpha^2 - \omega_0^2} = -\alpha - \mathrm{j}\sqrt{\omega_0^2 - \alpha^2} = -\alpha - \mathrm{j}\omega_d$$

其解形式为

$$u_C = \mathrm{e}^{-\alpha t}(A_1 \cos\omega_d t + A_2 \sin\omega_d t) \tag{5.8.10}$$

由初始条件得

$$\begin{cases} u_C(0_+) = A_1 = U_0 \\ \left.\dfrac{\mathrm{d}u_C}{\mathrm{d}t}\right|_{0_+} = A_2\omega_d - \alpha A_1 = 0 \end{cases}$$

解得　$A_2 = \dfrac{\alpha U_0}{\omega_d}$，于是

$$u_C = \mathrm{e}^{-\alpha t}\left(U_0 \cos\omega_d t + \dfrac{\alpha U_0}{\omega_d}\sin\omega_d t\right) \tag{5.8.11}$$

在式（5.8.10）中，若令 $A = \sqrt{A_1^2 + A_2^2}$ ，$\theta = -\arctan\dfrac{A_2}{A_1}$ ，则欠阻尼情况的另一种解答形式为

$$u_C = A\mathrm{e}^{-\alpha t}\cos(\omega_\mathrm{d} t + \theta) \tag{5.8.12}$$

u_C 随时间变化的波形如图 5.8.3 所示。

根据式（5.8.12）和图 5.8.3 中欠阻尼 u_C 的波形图可得出如下结论：

（1）u_C 是衰减振荡，其衰减快慢取决于衰减系数 α ，α 越大，衰减越快；

（2）振荡频率由 ω_d 决定，ω_d 越大，振荡周期 $\dfrac{2\pi}{\omega_\mathrm{d}}$ 越小，振荡加快；

（3）当衰减系数 α 等于零，即电阻 R 等于零时，则 $\omega_\mathrm{d} = \omega_0 = \dfrac{1}{\sqrt{LC}}$ ，此时 $u_C = A\cos(\omega_0 t + \theta)$

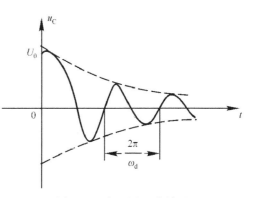

图 5.8.3　欠阻尼 u_C 的波形

为等幅振荡，RLC 电路转换成 LC 电路。这时的电场能量和磁场能量不断转化，永无休止。当然这里是把电容、电感当做理想元件，所以振荡能一直维持下去。实际上电感线圈上的电阻、导线电阻、电容漏电等因素都会消耗能量，所以一般振荡总是衰减的。

由以上分析可见，**零输入响应的性质取决于电路固有频率 s_1 和 s_2 的形式，它们将决定响应是衰减振荡、非振荡或等幅振荡。**

【例 5.8.1】　开关闭合时，图 5.8.4 所示的电路已达稳定，$t = 0$ 时将开关 S 打开。求：（1）$t > 0$ 时，u_C、i 及 u_L；（2）要使电路处于临界阻尼状态，在 L 和 C 不变的条件下，电阻 R 应为何值。

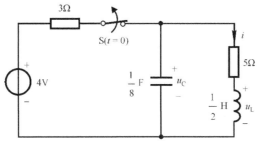

图 5.8.4　例 5.8.1 图

解：（1）换路前电路已达稳态，电容开路，电感短路，根据 $t = 0_-$ 时刻的状态得

$$i(0_-) = \frac{4}{3+5} = 0.5\mathrm{A} \ , \quad u_C(0_-) = 5 \times i(0_-) = 2.5\mathrm{V}$$

由换路定则可知初始条件

$$u_C(0_+) = u_C(0_-) = 2.5\mathrm{V} \ , \quad \left.\frac{\mathrm{d}u_C}{\mathrm{d}t}\right|_{0_+} = -\frac{i(0_+)}{C} = -\frac{i(0_-)}{C} = -4\mathrm{V}$$

$t > 0$ 时，RLC 串联电路的特征根为

$$s_{1,2} = -\frac{R}{2L} \pm \sqrt{\left(\frac{R}{2L}\right)^2 - \frac{1}{LC}} = -5 \pm 3$$

得 $s_1 = -5 + 3 = -2$，$s_2 = -5 - 3 = -8$；对应的齐次解为

$$u_C = A_1 e^{-2t} + A_2 e^{-8t}$$

代入初始条件

$$\begin{cases} u_C(0_+) = A_1 + A_2 = 2.5 \\ \left.\dfrac{du_C}{dt}\right|_{0_+} = -2A_1 - 8A_2 = -4 \end{cases}$$

解得 $A_1 = \dfrac{8}{3}$，$A_2 = -\dfrac{1}{6}$，故得

$$u_C = \left(\frac{8}{3} e^{-2t} - \frac{1}{6} e^{-8t}\right) V \qquad t > 0$$

$$i = -C \frac{du_C}{dt} = \left(\frac{2}{3} e^{-2t} - \frac{1}{6} e^{-8t}\right) A \qquad t > 0$$

$$u_L = L \frac{di}{dt} = \left(-\frac{2}{3} e^{-2t} + \frac{2}{3} e^{-8t}\right) V \qquad t > 0$$

（2）要使电路处于临界阻尼情况，则 $R = 2\sqrt{\dfrac{L}{C}} = 2 \times \sqrt{\dfrac{1/2}{1/8}} = 4\Omega$。

【例 5.8.2】 图 5.8.5 所示的电路原已处于稳态，$t = 0$ 时开关S由位置"1"转到位置"2"。求 $t > 0$ 时的 u_C、i_L 及 u_L。

解：电路的初始值：$u_C(0_+) = u_C(0_-) = \dfrac{2}{2+6} \times 8 = 2V$；$i_L(0_+) = i_L(0_-) = 0$

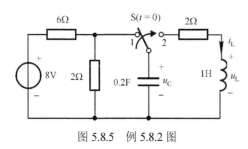

图 5.8.5 例 5.8.2 图

$t > 0$ 时，开关置于位置"2"，此时为 RLC 串联电路，特征根为

$$s_{1,2} = -\frac{R}{2L} \pm \sqrt{\left(\frac{R}{2L}\right)^2 - \frac{1}{LC}} = -1 \pm j2$$

得 $s_1 = -1 + j2$，$s_2 = -1 - j2$；对应的齐次解为

$$u_C = e^{-t}(A_1 \cos 2t + A_2 \sin 2t)$$

代入初始条件

$$\begin{cases} u_C(0_+) = A_1 = 2 \\ \left.\dfrac{du_C}{dt}\right|_{0_+} = -\dfrac{i_L(0_+)}{C} = -A_1 + 2A_2 = 0 \end{cases}$$

得 $A_1 = 2$，$A_2 = 1$，故得

$$u_C = e^{-t}(2\cos 2t + \sin 2t)V \qquad t > 0$$

$$i_{\mathrm{L}} = -C\frac{\mathrm{d}u_C}{\mathrm{d}t} = -\frac{1}{5}\Big[-\mathrm{e}^{-t}(2\cos 2t + \sin 2t) + \mathrm{e}^{-t}(2\cos 2t - 4\sin 2t)\Big] = \mathrm{e}^{-t}\sin(2t)\mathrm{A} \qquad t > 0$$

$$u_{\mathrm{L}} = L\frac{\mathrm{d}i_{\mathrm{L}}}{\mathrm{d}t} = \mathrm{e}^{-t}(2\cos 2t - \sin 2t)\mathrm{V} \qquad t > 0$$

5.9　二阶电路的零状态响应、完全响应及阶跃响应

5.9.1　二阶电路的零状态响应、完全响应

图 5.9.1 所示为 GLC 并联电路，开关打开前电路已处于稳态，由于电容、电感均未储能，所以 $u_C(0_-) = 0$，$i_{\mathrm{L}}(0_-) = 0$；在 $t = 0$ 时开关 S 打开，此时外施激励源为直流电流源。从图 5.9.1 可以看出，该电路是由两个动态元件构成的二阶电路，其初始状态为零，响应是由外加激励引起的，故称为二阶电路的零状态响应。

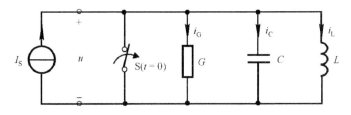

图 5.9.1　GLC 并联电路

$t > 0$ 时根据 KCL 有

$$i_G + i_C + i_{\mathrm{L}} = I_{\mathrm{S}} \tag{5.9.1}$$

因为 $i_G = Gu = GL\dfrac{\mathrm{d}i_{\mathrm{L}}}{\mathrm{d}t}$，$i_C = C\dfrac{\mathrm{d}u}{\mathrm{d}t} = LC\dfrac{\mathrm{d}^2 i_{\mathrm{L}}}{\mathrm{d}t^2}$

所以电路的微分方程为

$$LC\frac{\mathrm{d}^2 i_{\mathrm{L}}}{\mathrm{d}t^2} + GL\frac{\mathrm{d}i_{\mathrm{L}}}{\mathrm{d}t} + i_{\mathrm{L}} = I_{\mathrm{S}} \tag{5.9.2}$$

特征方程

$$LCs^2 + GLs + 1 = 0$$

特征根

$$s_{1,2} = -\frac{G}{2C} \pm \sqrt{\left(\frac{G}{2C}\right)^2 - \frac{1}{LC}}$$

与 RLC 串联电路相似，伴随着 G、L、C 元件参数的改变，GLC 并联电路的自由响应分量（通解）同样存在着过阻尼、临界阻尼和欠阻尼三种情况，结合特解 $i_{\mathrm{Lp}} = I_{\mathrm{S}} = i_{\mathrm{L}}(\infty)$，$i_{\mathrm{L}}(\infty)$ 表示二阶电路换路后电感上的稳态值，可写出三种情况下 i_{L} 的零状态表达式。

1. 过阻尼情况

当 $\left(\dfrac{G}{2C}\right)^2 - \dfrac{1}{LC} > 0$ 时，即 $G > 2\sqrt{\dfrac{C}{L}}$ ，这时 s_1、s_2 为两个不相等的负实根，其电路响应如式（5.9.3）所示。

$$i_{\text{L}} = i_{\text{Lh}} + i_{\text{Lp}} = A_1 \text{e}^{s_1 t} + A_2 \text{e}^{s_2 t} + i_{\text{L}}(\infty) \tag{5.9.3}$$

过阻尼状态下，电路响应为非振荡衰减。

2. 临界阻尼情况

当 $\left(\dfrac{G}{2C}\right)^2 - \dfrac{1}{LC} = 0$ 时，即 $G = 2\sqrt{\dfrac{C}{L}}$ ，这时 $s_1 = s_2 = -\alpha$ 为相等的负实根，这里的 $\alpha = \dfrac{G}{2C}$ 称为衰减系数，其电路响应

$$i_{\text{L}} = i_{\text{Lh}} + i_{\text{Lp}} = (A_1 + A_2 t)\text{e}^{-\alpha t} + i_{\text{L}}(\infty) \tag{5.9.4}$$

此时，电路响应仍为非振荡衰减，但处于振荡与非振荡的临界状态。

3. 欠阻尼情况

当 $\left(\dfrac{G}{2C}\right)^2 - \dfrac{1}{LC} < 0$ 时，即 $G < 2\sqrt{\dfrac{C}{L}}$ ，这时 s_1、s_2 为一对共轭复数，电路的方程解为

$$i_{\text{L}} = \text{e}^{-\alpha t}(A_1 \cos \omega_{\text{d}} t + A_2 \sin \omega_{\text{d}} t) + i_{\text{L}}(\infty) \tag{5.9.5}$$

或
$$i_{\text{L}} = A\text{e}^{-\alpha t}\cos(\omega_{\text{d}} t + \theta) + i_{\text{L}}(\infty) \tag{5.9.6}$$

式中，$\alpha = \dfrac{G}{2C}$ ，$\omega_{\text{d}} = \sqrt{\dfrac{1}{LC} - \left(\dfrac{G}{2C}\right)^2}$ ，$A = \sqrt{A_1^2 + A_2^2}$ ，$\theta = -\arctan\dfrac{A_2}{A_1}$ 。

此时，电路响应为振荡衰减过程。

三种情况下的常数 A_1、A_2、A、θ 值的确定由 $i_{\text{L}}(0_+)$ 和 $i'_{\text{L}}(0_+)$ 决定，对于零状态响应来说，$i_{\text{L}}(0_+)$ 和 $i'_{\text{L}}(0_+)$ 的初始值均为零。

二阶电路中，由非零初始状态和外施激励共同作用所产生的响应，称为完全响应。 完全响应解的形式同零状态响应一样，待定系数同样由初始条件 $i_{\text{L}}(0_+)$ 和 $i'_{\text{L}}(0_+)$ 确定，其中 $i'_{\text{L}}(0_+)$ 取决于电容的初始电压，即 $\left.\dfrac{\text{d}i_{\text{L}}}{\text{d}t}\right|_{0_+} = \dfrac{u(0_+)}{L}$ 。完全响应也可以由零输入响应与零状态响应的叠加求解得到。

GLC 并联电路与 RLC 串联电路为对偶电路，故可通过对偶关系求得 RLC 串联电路的零状态响应和完全响应。

5.9.2　二阶电路的阶跃响应

二阶电路在阶跃函数激励下的零状态响应称为二阶电路的阶跃响应。

【例 5.9.1】　在图 5.9.2 所示的 GLC 并联电路中，已知 $i_S = \varepsilon(t)$，$G = 3\text{S}$，$L = \dfrac{1}{4}\text{H}$，$C = \dfrac{1}{2}\text{F}$，试求阶跃响应 i_L 及 u。

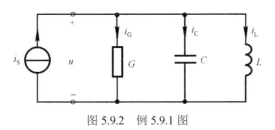

图 5.9.2　例 5.9.1 图

解：GLC 并联电路的特征根为

$$s_{1,2} = -\frac{G}{2C} \pm \sqrt{\left(\frac{G}{2C}\right)^2 - \frac{1}{LC}} = -3 \pm 1$$

得 $s_1 = -2$，$s_2 = -4$；对应的齐次解为 $i_{Lh} = A_1 e^{-2t} + A_2 e^{-4t}$，而特解 $i_{Lp} = i_L(\infty) = 1\text{A}$，所以 i_L 的阶跃响应为

$$i_L = i_{Lh} + i_{Lp} = A_1 e^{-2t} + A_2 e^{-4t} + 1$$

由于并联电路各元件电压相等，均为 u，所以电路的初始条件 $i_L(0_+) = i_L(0_-) = 0$，$\left.\dfrac{\mathrm{d}i_L}{\mathrm{d}t}\right|_{0_+} = \dfrac{u(0_+)}{L} = \dfrac{u(0_-)}{L} = 0$，将初始条件代入得

$$\begin{cases} i_L(0_+) = A_1 + A_2 + 1 = 0 \\ \left.\dfrac{\mathrm{d}i_L}{\mathrm{d}t}\right|_{0_+} = -2A_1 - 4A_2 = 0 \end{cases}$$

解得 $A_1 = -2$，$A_2 = 1$，于是得

$$i_L = (-2e^{-2t} + e^{-4t} + 1)\varepsilon(t)\text{A}$$

$$u = L\frac{\mathrm{d}i_L}{\mathrm{d}t} = \frac{1}{4}(4e^{-2t} - 4e^{-4t}) = (e^{-2t} - e^{-4t})\varepsilon(t)\text{V}$$

习　　题

5.1　在图 5.1(a)所示电路中，电感 $L = 3\text{H}$，电流波形如图 5.1(b)所示，求电压 u 及电感吸收功率和储存的能量。

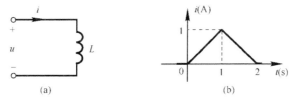

图 5.1　习题 5.1 电路及波形图

5.2 图 5.2(a)和图 5.2(b)所示为一电容的电压和电流波形，设电容的电压和电流为关联参考方向。（1）求电容量；（2）计算电容在 $0 < t < 1s$ 期间存储的电荷；（3）计算电容在 $t = 2s$ 时吸收的功率和存储的能量。

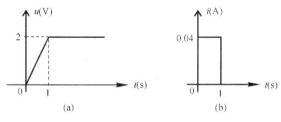

图 5.2 习题 5.2 波形图

5.3 电路如图 5.3 所示。（1）求图 5.3(a)中 a、b 两端等效电感；（2）设电容 $C = 10\mu F$，求图 5.3(b)中 a、b 端的等效电容。

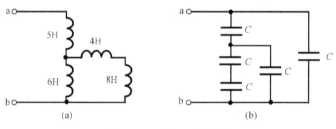

图 5.3 习题 5.3 电路图

5.4 电路如图 5.4 所示，开关 S 在 $t = 0$ 时打开，打开前电路已稳定。求 u_C、u_L、i_L、i_1 和 i_C 的初始值。

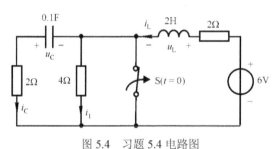

图 5.4 习题 5.4 电路图

5.5 开关 S 闭合前，图 5.5 所示电路已处于稳态，$t = 0$ 时开关 S 闭合，求 i_L、u_L、u_C、i_C 及 i 的初始值。

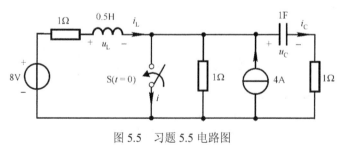

图 5.5 习题 5.5 电路图

5.6   如图 5.6 所示，电路在 $t<0$ 时已处于稳态，$t=0$ 时开关 S 闭合，求 $t>0$ 时的 u_C。

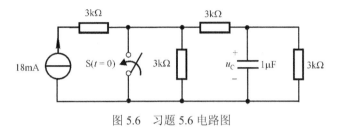

图 5.6   习题 5.6 电路图

5.7   如图 5.7 所示，电路在 $t<0$ 时已处于稳态，$t=0$ 时开关 S 从"1"置向"2"，试求 $t>0$ 时的 i_L 及 i。

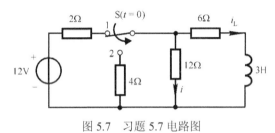

图 5.7   习题 5.7 电路图

5.8   在图 5.8 所示电路中，已知 $u_C(0_-)=2V$。求 $t>0$ 时的响应 u_C 及 i。

5.9   求图 5.9 所示电路的零状态响应 i_L 和 u_L。

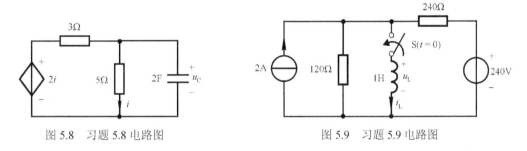

图 5.8   习题 5.8 电路图   图 5.9   习题 5.9 电路图

5.10   在如图 5.10 所示电路中，开关 S 闭合前电感、电容均无储能，$t=0$ 时开关闭合。求 $t>0$ 时的输出响应 u。

5.11   开关 S 闭合前，图 5.11 所示的电路已达到稳态。$t=0$ 时开关 S 闭合，使用三要素法求 $t>0$ 时的 i_L 和 i。

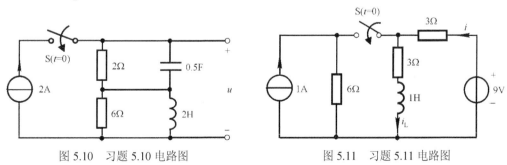

图 5.10   习题 5.10 电路图   图 5.11   习题 5.11 电路图

5.12　如图 5.12 所示电路，在 $t<0$ 时开关位于"1"的位置并已处于稳态。$t=0$ 时开关转到"2"的位置，求 $t>0$ 时的 u_C 及 i_1。

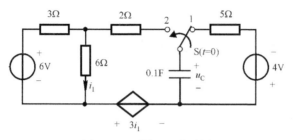

图 5.12　习题 5.12 电路图

5.13　开关 S 闭合前图 5.13 所示的电路已处于稳态。求开关 S 闭合后的电流 i_1、i_2 和 i_K。

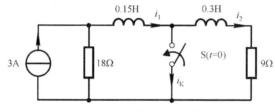

图 5.13　习题 5.13 电路图

5.14　如图 5.14 所示电路，在开关 S 闭合前电路已处于稳态，$t=0$ 时开关 S 闭合。求 S 闭合后的响应 u_C、i_L 及 i_K。

5.15　在图 5.15 所示电路中，开关 S_1、S_2 打开已久，$t=0$ 时 S_1 闭合，$t=2s$ 时 S_2 闭合，求 $t>0$ 时 i_L 的变化规律。

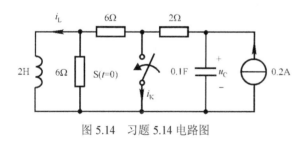

图 5.14　习题 5.14 电路图

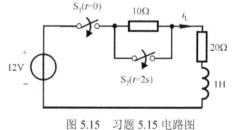

图 5.15　习题 5.15 电路图

5.16　求图 5.16 所示电路的阶跃响应 u_C 和 i_C。

5.17　求图 5.17 所示电路的阶跃响应 i_L。

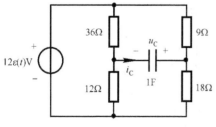

图 5.16　习题 5.16 电路图

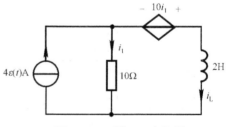

图 5.17　习题 5.17 电路图

5.18　一个 RL 电路，若以电感两端作为输出，且 $\tau < 0.1T$，则可以作为一个微分器来使用，这里的 T 是输入脉冲的宽度。今若 R 是固定的 $200\text{k}\Omega$，则要微分一个 $T = 10\mu\text{s}$ 的脉冲，其电感的最大值限定为多少？

5.19　在图 5.18 所示电路中，分别判断电路在下列两种情况下处于何种状态。

（1）未添加虚线时的电容支路；

（2）添加虚线后的电容支路。

5.20　当 RLC 串联电路的 $R = 1\Omega$ 时，固有频率为 $-3 \pm \text{j}5$，电路中的 L、C 保持不变。求临界阻尼响应所需的 R 值。

5.21　如图 5.19 所示，电路在 $t < 0$ 时已达稳态，已知 $R = 4\Omega$，$L = 0.5\text{H}$，$C = 0.125\text{F}$，$t = 0$ 时开关 S 打开，求零输入响应 u_{C}。

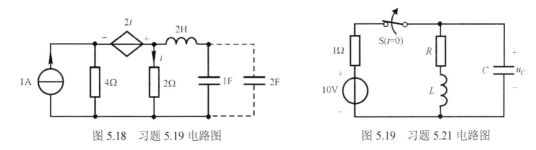

图 5.18　习题 5.19 电路图　　　　　　　图 5.19　习题 5.21 电路图

5.22　电路如图 5.20 所示，开关 S 原已闭合了很久，$t = 0$ 时开关断开，求开关断开后的 i_{L} 及 u_{C}。

5.23　在图 5.21 所示电路中，u 是否可产生等幅振荡？若能，μ 应为多少？

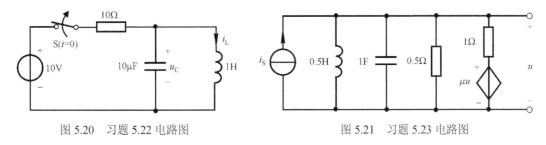

图 5.20　习题 5.22 电路图　　　　　　　图 5.21　习题 5.23 电路图

5.24　如图 5.22 所示，电路在 $t < 0$ 时已处于稳态，$t = 0$ 时开关 S 闭合，求 $t > 0$ 时的 u_{C} 及 i_{L}。

5.25　图 5.23 所示电路为零初始状态。开关 S 在 $t = 0$ 时闭合，求零状态响应 i_{L}。

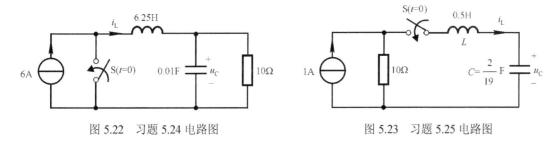

图 5.22　习题 5.24 电路图　　　　　　　图 5.23　习题 5.25 电路图

5.26 图 5.24 所示电路中电容为零初始状态，开关S在$t=0$时闭合，求$t>0$时电容电压u_{C2}和电流i_1。

5.27 如图 5.25 所示的 GLC 并联电路，若以i_L和u_C为输出，求它们的阶跃响应。

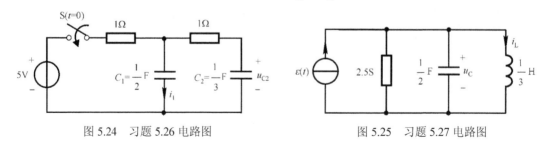

图 5.24 习题 5.26 电路图   图 5.25 习题 5.27 电路图

第6章 正弦稳态电路分析

前几章主要针对直流电源激励下的线性电路进行了分析计算，然而对于远距离传送，交流电比直流电更为有效和经济。由于正弦交流信号的产生和传送比较容易，所以在供电系统中，全世界几乎采用单一频率（50Hz 或 60Hz）的正弦交流电压、电流，并广泛应用于各种电气设备中。另外，许多自然现象本身是按正弦规律变化的，如钟摆的运动、乐器中弦的振动、海洋表面的波纹等。所以在交流电中，正弦交流电应用是最广泛的，因此研究正弦激励下的稳态响应是非常重要的。

这一章首先从正弦交流电的基本概念入手，引入相量表示法及基尔霍夫定律和电路元件伏安关系式的相量形式；其次提出正弦稳态电路分析的两个重要概念：阻抗、导纳，并在此基础上将直流电阻电路的分析方法推广到正弦交流稳态电路中，利用相量法计算正弦稳态电路的电压、电流及功率，这也是本章的核心内容；最后介绍三相交流电路的分析计算。

6.1 正弦交流电的基本概念

随时间按正弦规律变化的电压、电流称为正弦交流电（简称交流电）。 正弦交流电瞬时值的一般表达式为

$$u = U_m \sin(\omega t + \theta_u) \tag{6.1.1}$$

$$i = I_m \sin(\omega t + \theta_i) \tag{6.1.2}$$

正弦交流电压的波形如图 6.1.1 所示。

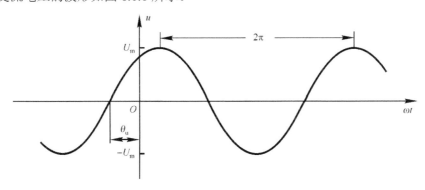

图 6.1.1　正弦交流电压

由式（6.1.1）和式（6.1.2）可见，正弦量包含三要素：最大值又称为幅值（U_m 或 I_m）、角频率（ω）及初相位（θ_u 或 θ_i），它们分别表示正弦量的变化大小、快慢和进程，只要知道正弦量的这三个要素，就可以确定它的解析表达式并画出波形图。

6.1.1 周期和频率

正弦函数是周期函数，**所谓周期是一个基本波形所占用的时间**，用 T 表示，单位是秒（s）。**周期的倒数是频率**，用 f 表示，单位是赫兹（Hz）。它表示一秒内基本波形的个数，有

$$T = \frac{1}{f} \tag{6.1.3}$$

角频率 ω 是衡量交流电变化快慢的物理量。由于正弦波每循环一周，角度变化 2π 弧度（rad），所经历的时间为 T，故有 $\omega T = 2\pi$，所以角频率 ω、频率 f 和周期 T 三者之间的关系为

$$\omega = \frac{2\pi}{T} = 2\pi f \tag{6.1.4}$$

其中，ω 单位为弧度/秒，记为（rad/s）。

6.1.2 幅值和有效值

从图 6.1.1 所示的正弦交流电压波形可见，正弦交流电压的瞬时值 u 随时间变量 t 的改变在 U_m 到 $-U_m$ 之间变化，其瞬时值的最大值 U_m 称为幅值或振幅，最小值为 $-U_m$，$U_m - (-U_m) = 2U_m$ 是正弦电压的峰–峰值，用 U_{P-P} 表示。不过在正弦交流电中，各种交流电流表或交流电压表测量的值既不是瞬时值，也不是最大值，而是有效值。如家用电器使用的额定电压 220V，就是指有效值电压。

交流电的有效值是根据电流的热效应来定义的，**如果一个交流电流 i 通过一个电阻 R，在一个周期内产生的热量和另一个直流电流 I 通过同样大小的电阻，在相同时间内产生的热量相等，则这一直流电流的值就称为该交流电流的有效值。**

其数学表达为：$\int_0^T i^2 R \mathrm{d}t = I^2 RT$，即

$$I = \sqrt{\frac{1}{T} \int_0^T i^2 \mathrm{d}t} \tag{6.1.5}$$

将 $i = I_m \sin(\omega t + \theta_i)$ 代入式（6.1.5）中，有

$$I = \sqrt{\frac{1}{T} \int_0^T I_m^2 \sin^2(\omega t + \theta_i) \mathrm{d}t} = \sqrt{\frac{I_m^2}{2T} \int_0^T \left[1 - \cos 2(\omega t + \theta_i)\right] \mathrm{d}t} = \frac{I_m}{\sqrt{2}}，即$$

$$I = \frac{I_m}{\sqrt{2}} = 0.707 I_m \tag{6.1.6}$$

同理交流电压 $u = U_m \sin(\omega t + \theta_u)$ 的有效值为

$$U = \sqrt{\frac{1}{T} \int_0^T u^2 \mathrm{d}t} = \frac{U_m}{\sqrt{2}} = 0.707 U_m \tag{6.1.7}$$

注意：有效电流值或有效电压值均用大写字母 I 或 U 表示。

6.1.3 相位和相位差

在正弦交流电表达式中，$(\omega t + \theta)$ 表示正弦量变化的角度，称为相位角（简称相位）。θ **是初相角（简称初相）**，它表示 $t = 0$ 时的相位角，其值与计时起点有关，或者说 θ 是波形起

点至坐标原点的角度。由于 $\sin(\theta + 2n\pi) = \sin\theta$ （ n 是整数），**一般规定初相角的数值不超过**
$180°$ ，即 $|\theta| \le 180°$ 。并且当 $\theta > 0$ 时，波形起点在原点的左侧，如图 6.1.2(a)所示，这是由于
$\sin(\omega t + \theta_1) = 0$ 时， $\omega t = -\theta_1$ ；当 $\theta < 0$ 时，波形起点在原点的右侧，如图 6.1.2(b)所示，这是
因为 $\sin(\omega t - \theta_2) = 0$ 时， $\omega t = \theta_2$ 。

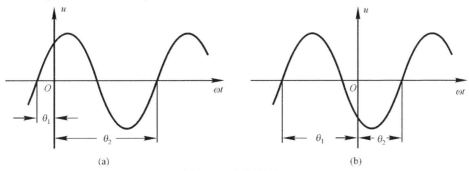

图 6.1.2　初相的选取

在正弦交流电路中，经常遇到两个同频率正弦量，它们的最大值和初相角可能有所不
同，如图 6.1.3 所示的波形，设正弦电流 $i = I_m \sin(\omega t + \theta_1)$ ，正弦电压 $u = U_m \sin(\omega t + \theta_2)$ 。

通常把两个同频率交流电的相位之差称为相位差，用 φ 表示，即

$$\varphi = (\omega t + \theta_1) - (\omega t + \theta_2) = \theta_1 - \theta_2 \tag{6.1.8}$$

相位差反映了两个同频率正弦量在时间轴上的相对位置，在图 6.1.3(a)中， $\varphi = \theta_1 - \theta_2 > 0$ ，
所以 i 超前于 u φ 角或 u 滞后于 i φ 角，而在图 6.1.3(b)中， $\varphi = \theta_1 - \theta_2 < 0$ ，所以 u 超前于 i φ
角或 i 滞后于 u φ 角。

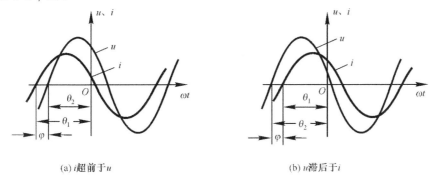

(a) i 超前于 u　　　　　　　　　　　　(b) u 滞后于 i

图 6.1.3　同频率正弦交流电的相位差

另外还有三种特殊情况，如果两个同频率正弦量的相位差为零，则称为同相，如图 6.1.4(a)
所示的 u 、 i 波形，如果两个同频率正弦量的相位差为 $180°$ ，则称为反相，如图 6.1.4(b)所示
的 u 、 i 波形，如果两个同频率正弦量的相位差为 $90°$ ，则称二者正交，如图 6.1.4(c)所示的
u 、 i 波形。

当两个同频率正弦量的计时起点（ $t = 0$ ）改变时，它们的相位和初相位都随之发生变
化，但两者之间的相位差始终不变。在比较两个正弦量的相位差时要注意：两者频率必须相
同，函数形式必须相同（即同为正弦量或同为余弦量），函数前面的正负号必须相同（即同为
正或同为负），初相位的单位必须相同。

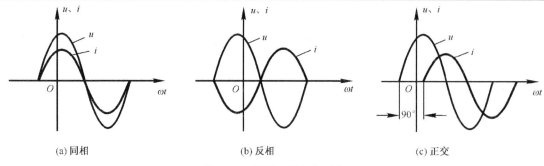

(a) 同相　　　　　　　　　(b) 反相　　　　　　　　　(c) 正交

图 6.1.4　同相、反相和正交

【例 6.1.1】　已知 $i = 3\sin(2t + 60°)\text{A}$ ，$u = -\cos(2t + 60°)\text{V}$ ，试求相位差，并说明超前滞后关系。

解： i 和 u 为相同频率，可以求相位差。i 的初相位 $\theta_1 = 60°$ ，而

$$u = -\cos(2t + 60°) = \sin(2t - 180° + 90° + 60°) = \sin(2t - 30°)\text{V}$$

则 u 的初相位　　　　　　　　　　　　$\theta_2 = -30°$ ，

相位差　　　　　　　　$\varphi = \theta_1 - \theta_2 = 60° - (-30°) = 90°$ ，

所以 i 超前于 u 90° 角，或 u 滞后于 i 90° 角，即 i 和 u 是正交的。

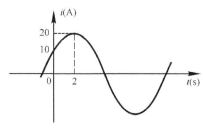

图 6.1.5　例 6.1.2 的波形图

【例 6.1.2】　正弦电流 i 的波形如图 6.1.5 所示。（1）计算周期、角频率及有效值；（2）写出瞬时值表达式。

解：（1）从波形可见，电流 i 的最大值 $I_m = 20\text{A}$ ，设 i 的瞬时值表达式为 $i = 20\sin(\omega t + \theta)\text{A}$ 。

当 $t = 0$ 时，$i = 10\text{A}$ ，所以 $10 = 20\sin\theta$ ，求得 $\theta = 30°$ 或 $\theta = \dfrac{\pi}{6}$ ；

当 $t = 2$ 时，$i = 20\text{A}$ ，所以 $20 = 20\sin\left(2\omega + \dfrac{\pi}{6}\right)$ ，则 $2\omega + \dfrac{\pi}{6} = \dfrac{\pi}{2}$ ，有 $\omega = \dfrac{\pi}{6}$ ；周期：

$$T = \frac{2\pi}{\omega} = \frac{2\pi}{\dfrac{\pi}{6}} = 12\text{s} ;$$

电流有效值：$I = 0.707 I_m = 14.14\text{A}$ 。

（2）电流表达式为：$i = 20\sin\left(\dfrac{\pi}{6}t + 30°\right)\text{A}$ 。

6.2　相量法的基础

一个正弦量具有幅值、频率和初相位三个特征或要素，而这些特征可以通过三角函数式及正弦波形来表示。但应用这两种方法进行电路运算比较麻烦，为此提出了相量法，而相量法建立在用复数表示正弦波的基础上。在用相量概念分析电路之前，首先要掌握复数的相关知识。

6.2.1　复数基础

（1）复数的表示法

设复平面上有一复数 A，其模为 r，辐角为 θ，复数 A 在实轴上的投影为实部 a，在虚轴上的投影为虚部 b，如图 6.2.1 所示。

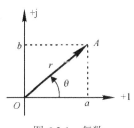

图 6.2.1　复数

选用不同的坐标系，一个复数通常有两种表示形式：

代数形式（又称为直角坐标形式）：$A = a + jb$；

指数形式或极坐标形式：$A = re^{j\theta} = r\underline{/\theta}$。

由著名的欧拉公式 $e^{j\theta} = \cos\theta + j\sin\theta$，可以得到

$$A = re^{j\theta} = r(\cos\theta + j\sin\theta)$$

或由图 6.2.1 可得直角坐标与极坐标的转换关系为

$$a = r\cos\theta，\quad b = r\sin\theta \tag{6.2.1}$$

$$r = \sqrt{a^2 + b^2}，\quad \theta = \arctan\frac{b}{a} \tag{6.2.2}$$

（2）复数的基本运算

设复数 $A = a + jb$，则有复数取实部运算和取虚部运算为

$$\begin{cases} \mathrm{Re}(A) = a \\ \mathrm{Im}(A) = b \end{cases} \tag{6.2.3}$$

复数的加减运算为复数的实部和虚部分别进行加减运算，因此通常用复数的代数形式（即直角坐标形式）表示比较方便，如设 $A = a_1 + jb_1 = |A|\underline{/\theta_a}$，$B = a_2 + jb_2 = |B|\underline{/\theta_b}$，则

$$A \pm B = (a_1 \pm a_2) + j(b_1 \pm b_2) \tag{6.2.4}$$

而在复数的乘、除和次方运算中，采用极坐标计算比较方便，如

$$A \cdot B = |A|\underline{/\theta_a} \cdot |B|\underline{/\theta_b} = |A||B|\underline{/(\theta_a + \theta_b)} \tag{6.2.5}$$

复数的相乘即复数模相乘，辐角相加；复数的相除即复数模相除，辐角相减。

$$\frac{A}{B} = \frac{|A|\underline{/\theta_a}}{|B|\underline{/\theta_b}} = \frac{|A|}{|B|}\underline{/(\theta_a - \theta_b)} \tag{6.2.6}$$

$e^{j\theta} = 1\underline{/\theta}$ 是一个模等于 1，辐角为 θ 的复数，$e^{j\theta}$ 乘以任意复数 A 等于把复数 A 逆时针旋转一个角度 θ，同时保持 A 的模不变，所以 $e^{j\theta}$ 称为旋转因子。当 $\theta = \pm\dfrac{\pi}{2}$

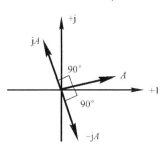

图 6.2.2　复数 A 乘以 ±j 的几何意义

时，$e^{\pm j\frac{\pi}{2}} = \cos\dfrac{\pi}{2} \pm j\sin\dfrac{\pi}{2} = \pm j$，任意复数 A 乘以 j 即将复数 A 在复平面上逆时针旋转 90°，而若乘以 −j 就是将复数 A 在复平面上顺时针旋转 90°，所以 j 称为 90°算子，如图 6.2.2 所示。

6.2.2 正弦量的相量表示法

正弦量由幅值、初相位和频率三个特征来确定。但在分析线性电路时，正弦激励和响应为同频率的正弦量，所以频率是已知且共有的，可不必考虑，这样求解正弦量的三个要素可简化为求解两个要素，即幅值（或有效值）和初相。而复数也有两个要素，即模和辐角，它与正弦量的两个要素有一一对应关系。所以说相量建立在复数的基础上，同时也建立在欧拉公式的基础上。若令 $\theta = \omega t$，则由欧拉公式可得 $e^{j\omega t} = \cos(\omega t) + j\sin(\omega t)$，显然 $u = U_m \sin(\omega t + \theta_u)$ 是复数 $U_m e^{j(\omega t + \theta_u)}$ 的虚部，记为

$$u = \text{Im}\left[U_m e^{j(\omega t + \theta_u)} \right] = \text{Im}\left[U_m e^{j\theta_u} e^{j(\omega t)} \right] = \text{Im}\left[\dot{U}_m e^{j\omega t} \right]$$

其中
$$\dot{U}_m = U_m e^{j\theta_u} = U_m \underline{/\theta_u}$$

$\dot{U}_m$ **称为电压振幅相量或电压最大值相量**，是一个与时间无关的复值常数，其模为正弦量的振幅，辐角为该正弦电压的初相角。由此看出，相量是可以表征正弦量其中的两个特征的复数，它用大写字母加点表示，以示与一般复数的区别。

$\dot{U}$ **称为电压有效值相量，**由于 $U_m = \sqrt{2}U$，所以 $\dot{U}_m = \sqrt{2}\dot{U}$ 或 $\dot{U} = \dfrac{1}{\sqrt{2}}\dot{U}_m$。

同理，正弦交流电流 $i = I_m \sin(\omega t + \theta_i)$ 的最大值相量表示为 $\dot{I}_m = I_m e^{j\theta_i} = I_m \underline{/\theta_i}$。

有效值相量为 $\dot{I} = I e^{j\theta_i} = I \underline{/\theta_i}$。

注意：正弦量虽然可以用相量表示，但相量不等于正弦量。相量与正弦量之间的关系用双箭头表示，即

$$u \leftrightarrow \dot{U} = U \underline{/\theta_u} \qquad \text{或} \qquad u \leftrightarrow \dot{U}_m = U_m \underline{/\theta_u}$$

$$i \leftrightarrow \dot{I} = I \underline{/\theta_i} \qquad \text{或} \qquad i \leftrightarrow \dot{I}_m = I_m \underline{/\theta_i}$$

一般在正弦交流电路计算中多采用有效值相量。

在研究多个同频率正弦交流电的关系时，可按照正弦量的大小和相位关系画出若干相量的图形，称为相量图。注意只有同频率正弦量才能画在同一相量图上，由于相量图可直观地反映各相量间的相位关系，所以它能帮助我们分析计算正弦稳态电路。

【例 6.2.1】 已知相量 $\dot{I}_1 = (2\sqrt{3} + j2)\text{A}$；$\dot{I}_2 = (-2\sqrt{3} + j2)\text{A}$；$\dot{I}_3 = (-2\sqrt{3} - j2)\text{A}$；$\dot{I}_4 = (2\sqrt{3} - j2)\text{A}$，试将它们转化为极坐标形式，并画出相量图。

解： $\dot{I}_1 = 2\sqrt{3} + j2 = \sqrt{(2\sqrt{3})^2 + 2^2} \; \underline{/\arctan \dfrac{2}{2\sqrt{3}}} = 4\underline{/30°}\text{A}$

$\dot{I}_2 = -2\sqrt{3} + j2 = \sqrt{(-2\sqrt{3})^2 + 2^2} \; \underline{/\arctan \dfrac{2}{-2\sqrt{3}}} = 4\underline{/150°}\text{A}$

相量 $\dot{I}_2$ 的实部为负，虚部为正，其辐角在第二象限。因 $\theta = \arctan \dfrac{2}{2\sqrt{3}} = 30°$，故它的辐角为 $180° - \theta = 150°$。

$$\dot{I}_3 = -2\sqrt{3} - j2 = \sqrt{(-2\sqrt{3})^2 + (-2)^2} \; \underline{/\arctan \dfrac{-2}{-2\sqrt{3}}} = 4\underline{/-150°}\text{A}$$

相量 $\dot{I}_3$ 实部、虚部均为负，所以辐角在第三象限。在电路分析中规定 $|\theta| \leqslant 180°$，故它的辐角为 $-180° + \theta = -150°$。

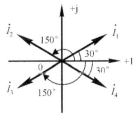

$$\dot{I}_4 = 2\sqrt{3} - j2 = \sqrt{(2\sqrt{3})^2 + (-2)^2} \left| \arctan \frac{-2}{2\sqrt{3}} = 4 \underline{/-30°} A \right.$$

相量图如图 6.2.3 所示。

图 6.2.3 例 6.2.1 相量图

6.3 基尔霍夫定律的相量形式

由 KCL 可知，在任一时刻流出（或流入）电路节点电流的代数和为零。设线性时不变电路在单一频率正弦信号激励下，电路进入稳态后的各支路电压和电流均为同频率的正弦量，因此所有时刻，对任一节点 KCL 可表示为

$$\sum_{k=1}^{n} i_k = \sum_{k=1}^{n} I_m(\dot{I}_{km} e^{j\omega t}) = I_m \left(e^{j\omega t} \sum_{k=1}^{n} \dot{I}_{km} \right) = 0$$

得**相量形式的 KCL 表达式**为

$$\sum_{k=1}^{n} \dot{I}_{km} = 0 \qquad \text{或} \qquad \sum_{k=1}^{n} \dot{I}_k = 0 \qquad (6.3.1)$$

式（6.3.1）称为 KCL 的相量形式，它表明在正弦稳态情况下，对任一节点，各支路电流相量的代数和为零。

同理，**在正弦稳态电路中，沿任一回路，KVL 相量形式可表示为**

$$\sum_{k=1}^{n} \dot{U}_{km} = 0 \qquad \text{或} \qquad \sum_{k=1}^{n} \dot{U}_k = 0 \qquad (6.3.2)$$

【例 6.3.1】 图 6.3.1(a)所示电路，已知 $i_1 = 10\sin(\omega t - 30°)$A，$i_2 = 20\cos(\omega t - 45°)$A，求电流 i，并画出相量图。

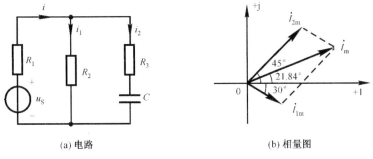

(a) 电路   (b) 相量图

图 6.3.1 例 6.3.1 图

解：电流的相量形式为 $\dot{I}_{1m} = 10 \underline{/-30°}$A，$\dot{I}_{2m} = 20 \underline{/(-45° + 90°)} = 20 \underline{/45°}$A

由 KCL 相量形式可得

$$\dot{I}_m = \dot{I}_{1m} + \dot{I}_{2m} = 10 \underline{/-30°} + 20 \underline{/45°}$$
$$= 8.66 - j5 + 14.14 + j14.14 = 22.8 + j9.14 = 24.56 \underline{/21.84°} \text{A}$$

$$i = 24.56\sin(\omega t + 21.84°)\text{A}$$

相量图如图 6.3.1(b)所示。

6.4 三种基本元件伏安关系式的相量形式

设流过电阻、电感、电容上的电流 $i = \sqrt{2}I\sin(\omega t + \theta_i)$，元件两端电压为 $u = \sqrt{2}U\sin(\omega t + \theta_u)$，并且电流和电压为关联参考方向。

6.4.1 电阻元件 R

图 6.4.1(a)所示为电阻 R 在时域中的模型，根据欧姆定律可得

$$u = Ri = \sqrt{2}RI\sin(\omega t + \theta_i) = \sqrt{2}U\sin(\omega t + \theta_u) \tag{6.4.1}$$

式（6.4.1）可表示为 $U = RI$，$\theta_u = \theta_i$，前者表明电压有效值和电流有效值符合欧姆定律，后者表明电压与电流是同相的。如果将大小和相位综合起来考虑，有 $U\underline{/\theta_u} = RI\underline{/\theta_i}$，则电阻的相量形式为

$$\dot{U} = R\dot{I} \tag{6.4.2}$$

对应的相量模型如图 6.4.1(b)所示，相量图如图 6.4.1(c)所示。

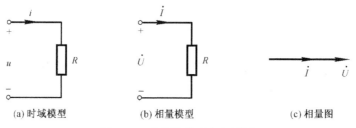

(a) 时域模型　　　　　(b) 相量模型　　　　　(c) 相量图

图 6.4.1　电阻的模型和相量图

6.4.2 电感元件 L

图 6.4.2(a)所示为电感 L 在时域中的模型，根据电感元件的 VAR 得

$$u = L\frac{\mathrm{d}i}{\mathrm{d}t} = L\frac{\mathrm{d}}{\mathrm{d}t}\left[\sqrt{2}I\sin(\omega t + \theta_i)\right] = \sqrt{2}\omega LI\cos(\omega t + \theta_i)$$
$$= \sqrt{2}\omega LI\sin(\omega t + \theta_i + 90°) = \sqrt{2}U\sin(\omega t + \theta_u) \tag{6.4.3}$$

由式（6.4.3）可得出

$$U = \omega LI \tag{6.4.3a}$$
$$\theta_u = \theta_i + 90° \tag{6.4.3b}$$

式（6.4.3a）中，ωL 是电感电压与电流的比值，用 X_L 表示，即 $X_L = \dfrac{U}{I} = \omega L$ 称为感抗，单位为欧姆（Ω）。感抗 X_L 不仅与 L 有关，而且还与角频率 ω 有关，当 L 值一定时，ω 越高，则 X_L 越大，ω 越低，则 X_L 越小；极限情况：当 $\omega = 0$（相当于直流激励）时，

$X_L = 0$，电感相当于短路，当 $\omega \to \infty$ 时，则 $X_L \to \infty$，电感可视为开路。式（6.4.3b）表明电感上的电压超前电流 90° 角或电流滞后电压 90° 角。如果将大小和相位综合起来考虑，有

$$U \underline{/\theta_u} = \omega L I \underline{/(\theta_i + 90°)} = \mathrm{j}\omega L I \underline{/\theta_i}$$

因此得出电感元件相量形式的 VAR 为

$$\dot{U} = \mathrm{j}\omega L\dot{I} = \mathrm{j}X_L\dot{I} \tag{6.4.4}$$

电感相量模型如图 6.4.2(b) 所示，相量图如图 6.4.2(c) 所示。

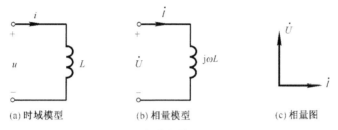

(a) 时域模型　　　　　(b) 相量模型　　　　　(c) 相量图

图 6.4.2　电感的模型和相量图

6.4.3　电容元件 C

图 6.4.3(a) 所示为电容 C 在时域中的模型，根据电容元件的 VAR 得

$$
\begin{aligned}
i &= C\frac{\mathrm{d}u}{\mathrm{d}t} = C\frac{\mathrm{d}}{\mathrm{d}t}\Big[\sqrt{2}U\sin(\omega t + \theta_u)\Big] = \sqrt{2}\omega CU\cos(\omega t + \theta_u) \\
&= \sqrt{2}\omega CU\sin(\omega t + \theta_u + 90°) = \sqrt{2}I\sin(\omega t + \theta_i)
\end{aligned} \tag{6.4.5}
$$

式（6.4.5）可表示为

$$I = \omega CU \tag{6.4.5a}$$

$$\theta_i = \theta_u + 90° \tag{6.4.5b}$$

式（6.4.5a）中，$\dfrac{U}{I} = \dfrac{1}{\omega C} = X_C$ 称为容抗，单位为欧姆（Ω）。容抗 X_C 不仅与 C 有关，而且还与角频率 ω 有关，当 C 值一定时，ω 越高，则 X_C 越小，ω 越低，则 X_C 越大。当 $\omega = 0$ 时，则 $X_C \to \infty$，电容视为开路；当 $\omega \to \infty$ 时，$X_C = 0$，电容视为短路。式（6.4.5b）表明电容上的电流超前电压 90° 角或电压滞后电流 90° 角。如果将大小和相位综合起来考虑，有 $I\underline{/\theta_i} = \omega CU\underline{/\theta_u + 90°} = \mathrm{j}\omega CU\underline{/\theta_u}$，因此得出电容元件相量形式的 VAR 为

$$\dot{I} = \mathrm{j}\omega C\dot{U} \tag{6.4.6a}$$

或

$$\dot{U} = -\mathrm{j}\frac{1}{\omega C}\dot{I} = -\mathrm{j}X_C\dot{I} \tag{6.4.6b}$$

电容相量模型如图 6.4.3(b) 所示，相量图如图 6.4.3(c) 所示。

【例 6.4.1】　在图 6.4.4 中，电容两端的电压 $u = 6\sin(3t)\mathrm{A}$，电容为 0.5F，求电流 i。

解： $u \leftrightarrow \dot{U}_m = 6\underline{/0°}\mathrm{A}$，由于 u 与 i 为非关联参考方向，故

$$\dot{I}_m = -\mathrm{j}\omega C\dot{U}_m = -\mathrm{j}3\times0.5\times6\underline{/0°} = 9\underline{/-90°}\mathrm{A}$$

所以

$$i = 9\sin(3t - 90°) = -9\cos(3t)\mathrm{A}$$

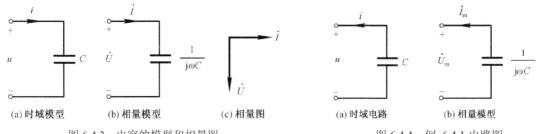

(a) 时域模型	(b) 相量模型	(c) 相量图	(a) 时域电路	(b) 相量模型

图 6.4.3　电容的模型和相量图　　　　　　　　　　　图 6.4.4　例 6.4.1 电路图

【例 6.4.2】　　在图 6.4.5 所示电路中，当外加正弦交流电压时，测得电流表 A_1 读数为 4A，A_2 为 3A，A_3 为 6A。（1）求电流表 A 的读数；（2）如果维持 A_1 表读数不变，而把电源频率提高一倍，再求电流表读数；（3）当外加直流电压时，测得 A 表读数为 0.1A，则其他各表读数应为多少？

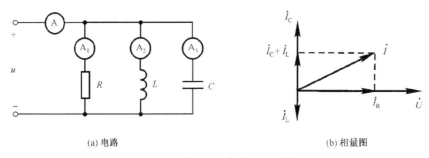

(a) 电路　　　　　　　　　　　　　　　　　(b) 相量图

图 6.4.5　例 6.4.2 电路及相量图

解：（1）方法一：利用相量法求电流表的读数，设 u 的初相位为零，则

$$\dot{I}_R = 4\underline{/0°}\text{A}，\quad \dot{I}_L = 3\underline{/-90°} = -\text{j}3\text{A}，\quad \dot{I}_C = 6\underline{/90°} = \text{j}6\text{A}$$

$$\dot{I} = \dot{I}_R + \dot{I}_L + \dot{I}_C = 4 - \text{j}3 + \text{j}6 = 4 + \text{j}3 = 5\underline{/36.87°}\text{A}$$

即 A 表读数为 5A。

方法二：借助相量图计算电流表读数，如图 6.4.5(b)所示。

$$I = \sqrt{I_R{}^2 + (I_C - I_L)^2} = \sqrt{4^2 + (6-3)^2} = 5\text{A}$$

（2）若电源频率提高一倍，电阻的阻值与频率无关，而电阻电压不改变，则电阻电流不变，故 A_1 表读数不变。但感抗与容抗均与 ω 有关，当 ω 增加一倍时

$$I'_L = \frac{U}{2\omega L} = \frac{1}{2}I_L = 1.5\text{A}，\quad I'_C = 2\omega C U = 12\text{A}$$

则　　　　　$$I = \sqrt{I_R{}^2 + (I'_L - I'_C)^2} = \sqrt{4^2 + (12-1.5)^2} = 11.2\text{A}$$

即频率提高一倍时，电流表 A 的读数为 11.2A。

（3）外加直流电压时，电感相当于短路，电容相当于开路，所以 A_1 表读数为零，A_2 表的读数为 0.1A，A_3 表读数为零。

6.5　阻抗和导纳

引入阻抗、导纳的概念，便于对复杂正弦稳态电路进行分析、计算。

6.5.1 阻抗与导纳的定义

前面已得三种基本元件 VAR 的相量形式为

$$\dot{U}_R = R\dot{I}_R , \quad \dot{U}_L = j\omega L\dot{I}_L , \quad \dot{U}_C = \frac{1}{j\omega C}\dot{I}_C$$

可以将它们用统一的相量形式的欧姆定律来表示

$$\dot{U} = Z\dot{I} , \quad \dot{I} = Y\dot{U}$$

式中，Z 称为元件阻抗，单位为欧姆（Ω）；Y 为元件导纳，单位为西门子（S）。

对应电阻、电感和电容的 Z 和 Y 分别为

$$Z_R = R , \quad Z_L = j\omega L = jX_L , \quad Z_C = \frac{1}{j\omega C} = -jX_C$$

$$Y_R = \frac{1}{R} = G , \quad Y_L = \frac{1}{j\omega L} = -jB_L , \quad Y_C = j\omega C = jB_C$$

其中，$B_L = \dfrac{1}{\omega L}$ 称为感纳，$B_C = \omega C$ 称为容纳。

将其推广到不含独立源的线性单口网络 N_0 中，在正弦稳态下，其端口电压和电流分别用相量 $\dot{U}$ 和 $\dot{I}$ 表示，如图 6.5.1(a)所示。

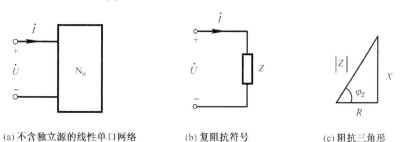

(a) 不含独立源的线性单口网络　　　　(b) 复阻抗符号　　　　(c) 阻抗三角形

图 6.5.1　线性单口网络的复阻抗

端口电压相量 $\dot{U}$ 与电流相量 $\dot{I}$ 的比值定义为单口网络的阻抗 Z，即

$$Z = \frac{\dot{U}}{\dot{I}} = \frac{U\underline{/\theta_u}}{I\underline{/\theta_i}} = \frac{U}{I}\underline{/(\theta_u - \theta_i)} = |Z|\underline{/\varphi_Z} \tag{6.5.1}$$

式中

$$|Z| = \frac{U}{I} = \frac{U_m}{I_m} \tag{6.5.1a}$$

$$\varphi_Z = \theta_u - \theta_i \tag{6.5.1b}$$

Z 为复阻抗（简称阻抗），它是一个复数，但不是正弦量的复数，故不能在大写字母 Z 上打点。复阻抗的模 $|Z|$ 称为"阻抗模"，辐角 φ_Z 称为"阻抗角"，复阻抗在电路中的符号如图 6.5.1(b)所示。阻抗 Z 的代数形式为

$$Z = R + jX \tag{6.5.2}$$

式中，R 为等效电阻，X 为等效电抗。R、X、$|Z|$ 之间关系可用一个直角三角形表示，如

图 6.5.1(c)所示，这个三角形称为阻抗三角形。由阻抗三角形可知 $|Z| = \sqrt{R^2 + X^2}$，$\varphi_Z = \arctan\dfrac{X}{R}$，$R = |Z|\cos\varphi_Z$，$X = |Z|\sin\varphi_Z$。

利用阻抗 Z 的虚部或阻抗角可以判断电路的性质，如对于无源单口网络，$R > 0$，而 X 可出现三种情况：

（1）$X > 0$ 或 $\varphi_Z > 0$，电压超前电流，电路为感性；

（2）$X < 0$ 或 $\varphi_Z < 0$，电压滞后电流，电路为容性；

（3）$X = 0$ 或 $\varphi_Z = 0$，电压电流同相，电路为电阻性。

正弦稳态单口网络也可以用一个导纳 Y 等效，定义为

$$Y = \frac{\dot{I}}{\dot{U}} = \frac{I\,\underline{/\theta_i}}{U\,\underline{/\theta_u}} = \frac{I}{U}\,\underline{/(\theta_i - \theta_u)} = |Y|\,\underline{/\varphi_Y} \tag{6.5.3}$$

其中

$$|Y| = \frac{I}{U} \tag{6.5.3a}$$

$$\varphi_Y = \theta_i - \theta_u \tag{6.5.3b}$$

Y 为复导纳，复导纳的模 $|Y|$ 称为"导纳模"，辐角 φ_Y 称为"导纳角"，复导纳在电路中的符号如图 6.5.2(a)所示。阻抗 Y 的代数形式为

$$Y = G + jB \tag{6.5.4}$$

式中，G 为等效电导，B 为等效电纳。G、B、$|Y|$ 之间关系可用一个导纳三角形表示，如图 6.5.2(b)所示。

由导纳三角形可得 $|Y| = \sqrt{G^2 + B^2}$，$\varphi_Y = \arctan\dfrac{B}{G}$，$G = |Y|\cos\varphi_Y$，$B = |Y|\sin\varphi_Y$。

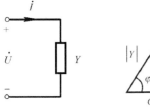

(a) 复导纳符号　　(b) 导纳三角形

图 6.5.2　线性单口网络的复导纳

根据复阻抗和复导纳的定义可知，单口网络的复阻抗和复导纳互为倒数关系，即

$$Y = \frac{1}{Z} \tag{6.5.5}$$

其中，导纳的模为 $|Y| = \dfrac{1}{|Z|}$，导纳的辐角 $\varphi_Y = -\varphi_Z$。

同样，利用导纳 Y 的虚部或阻抗角可以判断电路的性质，对于无源单口网络，$G > 0$，而 B 可出现三种情况：

（1）$B > 0$ 或 $\varphi_Y > 0$ 而 $\varphi_Z < 0$，电路为容性；

（2）$B < 0$ 或 $\varphi_Y < 0$ 而 $\varphi_Z > 0$，电路为感性；

（3）$B = 0$ 或 $\varphi_Y = \varphi_Z = 0$，电路为电阻性。

6.5.2　阻抗（导纳）的串并联

1．阻抗的串联

在正弦交流稳态电路中，若有 n 个阻抗串联，如图 6.5.3(a)所示，则总电压

$$\dot{U} = (Z_1 + Z_2 + \cdots + Z_n)\dot{I} = Z\dot{I} \qquad (6.5.6)$$

等效阻抗

$$Z = Z_1 + Z_2 + \cdots + Z_n = \sum_{k=1}^{n} Z_k \qquad (6.5.6a)$$

n 个阻抗串联的等效电路如图 6.5.3(b)所示。

串联阻抗的分压公式为

$$\dot{U}_k = \frac{Z_k}{Z}\dot{U} = \frac{Z_k}{\displaystyle\sum_{k=1}^{n} Z_k}\dot{U} \qquad (6.5.7)$$

式中，$\dot{U}_k$ 为第 k 个复阻抗 Z_k 的电压。

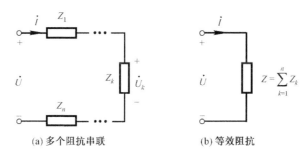

(a) 多个阻抗串联　　　　　　　(b) 等效阻抗

图 6.5.3　多个阻抗的串联及等效

2．阻抗的并联

图 6.5.4(a)所示为两个阻抗的并联电路。

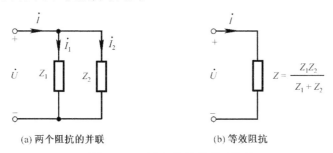

(a) 两个阻抗的并联　　　　　　　(b) 等效阻抗

图 6.5.4　两个阻抗的并联及等效

根据 KCL，有

$$\dot{I} = \dot{I}_1 + \dot{I}_2 = \frac{\dot{U}}{Z_1} + \frac{\dot{U}}{Z_2} = \frac{Z_1 + Z_2}{Z_1 Z_2}\dot{U} \qquad (6.5.8)$$

即

$$\dot{U} = \frac{Z_1 Z_2}{Z_1 + Z_2}\dot{I} = Z\dot{I} \qquad (6.5.9)$$

并联后的等效阻抗为

$$Z = \frac{Z_1 Z_2}{Z_1 + Z_2} \qquad (6.5.9a)$$

对应的等效电路如图 6.5.4(b)所示。

两阻抗并联时的分流公式为

$$\begin{cases} \dot{I}_1 = \dfrac{Z_2}{Z_1 + Z_2}\dot{I} \\[4mm] \dot{I}_2 = \dfrac{Z_1}{Z_1 + Z_2}\dot{I} \end{cases} \qquad (6.5.10)$$

3. 导纳的并联

在正弦交流电路中若有 n 个导纳并联，如图 6.5.5(a)所示，则总电流为

$$\dot{I} = (Y_1 + Y_2 + \cdots + Y_n)\dot{U} = Y\dot{U} \qquad (6.5.11)$$

等效导纳为

$$Y = Y_1 + Y_2 + \cdots + Y_n = \sum_{k=1}^{n} Y_k \qquad (6.5.11a)$$

等效阻抗为

$$Z = \frac{1}{Y} = \cfrac{1}{\dfrac{1}{Z_1} + \dfrac{1}{Z_2} + \cdots + \dfrac{1}{Z_n}} \qquad (6.5.12)$$

n 个阻抗并联的等效电路如图 6.5.5(b)所示。

各导纳分配的电流为

$$\dot{I}_k = \frac{Y_k}{Y}\dot{I} = \frac{Y_k}{\sum\limits_{k=1}^{n} Y_k}\dot{I} \qquad (6.5.13)$$

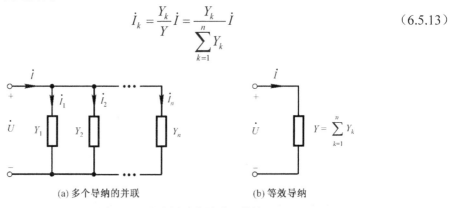

(a) 多个导纳的并联　　　　　　　　(b) 等效导纳

图 6.5.5　多个导纳的并联及等效

【例 6.5.1】　已知 $i_S = 0.2\sqrt{2}\sin(2t + 45°)$A ，求图 6.5.6(a)所示电路的电流 i 。

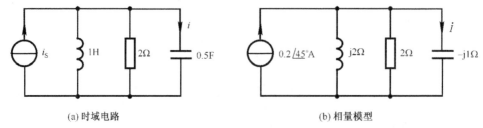

(a) 时域电路　　　　　　　　　　(b) 相量模型

图 6.5.6　例 6.5.1 图

解：时域电路的相量模型如图 6.5.6(b)所示，利用分流公式得

$$\dot{I} = \frac{\dfrac{1}{-\text{j}1}}{\dfrac{1}{\text{j}2} + \dfrac{1}{2} + \dfrac{1}{-\text{j}1}} \times 0.2\underline{/45^\circ} = \frac{0.2\underline{/135^\circ}}{0.5\sqrt{2}\,\underline{/45^\circ}} = 0.2\sqrt{2}\,\underline{/90^\circ}\,\text{A}$$

$$i = 0.4\sin(2t + 90^\circ)\,\text{A}$$

注意：在应用相量形式的分压、分流公式时，由于阻抗和导纳为复数，所以总电压（或总电流）不一定大于各支路电压（或各支路电流），如本例中 $|\dot{I}| > |\dot{I}_\text{S}|$ 即 $I > I_\text{S}$。

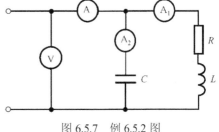

【例 6.5.2】　已知 $u = 220\sqrt{2}\cos(314t)\,\text{V}$，$i_1 = 22\cos(314t - 45^\circ)\,\text{A}$，$i_2 = 11\sqrt{2}\cos(314t + 90^\circ)\,\text{A}$，求各仪表读数及电路参数 R、L 和 C。

图 6.5.7　例 6.5.2 图

解：根据已知条件可知，$\dot{U}_1 = 220\underline{/0^\circ}\,\text{V}$，$\dot{I}_1 = 15.6\underline{/-45^\circ}\,\text{A}$，$\dot{I}_2 = 11\underline{/90^\circ}\,\text{A}$

总电流　　　　$\dot{I} = \dot{I}_1 + \dot{I}_2 = \dfrac{22}{\sqrt{2}}\underline{/-45^\circ} + 11\underline{/90^\circ} = 11 - \text{j}11 + \text{j}11 = 11\underline{/0^\circ}\,\text{A}$

因此，电压表 V 的读数 $U = 220\text{V}$，电流表 A_1 的读数为 15.6A，电流表 A_2 的读数为 11A，电流表 A 的读数为 11A。

由　　　　　　$R + \text{j}\omega L = \dfrac{\dot{U}}{\dot{I}_1} = \dfrac{220\underline{/0^\circ}}{\dfrac{22}{\sqrt{2}}\underline{/-45^\circ}} = 10\sqrt{2}\,\underline{/45^\circ} = 10 + \text{j}10\,\Omega$

得　　　　　　$R = 10\,\Omega$，$\omega L = 10$，$L = \dfrac{10}{314} = 0.0318\text{H}$

由　　　　　　$\omega C = \dfrac{I_2}{U} = \dfrac{11}{220} = \dfrac{1}{20}$

得　　　　　　$C = \dfrac{1}{20 \times 314} = 159\mu\text{F}$

【例 6.5.3】　求图 6.5.8 所示电路 a、b 端的等效阻抗和等效导纳。

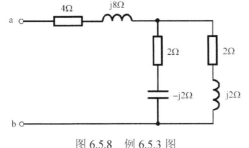

图 6.5.8　例 6.5.3 图

解：$Z = 4 + \text{j}8 + \dfrac{(2 - \text{j}2) \times (2 + \text{j}2)}{2 - \text{j}2 + 2 + \text{j}2} = 4 + \text{j}8 + \dfrac{2^2 + 2^2}{4} = (6 + \text{j}8)\,\Omega$

$$Y = \frac{1}{Z} = \frac{1}{6 + \text{j}8} = \frac{6 - \text{j}8}{(6 + \text{j}8)(6 - \text{j}8)} = \frac{6 - \text{j}8}{6^2 + 8^2} = (0.06 - \text{j}0.08)\,\text{S}$$

注意：若阻抗 Z 的代数形式为 $Z = R + jX$ ，要写出 $Y = G + jB$ 的代数形式时，则 Y 的实部 $G = \dfrac{R}{R^2 + X^2}$ ， Y 的虚部 $B = \dfrac{-X}{R^2 + X^2}$ 。

6.6　正弦稳态电路分析

正弦稳态电路的分析要借助于相量法，即用相量表示正弦稳态电路中各电压、电流，而这些相量必须服从基尔霍夫定律的相量形式和欧姆定律的相量形式。这些定律形式与第一章讨论的电阻电路中同一定律的形式完全类似，其差别仅在于这里不直接用电压和电流的时域量，而用代表相应电压和电流的相量，不用电阻和电导，而用阻抗和导纳。注意到这一关系，就可以将直流电阻电路的各种公式、分析方法和定理等应用于正弦稳态电路的分析和计算中。

【例 6.6.1】　用网孔法计算图 6.6.1 所示电路的 $\dot{I}_1$ 和 $\dot{I}_2$ 。

解： 电路中含有受控源，先将受控源视为独立源处理，按照图 6.6.1 所示的电流参考方向列写两个网孔电流方程及一个附加方程

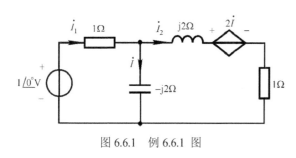

图 6.6.1　例 6.6.1 图

$$\begin{cases}(1 - j2)\dot{I}_1 - (-j2)\dot{I}_2 = 1\underline{/0^\circ} \\ -(-j2)\dot{I}_1 + (j2 + 1 - j2)\dot{I}_2 = -2\dot{I} \\ \dot{I} = \dot{I}_1 - \dot{I}_2\end{cases}$$

整理得

$$\begin{cases}(1 - j2)\dot{I}_1 + j2\dot{I}_2 = 1\underline{/0^\circ} \\ (2 + j2)\dot{I}_1 - \dot{I}_2 = 0\end{cases}$$

解得

$$(1 - j2)\dot{I}_1 + j2(2 + j2)\dot{I}_1 = 1$$

$$\dot{I}_1 = \frac{1}{-3 + j2} = \frac{1}{3.6\underline{/146.31^\circ}} = 0.28\underline{/-146.31^\circ}\,\text{A}$$

$$\dot{I}_2 = (2 + j2)\dot{I}_1 = 2\sqrt{2}\underline{/45^\circ} \times 0.28\underline{/-146.31^\circ} = 0.79\underline{/-101.31^\circ}\,\text{A}$$

【例 6.6.2】　用节点法求图 6.6.2 所示电路中的电压 $\dot{U}$ 。

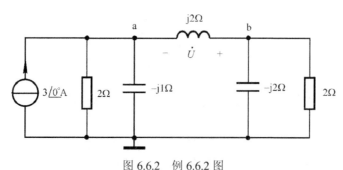

图 6.6.2　例 6.6.2 图

解：节点 a

$$\left(\frac{1}{2}+\frac{1}{-j1}+\frac{1}{j2}\right)\dot{U}_{a}-\frac{1}{j2}\dot{U}_{b}=3\underline{/0^{\circ}}$$

节点 b

$$-\frac{1}{j2}\dot{U}_{a}+\left(\frac{1}{j2}+\frac{1}{-j2}+\frac{1}{2}\right)\dot{U}_{b}=0$$

整理得

$$\begin{cases}(1+j1)\dot{U}_{a}+j\dot{U}_{b}=6\\ j\dot{U}_{a}+\dot{U}_{b}=0\end{cases}$$

求得

$$\dot{U}_{a}=\frac{6}{2+j}=\frac{12-j6}{5}\text{V}\,,\qquad \dot{U}_{b}=-\frac{6+j12}{5}\text{V}$$

则

$$\dot{U}=\dot{U}_{b}-\dot{U}_{a}=\frac{-18-j6}{5}=3.79\underline{/-161.56^{\circ}}\text{V}$$

【**例 6.6.3**】　已知 $i_{S1}=0.5\sin(4t)\text{A}$ ， $i_{S2}=\sin(4t-45^{\circ})\text{A}$ ， $u_{S}=6\cos(4t)\text{V}$ ，试用叠加原理求图 6.6.3(a)所示的电流 i 。

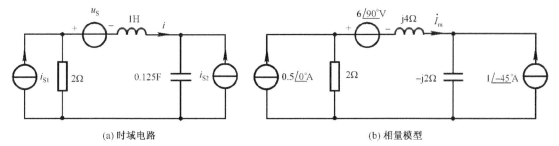

(a) 时域电路　　　　　　　　　　　　　　　　　　(b) 相量模型

图 6.6.3　例 6.6.3 图

解：将时域模型转化为相量模型，如图 6.6.3(b)所示。

（1）当 i_{S1} 单独工作时， u_{S} 置为零相当于短路， i_{S2} 置为零相当于开路，由分流公式得

$$\dot{I}_{1m}=\frac{2}{2+j4-j2}\times 0.5\underline{/0^{\circ}}=\frac{1}{2+j2}\text{A}$$

（2）当 i_{S2} 单独工作时， u_{S} 置为零相当于短路， i_{S1} 置为零相当于开路，由分流公式得

$$\dot{I}_{2m}=-\frac{-j2}{2+j4-j2}\times 1\underline{/-45^{\circ}}=\frac{1.414+j1.414}{2+j2}\text{A}$$

（3）当 u_{S} 单独工作，两个电流源置为零时

$$\dot{I}_{3m}=-\frac{6\underline{/90^{\circ}}}{2+j4-j2}=\frac{-j6}{2+j2}\text{A}$$

$$\dot{I}_{m}=\dot{I}_{1m}+\dot{I}_{2m}+\dot{I}_{3m}$$
$$=\frac{1+1.414+j1.414-j6}{2+j2}=\frac{5.183\underline{/-62.24^{\circ}}}{2.828\underline{/45^{\circ}}}=1.83\underline{/-107.24^{\circ}}\text{A}$$

$$i=1.83\sin(4t-107.24^{\circ})\text{A}$$

【**例 6.6.4**】　已知 $u=5\sqrt{2}\sin(5t)\text{V}$ ，试用戴维南定理求图 6.6.4(a)所示电路中的电压 u 。

解：将时域模型转化为相量模型，如图 6.6.4(b)所示。

（1）计算 $\dot{U}_{OC}$。当 a、b 端开路后，电流 $\dot{I}=0$，受控电流源为零（相当于开路），利用分压公式得

$$\dot{U}_{OC} = \frac{j5}{5+j5} \times 5\ 0° = 2.5\sqrt{2}\underline{/45°}\text{V}$$

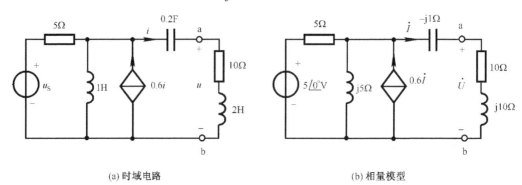

（a）时域电路　　　　　　　　　　　　　　　（b）相量模型

图 6.6.4　例 6.6.4 图

（2）计算从 a、b 端看进去的等效阻抗 Z_O。

方法一：应用短路电流法求 R_O。在图 6.6.5(a)中，由 KCL 得

$$\frac{5\underline{/0°}-(-j1)\cdot\dot{I}_{SC}}{5} = \frac{(-j1)\cdot\dot{I}_{SC}}{j5} - 0.6\dot{I}_{SC} + \dot{I}_{SC}$$

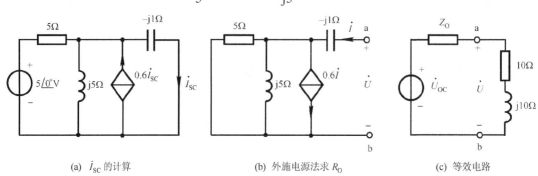

（a）$\dot{I}_{SC}$ 的计算　　　　　（b）外施电源法求 R_O　　　　　（c）等效电路

图 6.6.5　求解戴维南等效电路

整理得　　　　　　　$$(1-j)\cdot\dot{I}_{SC}=5 \ , \quad \dot{I}_{SC}=\frac{5}{1-j}=2.5\sqrt{2}\underline{/45°}\text{A}$$

$$Z_O = \frac{\dot{U}_{OC}}{\dot{I}_{SC}} = \frac{2.5\sqrt{2}\underline{/45°}}{2.5\sqrt{2}\underline{/45°}} = 1\Omega$$

方法二：应用外施电源法求 R_O。在图 6.6.5(b)中，端口的 VAR 为

$$\dot{U} = -j\dot{I} + \frac{5\times j5}{5+j5}\times(\dot{I}-0.6\dot{I}) = -j\dot{I} + \frac{j25\times(5-j5)}{50}\times0.4\dot{I} = (-j+1+j)\dot{I} = \dot{I}$$

$$Z_O = \frac{\dot{U}}{\dot{I}} = 1\Omega$$

其对应的等效电路如图 6.6.5(c)所示，由分压公式得

$$\dot{U} = \frac{10 + \mathrm{j}10}{Z_O + 10 + \mathrm{j}10} \times \dot{U}_{OC} = \frac{10 + \mathrm{j}10}{11 + \mathrm{j}10} \times 2.5\sqrt{2}\underline{/45^\circ} = 3.36\underline{/47.73^\circ}\,\mathrm{V}$$

$$u = 3.36\sqrt{2}\sin(5t + 47.73^\circ)\,\mathrm{V}$$

6.7　正弦稳态电路的功率计算

功率是正弦稳态电路中的一个重要物理量，每个工业用电设备或家用电器都有一个额定功率值。在电力系统中，电子与通信系统最终实现的是功率的传输，所以对交流功率的分析是极其重要的。

6.7.1　单口网络的功率

正弦交流电中的负载一般可等效为一个无源单口网络 N_0，如图 6.7.1 所示。

设端口网络电压 $u = \sqrt{2}U\sin(\omega t + \theta_u)$，电流 $i = \sqrt{2}I\sin(\omega t + \theta_i)$，则它吸收的瞬时功率为

$$\begin{aligned}
p = ui &= 2UI\sin(\omega t + \theta_u)\sin(\omega t + \theta_i) \\
&= UI\cos(\theta_u - \theta_i) - UI\cos(2\omega t + \theta_u + \theta_i) \qquad (6.7.1) \\
&= UI\cos\varphi - UI\cos(2\omega t + 2\theta_u - \varphi)
\end{aligned}$$

式中，$\varphi = \theta_u - \theta_i$ 是电压与电流的相位差。

由式（6.7.1）可知，瞬时功率有两个分量：第一个为恒定分量，与时间无关；第二个为正弦分量，其频率为电压（电流）的两倍。图 6.7.2 所示为瞬时功率的波形。从图中看，该单口网络与外电路有能量交换，当瞬时功率为正时，单口网络从外电路吸收电能，当瞬时功率为负时，单口网络提供电能给外电路。

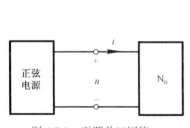

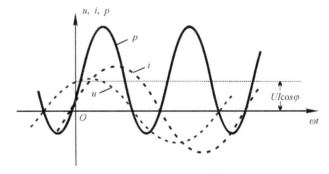

图 6.7.1　无源单口网络　　　　　　　　　　图 6.7.2　瞬时功率波形

由于瞬时功率是随时间变化的，因此既不便于测量，也不便于使用。为简明地反映正弦稳态电路中能量消耗与交换的情况，常用有功功率、无功功率及视在功率表示。

6.7.2　有功功率、无功功率及视在功率

一、有功功率

有功功率又称为平均功率，是瞬时功率在一个周期内的平均值，用大写字母 P 表示，即

$$P = \frac{1}{T}\int_0^T p\,\mathrm{d}t = \frac{1}{T}\int_0^T \left[UI\cos\varphi - UI\cos(2\omega t + 2\theta_\mathrm{u} - \varphi) \right]\mathrm{d}t = UI\cos\varphi \qquad (6.7.2)$$

有功功率的单位为瓦（W）。由式（6.7.2）可知，在正弦稳态情况下，有功功率不仅与电压和电流的有效值有关，而且还与 $\cos\varphi$ 有关。$\cos\varphi$ 称为负载的功率因数，用 λ 表示，即

$$\lambda = \cos\varphi$$

对不含受控源的无源单口网络有 $|\varphi| \leq \dfrac{\pi}{2}$，则 $\cos\varphi$ 始终大于零，所以单给出 λ 不能体现电路性质，需要在 λ 后面加上"超前"、"滞后"字样。功率因数"超前"，表示电流超前电压（容性负载），功率因素"滞后"，表示电流滞后电压（感性负载）。

当单口网络中只含电阻或等效成一个电阻元件，即 $\varphi = 0$ 时，$P = UI$，若单口网络为纯电感或纯电容，即 $\varphi = \pm 90°$ 时，$P = 0$。**由此可见，只有电阻消耗平均功率，而电容、电感不消耗平均功率。**

根据能量守恒原理，无源单口网络吸收的总有功功率 P 应为各支路吸收的有功功率之和，即无源单口网络的有功功率是网络中各电阻的有功功率之和，有

$$P = \sum_{k=1}^{n} P_k = \sum_{k=1}^{n} R_k I_k^2 \qquad (6.7.3)$$

式中 R_k，为单口网络中第 k 个电阻元件的电阻，I_k 是流过电阻 R_k 上电流的有效值。

根据无源单口网络 $|Z| = \dfrac{U}{I}$，$\varphi = \theta_\mathrm{u} - \theta_\mathrm{i} = \varphi_Z$ 可得

$$P = UI\cos\varphi_Z = I^2 |Z|\cos\varphi_Z = I^2 \mathrm{Re}[Z] \qquad (6.7.4)$$

二、无功功率

为了引入无功功率的概念，将式（6.7.1）进一步展开，则瞬时功率可改写为

$$\begin{aligned} p &= UI\cos\varphi - UI\cos\varphi\cos 2(\omega t + \theta_\mathrm{u}) - UI\sin\varphi\sin 2(\omega t + \theta_\mathrm{u}) \\ &= UI\cos\varphi\left[1 - \cos 2(\omega t + \theta_\mathrm{u})\right] - UI\sin\varphi\sin 2(\omega t + \theta_\mathrm{u}) \end{aligned} \qquad (6.7.5)$$

对不含受控源的无源单口网络来说，式（6.7.5）中第一项大于或等于零，反映电路 N_0 吸收功率，而式（6.7.5）中第二项是角频率为 2ω 的正弦量，它在一周期内正负交换两次，代表外电路与单口网络内储能元件能量往返交换的速率，其**最大值定义为单口网络吸收的无功功率，用符号 Q 表示**，即

$$Q = UI\sin\varphi \qquad (6.7.6)$$

式（6.7.6）只是一个计算量，并不表示做功情况，但它并非无用，工程实际中无功功率是电机、变压器等电气设备正常工作所必需的，其单位是乏（var）或千乏（kvar）。

当单口网络只含电阻或等效为一个电阻时，$\varphi = 0$，则无功功率 $Q = 0$，说明电阻不存在能量的交换。而当 $\varphi = 90°$，网络为纯电感电路时，$Q_L = UI = X_L I^2 > 0$，如果 $\varphi = -90°$，网络为纯电容电路时，$Q_C = -UI = -X_C I^2 < 0$。显然由 R、L、C 构成的无源单口网络的无功功率等于网络中各储能元件的无功功率的代数和，即

$$Q = \sum_{k=1}^{n} Q_k \tag{6.7.7}$$

式中，Q_k 为单口网络中第 k 个电感或电容的无功功率，这里电感取正，电容取负。

由式（6.7.7）可得无源单口网络

$$Q = Q_L + Q_C = X_L I^2 - X_C I^2 = \omega L I^2 - \frac{1}{\omega C}(\omega C U)^2$$
$$= 2\omega\left(\frac{1}{2}LI^2 - \frac{1}{2}CU^2\right) = 2\omega(W_L - W_C) \tag{6.7.8}$$

式中，W_L 为电感的平均储能，W_C 为电容的平均储能。

式（6.7.8）表明 N_0 内部电感无功功率与电容无功功率相互补偿，当 $W_L = W_C$ 时，$Q = 0$，此时能量的往返交换只在电感和电容之间进行，N_0 与外电路不再有能量的往返交换。

另外根据无源单口网络 $|Z| = \dfrac{U}{I}$，$\varphi = \varphi_Z$ 可得

$$Q = UI\sin\varphi_Z = I^2|Z|\sin\varphi_Z = I^2\,\mathrm{Im}[Z] \tag{6.7.9}$$

三、视在功率

在电工技术中，把电压有效值和电流有效值的乘积定义为视在功率，用大写字母 S 表示，即

$$S = UI \tag{6.7.10}$$

视在功率的单位是伏安（VA）或千伏安（kVA）。通常情况下，电气设备工作时，电压和电流不能超过其额定值，因此视在功率表示了电气设备"容量"的大小，如发电机、变压器等用视在功率表示其额定容量。

根据以上有功功率、无功功率及视在功率的定义，可得三者之间的关系为：

$$P = S\cos\varphi，\quad Q = S\sin\varphi，\quad S = \sqrt{P^2 + Q^2}$$

即三者满足直角三角形，如图 6.7.3 所示，该图又称为功率三角形。图中，$\varphi = \arctan\dfrac{Q}{P}$，当 Q 为正时，$\varphi > 0$，如图 6.7.3(a)所示，当 Q 为负时，$\varphi < 0$，如图 6.7.3(b)所示。

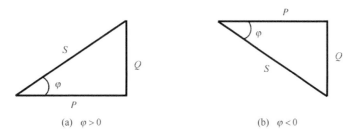

(a)　$\varphi > 0$　　　　　　　　　　　　(b)　$\varphi < 0$

图 6.7.3　P、Q、S 的功率三角形

功率三角形包含 4 项：有功功率 P、无功功率 Q、视在功率 S 及功率因数角 φ。任意给出两项，利用功率三角形可以很方便地求出另外两项。

【例 6.7.1】 在图 6.7.4(a)所示的单口网络中，已知 $u(t) = 20\sqrt{2}\sin(100t)\text{V}$ 。求单口网络的端口等效阻抗及网络吸收的 P 、Q 、S 和 λ 。

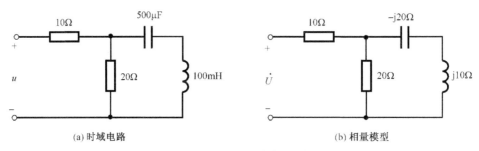

图 6.7.4 例 6.7.1 的单口网络

解：相量模型如图 6.7.4(b)所示。在计算功率时，所有的电压和电流均采用有效值相量。

$$u(t) = 20\sqrt{2}\sin(100t)\text{V} \leftrightarrow \dot{U} = 20\underline{/0^\circ}\text{V}$$

单口网络的等效阻抗

$$Z = 10 + \frac{20 \times (\text{j}10 - \text{j}20)}{20 + \text{j}10 - \text{j}20} = 14 - \text{j}8 = 16.12\underline{/-29.74^\circ}\,\Omega$$

$$\dot{I} = \frac{\dot{U}}{Z} = \frac{20\underline{/0^\circ}}{16.12\underline{/-29.74^\circ}} = 1.24\underline{/29.74^\circ}\text{A}$$

有功功率

$$P = UI\cos(\theta_\text{u} - \theta_\text{i}) = 20 \times 1.24 \times \cos(-29.74^\circ) = 21.53\text{W}$$

或

$$P = I^2\,\text{Re}[Z] = 1.24^2 \times 14 = 21.53\text{W}$$

无功功率

$$Q = UI\sin(\theta_\text{u} - \theta_\text{i}) = 20 \times 1.24 \times \sin(-29.74^\circ) = -12.3\text{var}$$

或

$$Q = I^2\,\text{Im}[Z] = 1.24^2 \times (-8) = -12.3\text{var}$$

视在功率

$$S = UI = 20 \times 1.24 = 24.8\text{VA}$$

或

$$S = \sqrt{P^2 + Q^2} = 24.8\text{VA}$$

功率因数

$$\lambda = \cos(\theta_\text{u} - \theta_\text{i}) = 0.87 \ （超前）$$

或

$$\lambda = \frac{P}{S} = 0.87 \ （超前）$$

由于 $Q < 0$ ，故负载为容性。

6.7.3 电路功率因数的提高

电源在额定容量下究竟向电路提供多大的有功功率是由负载的功率因数决定的，而功率因数的大小取决于负载的性质。例如，电热毯、电炉、白炽灯等用电设备可看为纯电阻负载，其功率因数为1。而生产和生活中的交流用电设备大多是感性负载，如交流异步电机、电冰箱、日光灯等，它们的电流滞后电压，功率因数总是小于1。如果将功率因数提高，则可解决以下两个问题：（1）提高设备的利用率，因为 $\lambda = \cos\varphi = \dfrac{P}{S}$ ，所以随着功率因数的提高，有功功率占视在功率的比重将增加，设备的利用率就会提高；（2）减少线路损耗，根据

$I = \dfrac{P}{U\lambda}$ 可知，当电源电压 U 和输送的有功功率 P 一定时，λ 越大，电流 I 越小，则输电线上的损耗也就越低。

【例 6.7.2】 如果某水电站以 $U = 22$ 万伏的高压向某地传送 $P = 24$ 万千瓦的电力，若输电线的总电阻为 10Ω。（1）试分别计算当功率因数为 0.6 和 0.9 时，流过输电线上的电流为多少；（2）若功率因数由 0.6 提高到 0.9 时，输电线在一年中电能损失会减少多少？

解： 当 $\lambda_1 = 0.6$ 时，用户要从电站取用的电流为

$$I_1 = \frac{P}{U\lambda_1} = \frac{24 \times 10^7}{22 \times 10^4 \times 0.6} = 1818.18\mathrm{A}$$

当 $\lambda_2 = 0.9$ 时，用户要从电站取用的电流为

$$I_2 = \frac{P}{U\lambda_2} = \frac{24 \times 10^7}{22 \times 10^4 \times 0.9} = 1212.12\mathrm{A}$$

因此一年内输电线上可以减少损耗的电能为

$$w = RI_1^2 t - RI_2^2 t = 10 \times (1818.18^2 - 1212.12^2) \times 365 \times 24 = 1.61 \times 10^8 \mathrm{kW \cdot h}$$

由此可见，提高功率因数有着重要的经济价值。设法提高设备的功率因数是电力系统的一个重要问题。但由于生产和生活中的交流用电设备大多是感性负载，其功率因数较低，如交流异步电机的功率因数为 $0.4 \sim 0.85$，电冰箱的功率因数为 0.55 左右。因此需要采取措施，在不改变原始负载的电压、电流及功率条件下提高功率因数。目前采用的方法是在感性负载两端并联适当的电容。

【例 6.7.3】 图 6.7.5(a) 中 RL 感性负载的功率因数 $\cos\varphi_1 = 0.5$，感性负载的功率 $P = 1.1\mathrm{kW}$，电源电压 $u = 220\sqrt{2}\sin(314t)\mathrm{V}$。求：（1）并联电容前通过负载的电流 $\dot{I}_1$ 及负载阻抗 Z；（2）在感性负载两端并联电容，如虚线所示，要把功率因数分别提高到 0.9 和 1，需要并联多大的电容？并联电容后输电线上的电流为多大？

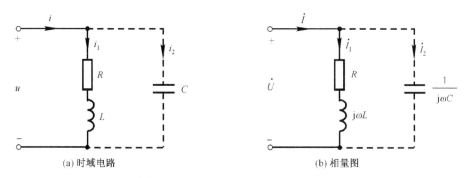

图 6.7.5 例 6.7.3 的单口网络及相量图

解：（1）根据已知条件，由式（6.7.2）得

$$I_1 = \frac{P}{U\cos\varphi_1} = \frac{1100}{220 \times 0.5} = 10\mathrm{A}$$

对于感性负载来说，电流滞后电压，且由于 $\cos\varphi_1 = 0.5$，得 $\varphi_1 = 60°$，故图 6.7.5(b) 中的 $\dot{I}_1 = 10\underline{/-60°}\mathrm{A}$。

$$Z = \frac{\dot{U}}{\dot{I}_1} = \frac{220\underline{/0°}}{10\underline{/-60°}} = 22\underline{/60°}\,\Omega$$

（2）当 $\lambda_2 = 0.9$ 时，则 $\varphi_2 = \pm 25.84°$，若补偿后仍为感性（即 $\varphi_2 = 25.84°$ 时称为欠补偿），此时对应的相量图如图 6.7.6 所示。

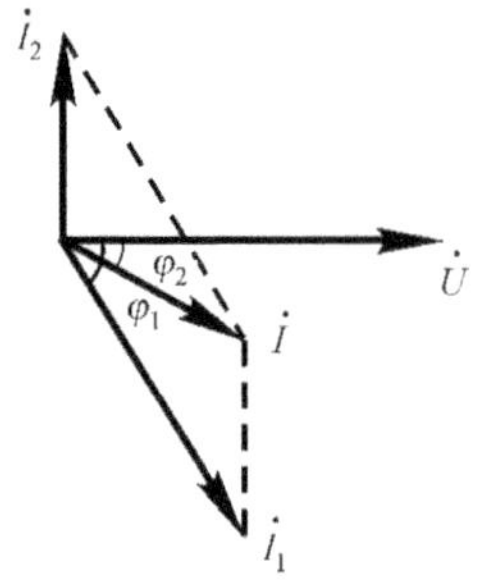

由图 6.7.6 可知，$\qquad I_2 = I_1\sin\varphi_1 - I\sin\varphi_2$

由于 $\qquad I_1 = \frac{P}{U\cos\varphi_1}$；$\quad I = \frac{P}{U\cos\varphi_2}$；$\quad I_2 = \omega CU$

得 $\qquad \omega CU = \frac{P}{U\cos\varphi_1} \times \sin\varphi_1 - \frac{P}{U\cos\varphi_2} \times \sin\varphi_2$

整理得

$$C = \frac{P(\tan\varphi_1 - \tan\varphi_2)}{\omega U^2} \qquad (6.7.11)$$

图 6.7.6　提高功率因数措施

式（6.7.11）为提高功率因数在感性负载上并联电容的计算公式。

在欠补偿情况下 $\qquad C = \dfrac{1100 \times (\tan 60° - \tan 25.84°)}{314 \times 220^2} = 90.3\mu F$

若补偿后为容性，即 $\varphi_2 = -25.84°$ 时，称为过补偿。

过补偿所需电容为 $\qquad C = \dfrac{1100 \times (\tan 60° + \tan 25.84°)}{314 \times 220^2} = 160.4\mu F$

并联电容后输电线上的电流 $\qquad I = \dfrac{P}{U\lambda_2} = \dfrac{1100}{220 \times 0.9} = 5.56A$

当 $\lambda_2 = 1$ 时，则 $\varphi_2 = 0°$，此时称为完全补偿。

完全补偿所需电容为 $\qquad C = \dfrac{1100 \times \tan 60°}{314 \times 220^2} = 125.4\mu F$

完全补偿时输电线上的电流 $\qquad I = \dfrac{P}{U\lambda_2} = \dfrac{1100}{220} = 5A$

由计算可知，欠补偿所需电容量最小，过补偿所需电容量最大。由于高压大电容的成本较高，尽管完全补偿可以使设备利用率最高，导线损耗最小，但从性价比考虑，通常采用欠补偿。

6.7.4　复功率

在电力系统中，为使功率计算表达方便，常在正弦交流电路中用复功率表示一个元件或一个端口网络的功率，复功率的定义为电压相量与电流共轭相量的乘积，用符号 $\tilde{S}$ 表示，即

$$\tilde{S} = \dot{U}\dot{I}^* = UI\underline{/(\theta_u - \theta_i)} = S\cos\varphi + jS\sin\varphi = P + jQ \qquad (6.7.12)$$

对于无源单口网络，可以用等效阻抗 Z 替代，则复功率可表示为

$$\tilde{S} = Z\dot{I}\dot{I}^* = ZI^2 = RI^2 + jXI^2 = P + jQ \qquad (6.7.13)$$

式（6.7.13）中，复功率实部 P 为单口网络中各电阻平均功率总和，虚部 Q 为单口网络中各储能元件无功功率总和，它们都守恒，因此单口网络复功率亦守恒（但视在功率不守恒）。利用复功率守恒可方便地解决多负载的功率问题。

【例 6.7.4】　　两台单相异步电动机并联运行，其各负载功率及功率因数如图 6.7.7 所示，该负载由一个 220V 、 50Hz 的正弦电源供电。求：（1）总的复功率及并联运行时线路上的电流 I ；（2）欲把功率因数提高到0.9 （滞后），应并联多大电容及并上电容后线路上的电流 I 。

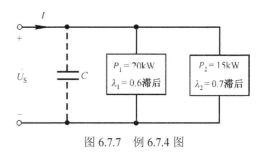

图 6.7.7　例 6.7.4 图

解：（1）根据题意，图 6.7.7 所示电路中的两个负载均为感性负载，则

$$\lambda_1 = \cos\varphi_1 = 0.6 , \quad \varphi_1 = 53.13° ; \quad \lambda_2 = \cos\varphi_2 = 0.7 , \quad \varphi_2 = 45.57°$$

$$\tilde{S}_1 = P_1 + jQ_1 = P_1 + jP_1\tan\varphi_1 = (20 + j26.667)\text{kVA}$$

$$\tilde{S}_2 = P_2 + jQ_2 = P_2 + jP_2\tan\varphi_2 = (15 + j15.303)\text{kVA}$$

$$\tilde{S} = \tilde{S}_1 + \tilde{S}_2 = 35 + j41.97 = 54.65\underline{/50.17°}\ \text{kVA}$$

$$I = \frac{|\tilde{S}|}{U} = \frac{54.65 \times 1000}{220} = 248.4\text{A}$$

（2）单口网络中各电阻平均功率总和为： $P = P_1 + P_2 = 35\text{kW}$ 。若将功率因数提高到0.9（滞后），即 $\lambda = \cos\varphi = 0.9$ ，得 $\varphi = 25.84°$ 。

$$C = \frac{35\ 000 \times (\tan 50.17° - \tan 25.84°)}{2 \times 3.14 \times 50 \times 220^2} = 1646\mu\text{F}$$

$$Q = P\tan\varphi = 35 \times \tan 25.84° = 16.95\text{k var}$$

$$\tilde{S} = P + jQ = (35 + j16.95)\text{kVA}$$

$$I = \frac{|\tilde{S}|}{U} = \frac{\sqrt{35^2 + 16.95^2}}{220} \times 1000 = 176.77\text{A}$$

6.8　最大功率传输定理

在电子及通信系统中，主要考虑如何将最大功率传输到负载，因此本节讨论负载满足什么条件才能从一个信号传输系统中获得最大功率。

图 6.8.1(a)所示电路为一含源单口网络 N 向负载 Z_L 传输功率，根据正弦稳态电路中的戴维南定理，可将其化简为图 6.8.1(b)所示的电路。

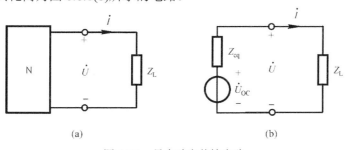

(a)　　　　　　　　　　　　(b)

图 6.8.1　最大功率传输电路

设图 6.8.1(b)中 $Z_{eq} = R_{eq} + jX_{eq}$，$Z_L = R_L + jX_L$，则

$$\dot{I} = \frac{\dot{U}_{OC}}{Z_{eq} + Z_L} = \frac{\dot{U}_{OC}}{(R_{eq} + R_L) + j(X_{eq} + X_L)} \tag{6.8.1}$$

负载 Z_L 吸收的有功功率

$$P = R_L I^2 = \frac{R_L U_{OC}^2}{(R_{eq} + R_L)^2 + (X_{eq} + X_L)^2} \tag{6.8.2}$$

若 $\dot{U}_{OC}$ 及 Z_{eq} 固定，Z_L 的实部 R_L 及 X_L 均可改变，欲使 P 最大，则应满足下列条件

$$\begin{cases} \dfrac{\partial P}{\partial X_L} = U_{OC}^2 \dfrac{-2R_L(X_{eq} + X_L)}{\left[(R_{eq} + R_L)^2 + (X_{eq} + X_L)^2\right]^2} = 0 \\[4mm] \dfrac{\partial P}{\partial R_L} = U_{OC}^2 \dfrac{(R_{eq} + R_L)^2 + (X_{eq} + X_L)^2 - 2R_L(R_{eq} + R_L)}{\left[(R_{eq} + R_L)^2 + (X_{eq} + X_L)^2\right]^2} = 0 \end{cases}$$

解得
$$X_L = -X_{eq}, \quad R_L = R_{eq}$$

综合上述两个条件可知，**负载获得最大功率的条件为 $Z_L = Z_{eq}^{*}$，称为共轭匹配，此时可获得的最大功率为**

$$P_{max} = \frac{U_{OC}^2}{4R_{eq}} \tag{6.8.3}$$

如果 Z_L 不是任意可调，而是只能成倍地增加或减少，即其模可调而辐角不可调。设 $Z_L = |Z_L|\underline{/\varphi} = |Z_L|\cos\varphi + j|Z_L|\sin\varphi$，则负载 Z_L 吸收的有功功率为

$$P = \frac{|Z_L|\cos\varphi U_{OC}^2}{(R_{eq} + |Z_L|\cos\varphi)^2 + (X_{eq} + |Z_L|\sin\varphi)^2} \tag{6.8.4}$$

要使 P 获得最大功率，则需满足 $\dfrac{dP}{d|Z_L|} = 0$，由此可得 $|Z_L| = |Z_{eq}| = \sqrt{R_{eq}^2 + X_{eq}^2}$，称为模匹配。

显然，**如果负载为纯电阻 R_L，那么负载获得最大功率的条件是 $R_L = \sqrt{R_{eq}^2 + X_{eq}^2}$**，即纯电阻负载的最大传输条件是负载电阻等于戴维南等效阻抗的模。

【**例 6.8.1**】 电路如图 6.8.2 所示。（1）若负载 Z_L 的实部、虚部均可调，则获得最大功率时 Z_L 为何值？最大功率是多少？ （2）若 Z_L 为纯电阻，求 Z_L 获得的最大功率。

解：（1）求负载 Z_L 断开后的戴维南等效电路。利用分压公式可得

$$\dot{U}_{OC} = \frac{2 + j2}{2 + j2 - j4} \times 5\underline{/0^\circ} = 5\underline{/90^\circ} \text{ V}$$

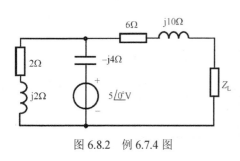

图 6.8.2　例 6.7.4 图

将独立源置零后

$$Z_{eq} = 6 + j10 + \frac{(2+j2)\times(-j4)}{2+j2-j4} = 10 + j10 = 10\sqrt{2}\underline{/45°}\,\Omega$$

当 $Z_L = Z_{eq}{}^* = (10 - j10)\Omega$ 时，可获最大功率

$$P_{max} = \frac{U_{OC}^2}{4R_{eq}} = \frac{5^2}{4\times10} = 0.625\text{W}$$

（2）若 Z_L 为纯电阻，当 $Z_L = R_L = |Z_{eq}| = 10\sqrt{2}\,\Omega$ 时，负载可获得最大功率

$$\dot{I} = \frac{5\underline{/0°}}{10+j10+10\sqrt{2}} = \frac{5\underline{/0°}}{26.13\underline{/22.5°}} = 0.19\underline{/-22.5°}\text{A}$$

$$P_{max} = R_L I^2 = 0.19^2 \times 10\sqrt{2} = 0.51\text{W}$$

可见共轭匹配时，负载所得功率最大。

6.9　三 相 电 路

三相电路主要由三相电源、三相负载和三相输电线组成。通常把由三相电源作为供电电源的体系称为三相制，由于三相制具有在发电、输电和用电方面的优点，所以目前世界上电力系统所采用的供电方式绝大多数是三相制。

6.9.1　三相电源

三相电源是由三相发电机直接产生的，其示意图如图 6.9.1(a)所示。它是由转子和固定不动的定子构成的，其定子铁心内槽中装有匝数相等、彼此相隔120°的三个绕组。一个绕组称为一相，其中 A、B、C 端称为三个绕组的首端，X、Y、Z 端称为三个绕组的末端，如图 6.9.1(b)所示。转子铁心上绕有励磁绕组，用直流励磁产生磁场，当转子由电动机带动按顺时针方向以恒定速度旋转时，定子绕组将感应出三个幅值相等、频率相同、初相位相差120°的正弦电压，称为对称三相电源。这三个电源依次为 A 相、B 相、C 相。取 A 相为参考量，则对称三相电压的瞬时表达式为

$$\begin{cases} u_A = U_m \sin(\omega t) \\ u_B = U_m \sin(\omega t - 120°) \\ u_C = U_m \sin(\omega t - 240°) = U_m \sin(\omega t + 120°) \end{cases} \tag{6.9.1}$$

设 $U_m = \sqrt{2}U$ ，则对应的有效值相量为

$$\begin{cases} \dot{U}_A = U\underline{/0°} \\ \dot{U}_B = U\underline{/-120°} \\ \dot{U}_C = U\underline{/+120°} \end{cases} \tag{6.9.2}$$

对称三相电压的波形如图 6.9.2(a)所示，其对应的向量图如图 6.9.2(b)所示。

由图 6.9.2(a)和 6.9.2(b)可见，$u_A + u_B + u_C = 0$，$\dot{U}_A + \dot{U}_B + \dot{U}_C = 0$，即**对称三相电压的特点是瞬时值电压之和及相量之和等于零。**

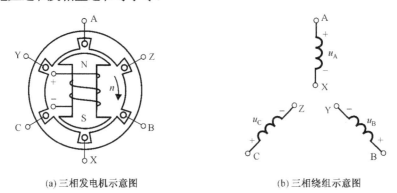

(a) 三相发电机示意图　　　　　　　　　　　(b) 三相绕组示意图

图 6.9.1　三相交流发电机

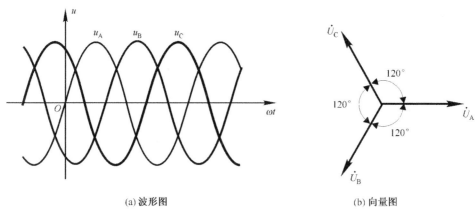

(a) 波形图　　　　　　　　　　　　　　　(b) 向量图

图 6.9.2　三相电压

在波形上，三相电压达到同一数值（如最大值）的先后次序叫做相序。 图 6.9.2(a)所示的三相电压是按 A、B、C 的次序滞后的，即 B 相比 A 相滞后120°，C 相又比 B 相滞后120°，而 C 相超前 A 相120°，称为正序或顺序。如果将 B 相与 C 相互换，即 C 相比 A 相滞后120°，B 相超前 A 相120°，这种是反序（或逆序）。电力系统一般是正序，本书在没有特殊说明时均指正序情况。

对称三相电源以一定方式连接就形成三相电路的电源，其连接方式有星形（Y 形）和三角形（△形）两种。Y 形接法如图 6.9.3(a)所示，它将三个电源末端 X、Y、Z 连接在一起。连接点用 N 表示，称为电源的中点。如果 N 点与大地连接就称为零点，从 N 点引出的线称为中线或零线，从三个始端 A、B、C 引出的导线称为端线（俗称火线）。火线至中线的电压称为相电压，用 $\dot{U}_A$、$\dot{U}_B$、$\dot{U}_C$ 表示，相电压有效值用 U_P 表示。两火线之间的电压称为线电压，用 $\dot{U}_{AB}$、$\dot{U}_{BC}$、$\dot{U}_{CA}$ 表示，线电压有效值用 U_L 表示。其线电压与相电压之间的关系如图 6.9.3(a)所示。

Y 形连接中，有

$$\begin{cases} u_{AB} = u_A - u_B \\ u_{BC} = u_B - u_C \\ u_{CA} = u_C - u_A \end{cases} \tag{6.9.3}$$

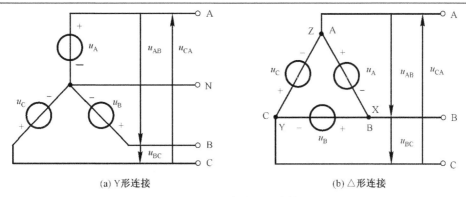

(a) Y形连接　　　　　　　　　　　　　　　(b) △形连接

图 6.9.3　三相电源的连接

对应的相量关系为

$$\begin{cases} \dot{U}_{AB} = \dot{U}_A - \dot{U}_B = \dot{U}_A - \dot{U}_A \underline{/-120°} = \sqrt{3}\dot{U}_A \underline{/30°} \\ \dot{U}_{BC} = \dot{U}_B - \dot{U}_C = \dot{U}_B - \dot{U}_B \underline{/-120°} = \sqrt{3}\dot{U}_B \underline{/30°} \\ \dot{U}_{CA} = \dot{U}_C - \dot{U}_A = \dot{U}_C - \dot{U}_C \underline{/-120°} = \sqrt{3}\dot{U}_C \underline{/30°} \end{cases} \quad (6.9.4)$$

　　线电压与相电压的相量关系如图 6.9.4 所示。显然三个线电压是对称的，即大小相等、频率相同、相位彼此相差120°，其线电压有效值 U_L 为相电压有效值 U_P 的 $\sqrt{3}$ 倍，即 $U_L = \sqrt{3}U_P$，而线电压相位超前相电压相位30°。图 6.9.3(a)所示的供电方式称为三相四线制，如果没有中线就称为三相三线制。

　　若将三相电源的首端和末端依次连接，如图 6.9.3(b)所示，从首端也就是高电压端引出导线向外供电，就形成三角形连接的电源，它只有三条端线，为三相三线制。由图 6.9.3(b)可知线电压和相电压之间的关系为

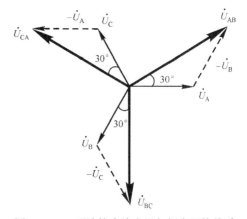

图 6.9.4　Y 形连接中线电压与相电压的关系

$$\begin{cases} u_{AB} = u_A \\ u_{BC} = u_B \\ u_{CA} = u_C \end{cases} \quad (6.9.5)$$

　　式（6.9.5）说明，线电压等于相应的相电压。

6.9.2　对称三相电路的计算

　　三相电路的负载由三个负载连接成 Y 形和△形构成。如果三个负载阻抗值相同，即 $Z_A = Z_B = Z_C = Z\angle\varphi$，称为对称三相负载。由对称三相电源和对称三相负载组成的三相电路（如考虑连接导线的阻抗，三条端线上的阻抗也相等）称为三相对称电路。图 6.9.5(a)中的三相电源为星形电源，三相负载为星形负载，称为 Y–Y 连接方式，图 6.9.5(b)中的三相电源为星形电源，三相负载为三角形负载，称为 Y–△连接方式。

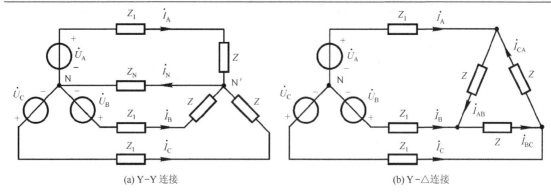

图 6.9.5　对称三相电路

在三相电路中，各相阻抗电压称为三相负载电压。端线上的电流为线电流，其有效值用 I_L 表示。流过负载上的电流为相电流，其有效值用 I_p 表示。流过中线上的电流为中线电流。**显然在 Y-Y 连接中，相电流等于线电流**，即 $I_p = I_L$。因为三相电源和三相负载都对称，所以三相电流也是对称的。

在图 6.9.5(b)所示的 Y-△连接电路中，每相负载的相电流为 $\dot{I}_{AB}$、$\dot{I}_{BC}$、$\dot{I}_{CA}$，线电流为 $\dot{I}_A$、$\dot{I}_B$、$\dot{I}_C$，根据 KCL 得

$$\begin{cases} \dot{I}_A = \dot{I}_{AB} - \dot{I}_{CA} = \dot{I}_{AB} - \dot{I}_{AB}\underline{/120°} = \sqrt{3}\dot{I}_{AB}\underline{/-30°} \\ \dot{I}_B = \dot{I}_{BC} - \dot{I}_{AB} = \dot{I}_{BC} - \dot{I}_{BC}\underline{/120°} = \sqrt{3}\dot{I}_{BC}\underline{/-30°} \\ \dot{I}_C = \dot{I}_{CA} - \dot{I}_{BC} = \dot{I}_{CA} - \dot{I}_{CA}\underline{/120°} = \sqrt{3}\dot{I}_{CA}\underline{/-30°} \end{cases} \quad (6.9.6)$$

由式（6.9.6）可看出，对称三相电路△形连接负载的线电流也是对称的。线电流有效值 I_L 为相电流有效值 I_p 的 $\sqrt{3}$ 倍，即 $I_L = \sqrt{3}I_p$，线电流相位滞后对应相电流相位 30°。

图 6.9.5(a)所示的 Y-Y 连接电路也称为对称三相四线制电路，图中 Z 为负载，Z_1 为火线的等效阻抗，Z_N 为中线的等效阻抗，设电源中点 N 为参考点，则由节点分析法可得

$$\left(\frac{1}{Z_N} + \frac{3}{Z_1 + Z}\right)\dot{U}_{N'N} = \frac{1}{Z + Z_1}(\dot{U}_A + \dot{U}_B + \dot{U}_C)$$

由于 $\dot{U}_A + \dot{U}_B + \dot{U}_C = 0$，所以 $\dot{U}_{N'N} = 0$，表明电源中点与负载中点等电位，且中线无电流，即 $\dot{I}_N = \dot{I}_A + \dot{I}_B + \dot{I}_C = 0$。说明在对称三相电路中，中线可以作开路处理，也可以作短路处理，中线的等效阻抗 Z_N 对电路没有影响。

$$\dot{I}_A = \frac{\dot{U}_A - \dot{U}_{N'N}}{Z + Z_1} = \frac{\dot{U}_A}{Z + Z_1}, \quad \dot{I}_B = \frac{\dot{U}_B}{Z + Z_1} = \dot{I}_A\underline{/-120°}, \quad \dot{I}_C = \frac{\dot{U}_C}{Z + Z_1} = \dot{I}_A\underline{/120°}$$

显然对称三相电路的三相电流也是对称的，故只要计算其中一相电流，其余两相电流可按电流的对称性写出。

【例 6.9.1】　在图 6.9.5(a) 所 示 电 路 中，已 知 $Z_1 = (1 + j2)\Omega$，$Z = (15 + j18)\Omega$，$\dot{U}_{AB} = 380\underline{/0°}V$，求各相电流。

解：根据 Y-Y 连接时线电压与相电压的关系可得

$$\dot{U}_{A} = \frac{\dot{U}_{AB}}{\sqrt{3}} \big/ -30° = 220 \big/ -30° \text{V}$$

$$\dot{I}_{A} = \frac{\dot{U}_{A}}{Z_{1} + Z} - \frac{220 \big/ -30°}{1 + j2 + 15 + j18} = \frac{220 \big/ -30°}{25.61 \big/ 51.34°} = 8.59 \big/ -81.34° \text{A}$$

$$\dot{I}_{B} = \dot{I}_{A} \big/ -120° = 8.59 \big/ 158.66° \text{A} \, , \quad \dot{I}_{C} = \dot{I}_{A} \big/ 120° = 8.59 \big/ 38.66° \text{A}$$

【例 6.9.2】　在图 6.9.5(b)所示 Y − △ 连接的电路中，已知 $\dot{U}_{A} = 220 \big/ 0° \text{V}$，端线阻抗 $Z_{1} = (1 + j2)\Omega$。每相负载阻抗 $Z = (45 + j30)\Omega$，求线电流、相电流及各相负载电压。

解： 将负载的△形连接转换为 Y 形连接，由式（2.3.17）可知 $Z' = \dfrac{Z}{3} = (15 + j10)\Omega$，转换后的电路如图 6.9.6(a)所示，由于对称三相电路 $\dot{U}_{N'N} = 0$，故可用短路线替代，因各相独立，故只需分析三相电路中的一相，图 6.9.6(b)所示为一相（A 相）计算电路。

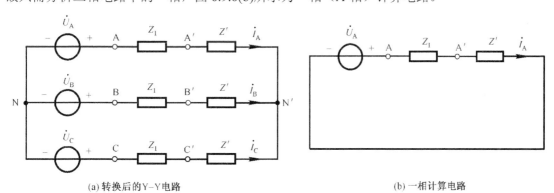

(a) 转换后的Y–Y电路　　　　　　　　　　　　　　　　(b) 一相计算电路

图 6.9.6　例 6.9.2 图

$$\dot{I}_{A} = \frac{\dot{U}_{A}}{Z_{1} + Z'} = \frac{220 \big/ 0°}{1 + j2 + 15 + j10} = \frac{220 \big/ 0°}{20 \big/ 36.87°} = 11 \big/ -36.87° \text{A}$$

$$\dot{I}_{B} = \dot{I}_{A} \big/ -120° = 11 \big/ -156.87° \text{A} \, , \quad \dot{I}_{C} = \dot{I}_{A} \big/ 120° = 11 \big/ 83.13° \text{A}$$

根据△形连接负载线电流与相电流的关系得

$$\dot{I}_{AB} = \frac{\dot{I}_{A}}{\sqrt{3}} \big/ 30° = 6.35 \big/ -6.87° \text{A}$$

$$\dot{I}_{BC} = \dot{I}_{AB} \big/ -120° = 6.35 \big/ -126.87° \text{A}$$

$$\dot{I}_{CA} = \dot{I}_{AB} \big/ 120° = 6.35 \big/ 113.13° \text{A}$$

$$\dot{U}_{A'N'} = Z'\dot{I}_{A} = (15 + j10) \times 11 \big/ -36.87°$$

$$= 18.03 \big/ 33.69° \times 11 \big/ -36.87° = 198.33 \big/ -3.18° \text{V}$$

$$\dot{U}_{B'N'} = \dot{U}_{A'N'} \big/ -120° = 198.33 \big/ -123.18° \text{V}$$

$$\dot{U}_{C'N'} = \dot{U}_{A'N'} \big/ 120° = 198.33 \big/ 116.82° \text{V}$$

三相负载所吸收的功率应等于各相负载所吸收的功率之和，即：

$$P = P_{A} + P_{B} + P_{C} \tag{6.9.7}$$

若负载对称，则总功率 $\qquad\qquad P = 3U_\mathrm{p}I_\mathrm{p}\cos\varphi$ （6.9.8）

式（6.9.8）中的 $\cos\varphi$ 为每相负载的功率因数，φ 角为每相电压超前相应电流的相位角，也是每相负载的阻抗角。

若已知线电压 U_L 和相电流 I_L，则在负载 Y 形连接时，$U_\mathrm{L} = \sqrt{3}U_\mathrm{p}$，$I_\mathrm{L} = I_\mathrm{p}$，在负载 △ 形连接时，$U_\mathrm{L} = U_\mathrm{p}$，$I_\mathrm{L} = \sqrt{3}I_\mathrm{p}$，代入式（6.9.8）得

$$P = \sqrt{3}U_\mathrm{L}I_\mathrm{L}\cos\varphi \qquad\qquad (6.9.9)$$

注意：$\cos\varphi$ 没有变，φ 角仍为每相负载阻抗角。

类似地，可以写出对称三相电路的无功功率 Q 为

$$Q = 3U_\mathrm{p}I_\mathrm{p}\sin\varphi = \sqrt{3}U_\mathrm{L}I_\mathrm{L}\sin\varphi \qquad\qquad (6.9.10)$$

视在功率 $\qquad\qquad S = 3U_\mathrm{p}I_\mathrm{p} = \sqrt{3}U_\mathrm{L}I_\mathrm{L} = \sqrt{P^2 + Q^2} \qquad\qquad (6.9.11)$

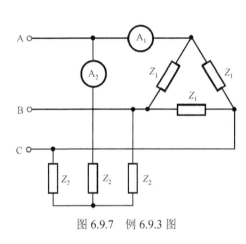

图 6.9.7 例 6.9.3 图

【**例 6.9.3**】 在图 6.9.7 所示电路中，对称电源线电压为 380V，$Z_1 = (30 + \mathrm{j}40)\Omega$，$Z_2 = 40\angle 60°\Omega$，求电流表 A_1、A_2 读数及有功功率 P、无功功率 Q 和视在功率 S。

解：△形负载的相电压：$U_{\mathrm{P}1} = U_{AB} = 380\mathrm{V}$，

$$I_{\mathrm{P}1} = \frac{U_{\mathrm{P}1}}{|Z_1|} = \frac{380}{\sqrt{30^2 + 40^2}} = 7.6\mathrm{A}，\quad I_{\mathrm{L}1} = \sqrt{3}I_{\mathrm{P}1} = 13.16\mathrm{A}$$

Y 形负载电压：$U_{\mathrm{P}2} = \dfrac{U_{AB}}{\sqrt{3}} = \dfrac{380}{\sqrt{3}} = 220\mathrm{V}$，

$$I_{\mathrm{L}2} = I_{\mathrm{P}2} = \frac{U_{\mathrm{P}2}}{|Z_2|} = \frac{220}{40} = 5.5\mathrm{A}$$

则电流表 A_1 读数为 $13.16\mathrm{A}$，电流表 A_2 读数 $5.5\mathrm{A}$。

$$P = P_1 + P_2 = 3I_{\mathrm{P}1}{}^2\mathrm{Re}[Z_1] + 3I_{\mathrm{P}2}U_{\mathrm{P}2}\cos 60° = 3\times 7.6^2\times 30 + 3\times 5.5\times 220\cos 60°$$
$$= 5198.4 + 1815 = 7013.4\mathrm{W} = 7.01\mathrm{kW}$$

$$Q = 3I_{\mathrm{P}1}{}^2\mathrm{Im}[Z_1] + 3I_{\mathrm{P}2}U_{\mathrm{P}2}\sin 60° = 3\times 7.6^2\times 40 + 3\times 5.5\times 220\sin 60° = 10.07\mathrm{kvar}$$

$$S = \sqrt{P^2 + Q^2} = 12.27\mathrm{kVA}$$

6.9.3 不对称三相电路的概念

三相电路中只要电源、负载阻抗或线路阻抗之一不满足对称条件，就是不对称三相电路。通常三相电源是对称的，而负载不对称是常见的，如各相照明、家用电器负载的分配不均匀，特别是当某一相负载发生短路、开路时，不对称现象就更严重了，所以不对称三相电路是普遍存在的。

在图 6.9.8(a)所示的 Y–Y 连接电路中，三相电源是对称的，但负载不对称。

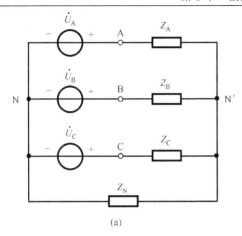

(a)

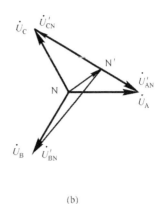

(b)

图 6.9.8　不对称 Y－Y 的三相电路

利用节点分析法可求出中性点 N 和 N' 之间的电压

$$\dot{U}_{N'N} = \frac{\dfrac{\dot{U}_A}{Z_A} + \dfrac{\dot{U}_B}{Z_B} + \dfrac{\dot{U}_C}{Z_C}}{\dfrac{1}{Z_A} + \dfrac{1}{Z_B} + \dfrac{1}{Z_C} + \dfrac{1}{Z_N}} \tag{6.9.12}$$

式（6.9.12）表明，当 $Z_N \neq 0$ 或 $Z_N = \infty$（无中线）时，$U_{N'N} \neq 0$。两中性点不是等电位，这种现象称为负载中性点位移。图 6.9.8(b)所示为中性点位移后各相电源和负载上的相电压的相量图。很显然，当中性点位移后，会造成相电压分配不平衡。若中性点位移较大时，可能使某相负载由于过压而损坏，而另一相负载则由于欠压而不能正常工作。

为解决这个问题，往往在星形负载配电系统中使用中线，并尽量减少中线阻抗。如果 $Z_N = 0$，则 $\dot{U}_{N'N} = 0$，此时尽管电路不对称，中线可使各相负载电压对称，电路仍可正常工作。但因相电流不对称，中线电流一般不为零。此外，**为防止运行时中线中断，中线上不允许安装开关和保险丝。**

习　　题

6.1　在线性电路中，电压源 $u_S = 5\sin(314t - 45°)\text{V}$。（1）画出电压源的波形图；（2）求电压源的有效值、频率和周期；（3）确定 $t = 5\text{ms}$ 时刻的 u_S 值；（4）将 u_S 表达为 cos 的函数。

6.2　给定 $i_1 = 0.5\sin(3t + 120°)\text{A}$，$i_2 = -\cos(3t + 60°)\text{A}$，求相位差，并说明哪个是超前的，超前多少。

6.3　写出对应的每个相量的正弦函数表达式，并画出相量图。

（1）$\dot{U}_1 = (-3 - j4)\text{V}$，$\omega = 2\text{rad/s}$；

（2）$\dot{U}_2 = 6e^{j\frac{\pi}{3}}\text{V}$，$\omega = 5\text{rad/s}$；

（3）$\dot{U}_3 = (-8 + j6)\text{V}$，$\omega = 1\text{rad/s}$。

6.4　已知图 6.1 所示电路的 $i_S = 0.5\sin(5t)\text{A}$，$i_1 = 0.3\sqrt{2}\sin(5t + 45°)\text{A}$，求 i_2，并画出相量图。

6.5　已知图 6.2 所示电路的 $u_S = 6\sin(t + 135°)\text{V}$，$u_2 = 3\sin(t - 90°)\text{V}$，求 u_1。

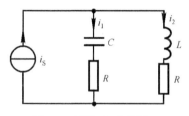

图 6.1　习题 6.4 电路图

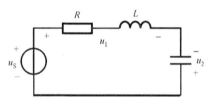

图 6.2　习题 6.5 电路图

6.6　一个电流源 $i = 2\cos(10t + 60°)\text{A}$，加在一个元件的负载上，得到该元件两端电压为 $u = 10\sin(10t + 60°)\text{V}$。问这是哪一类元件，并计算该元件值。

6.7　求图 6.3 所示电路中电流表和电压表的读数。

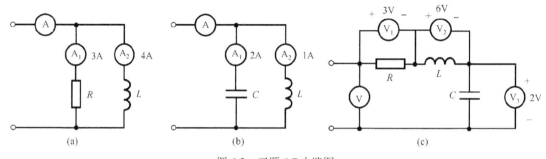

图 6.3　习题 6.7 电路图

6.8　一电感线圈接在 30V 的直流电源上时，电流为 1A，如果接在 30V、50Hz 的正弦交流电源上时，电流为 0.6A，求线圈的电阻和电感。

6.9　在图 6.4 所示电路中，已知 $u = 220\sqrt{2}\sin(314t)\text{V}$，$i = 10\sqrt{2}\sin(314t + 60°)\text{A}$，求电阻 R 和电容 C。

6.10　实验室常用"三压表"测量电感线圈参数 r 和 L，测量电路如图 6.5 所示，已知电源频率 $f = 50\text{Hz}$，电阻 $R = 25\Omega$，电压表 V_1、V_2、V_3 的读数分别为 50V、128V、116V，求线圈参数 r 和 L。

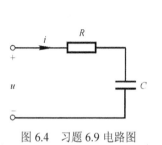

图 6.4　习题 6.9 电路图

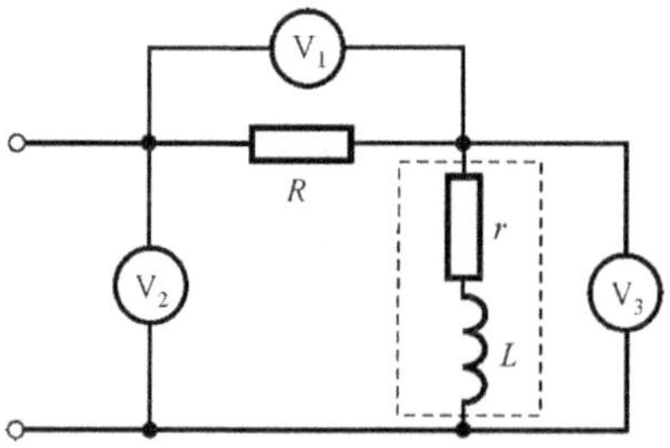

图 6.5　习题 6.10 电路图

6.11　（1）求图 6.6 所示电路中 a、b 两端的等效阻抗和导纳；
（2）当 $\omega = 2\text{rad/s}$ 时，画出单口网络的串并联等效电路。

6.12　求图 6.7 所示单口网络的等效阻抗 Z。

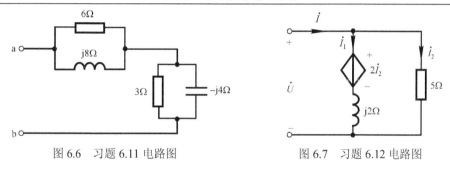

图 6.6　习题 6.11 电路图　　　　　　图 6.7　习题 6.12 电路图

6.13　在图 6.8 所示电路中，已知 $u_S = \sqrt{2}\sin(100t)$V，求 i_1、i_2、i_3 及 u。

6.14　图6.9所示电路中的电压表 V_1 读数为 100V，试求电流表 A 的读数和电压表 V 的读数。

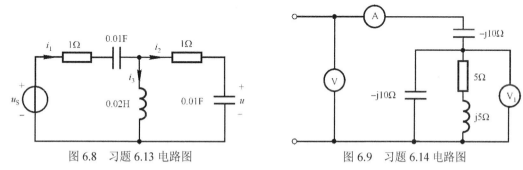

图 6.8　习题 6.13 电路图　　　　　　图 6.9　习题 6.14 电路图

6.15　已知 $i_S = 2\sqrt{2}\sin(50t)$A，$u_S = 10\sqrt{2}\sin(50t+30°)$V，利用支路电流法求图 6.10 所示电路中的电流 i。

6.16　已知 $i_S = 2\sin(4t)$A，$u_S = 10\sin(4t+30°)$V，用网孔法求图 6.11 所示电路中的电流 i。

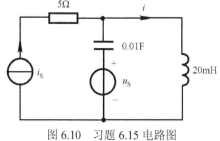
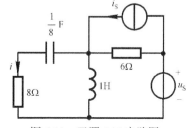

图 6.10　习题 6.15 电路图　　　　　　图 6.11　习题 6.16 电路图

6.17　利用网孔分析法计算图 6.12 所示电路中的 $\dot{I}_1$ 和 $\dot{I}_2$。

6.18　用节点分析法求图 6.13 所示电路中的电压 $\dot{U}$。

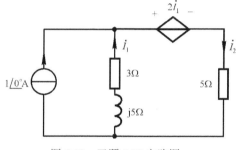
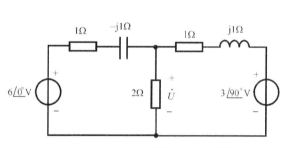

图 6.12　习题 6.17 电路图　　　　　　图 6.13　习题 6.18 电路图

6.19　已知 $i_S = 3\sqrt{2}\cos(4t)$A ，利用节点分析法求图 6.14 所示电路中的电流 i 。

6.20　用叠加原理计算图 6.15 所示电路中的电压 $\dot{U}$ 。

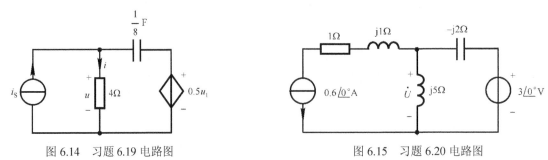

图 6.14　习题 6.19 电路图　　　　　　　图 6.15　习题 6.20 电路图

6.21　利用戴维南定理求图 6.16 所示电路的电流 $\dot{I}$ 。

6.22　在图 6.17 所示的正弦稳态电路中，电压表读数为 220V ，功率表读数为 15W ，电流表读数为 0.4A ，频率 $f = 50$Hz ，求电路参数 R 和 L 。

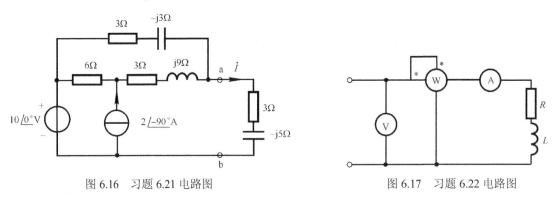

图 6.16　习题 6.21 电路图　　　　　　　图 6.17　习题 6.22 电路图

6.23　求图 6.18 所示的电路中网络 N 的阻抗、有功功率、无功功率、功率因数和视在功率。

6.24　某一供电站的电源设备容量是 30kVA ，它为一组电机和一组 40W 的白炽灯供电，已知电机的总功率为 11kW ，功率因数为 0.55 ，而白炽灯的功率因数为 1 ，则白炽灯可接多少只？电路的功率因数为多少？

6.25　在图 6.19 所示的电路中， $u_1 = 60\sqrt{2}\sin(2t)$V ， $u_L = 80\sqrt{2}\cos(2t)$V ， $L = 4$H ，试求电路 N_2 的有功功率 P_2 、无功功率 Q_2 、视在功率 S_2 和功率因数 λ_2 。

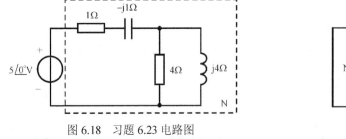　　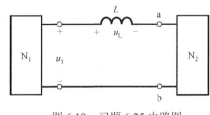

图 6.18　习题 6.23 电路图　　　　　　　图 6.19　习题 6.25 电路图

6.26　在图 6.20 所示的无源单口网络 N_0 中，已知端电压和电流分别为 $u = 220\sin(314t)$V ，

$i = 5\sin(314t - 30°)\text{A}$ 。求：（1）单口网络 N_0 的等效阻抗；（2）单口网络 N_0 的 P、Q 和 λ；（3）为把电路的功率因数提高为 0.95（滞后），应并联多大的电容？

6.27 图 6.21 所示的正弦稳态电路的频率 $f = 1\text{kHz}$。计算：（1）总的复功率；（2）电压 $\dot{U}$ 及输入的功率因数；（3）功率因数提高为 1 时所需的电容量。

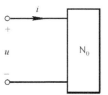

图 6.20 习题 6.26 电路图

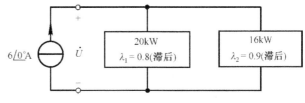

图 6.21 习题 6.27 电路图

6.28 已知图 6.22 所示电路中电压有效值 $U - 10\text{V}$，角频率 $\omega = 10^7\text{rad/s}$，要使负载 Z_L 上吸收的功率为最大，则 Z_L 应为何值？最大功率为多少？此时负载中的电流应为多少？

6.29 在图 6.23 所示电路中，为使负载 Z_L 获得最大功率，问 Z_L 应为多少？并求 Z_L 获得的最大功率。

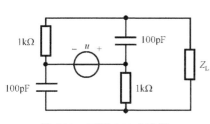

图 6.22 习题 6.28 电路图

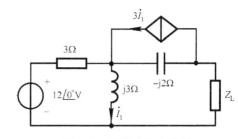

图 6.23 习题 6.29 电路图

6.30 在图 6.24 所示的 Y–Y 连接的三相四线制对称电路中，已知电源正序，且 $\dot{U}_{AB} = 380\underline{/0°}\text{V}$，每相阻抗 $Z = 10\underline{/45°}\Omega$，求相电流及负载吸收的有功功率、无功功率、视在功率和功率因数。

6.31 在图 6.25 所示的对称 Y–Y 连接的电路中，电压表读数 1143.16V，$Z = (15 + j15\sqrt{3})\Omega$，$Z_L = (1 + j2)\Omega$，求电路中电流表的读数及线电压 U_{AB}。

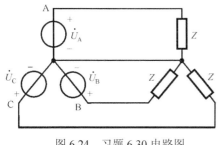

图 6.24 习题 6.30 电路图

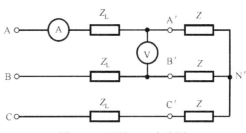

图 6.25 习题 6.31 电路图

6.32 已知图 6.26 所示的对称 Y–△连接的每相阻抗模 $|Z| = 100\Omega$，$\cos\varphi = 0.8$（滞后），电源的线电压 $U_L = 380\text{V}$，求三相负载的 P、Q、S。

6.33 图 6.27 所示为一对称三相电路，其每相负载阻抗 $Z = (18 + j24)\Omega$，且负载端线电

压 $\dot{U}_{A'B'} = 380\underline{/0°}\,\text{V}$，线路阻抗 $Z_L = (1+j2)\Omega$，试求 A 相负载的相电流、线电流及电源端的线电压 $\dot{U}_{AB}$。

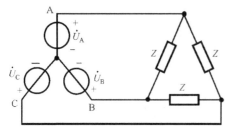

图 6.26　习题 6.32 电路图

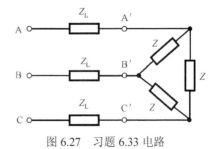

图 6.27　习题 6.33 电路

第7章 频率特性及多频正弦电路分析

前一章主要讨论了单一频率激励下的正弦稳态响应,然而实际传输的电信号往往不是单一频率的正弦量,如无线电通信、广播、电视等所传输的语音、音乐、图像信号都是由很多频率的正弦分量所组成的。本章将讨论电路在不同频率激励下响应的变化规律及特点。

7.1 正弦稳态电路的网络函数

对于动态电路,由于容抗和感抗都是频率的函数,这将导致同一电路对不同频率的信号有不同的响应,这种电路响应随激励频率的变化而变化的特性称为电路的频率特性或频率响应,电路的频率特性是通过网络函数来讨论的。**网络函数是指响应相量与激励相量之比,记为 $H(j\omega)$,即:**

$$H(j\omega) = \frac{响应相量}{激励相量} \tag{7.1.1}$$

根据响应和激励是否在电路的同一端口,网络函数可分为策动点函数和转移函数。当响应与激励在同一端口时,称为策动点函数,否则称为转移函数。由于响应和激励都可以是电压或电流,因此策动点函数和转移函数又可具体分为表 7.1 所示的 6 种情况。

表 7.1　6 种形式网络函数

	响应	激励	名称
策动点函数	$\dot{U}_1$	$\dot{I}_1$	策动点阻抗
	$\dot{I}_1$	$\dot{U}_1$	策动点导纳
转移函数	$\dot{U}_2$	$\dot{U}_1$	转移电压比
	$\dot{U}_2$	$\dot{I}_1$	转移阻抗
	$\dot{I}_2$	$\dot{U}_1$	转移导纳
	$\dot{I}_2$	$\dot{I}_1$	转移电流比

网络函数 $H(j\omega)$ 通常为复数,可写为

$$H(j\omega) = |H(j\omega)| e^{j\varphi(\omega)} \tag{7.1.2}$$

式中,$|H(j\omega)|$ 称为网络函数的模,它与 ω 的关系称为幅频特性,而 $\varphi(\omega)$ 称为网络函数的辐角,它与 ω 的关系称为相频特性,二者合称为网络函数的频率特性。

以 RC 低通电路为例,其电路如图 7.1.1 所示。

利用分压公式可写出网络函数的转移电压比

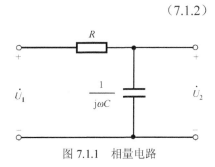

图 7.1.1　相量电路

$$H(\mathrm{j}\omega) = \frac{\dot{U}_2}{\dot{U}_1} = \frac{\dfrac{1}{\mathrm{j}\omega C}}{R + \dfrac{1}{\mathrm{j}\omega C}} = \frac{1}{1 + \mathrm{j}\omega CR} = \frac{1}{\sqrt{1 + (\omega CR)^2} \angle \arctan \omega CR}$$

则电路的幅频特性　　　　　　　　　　$$|H(\mathrm{j}\omega)| = \frac{1}{\sqrt{1 + (\omega CR)^2}}$$

相频特性　　　　　　　　　　　　　　$$\varphi(\omega) = -\arctan \omega CR$$

当 $\omega = 0$ 时，得：$|H(\mathrm{j}\omega)| = 1$，$\varphi(\omega) = 0$；

当 $\omega = \dfrac{1}{RC}$ 时，得：$|H(\mathrm{j}\omega)| = \dfrac{1}{\sqrt{2}} = 0.707$，$\varphi(\omega) = -45°$；

当 $\omega \to \infty$ 时，得：$|H(\mathrm{j}\omega)| \to 0$，$\varphi(\omega) \to -90°$。

由此可得该电路的频率特性曲线如图 7.1.2 所示。

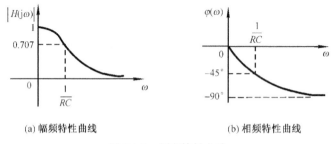

(a) 幅频特性曲线　　　　　　　　　　(b) 相频特性曲线

图 7.1.2　频率特性曲线

由幅频特性曲线可知，该网络对低频信号有较大输出，而对高频分量衰减很大，故称为低通滤波器，该网络函数称为低通网络函数。为衡量电路对信号的通过能力，**通常定义网络函数的模 $|H(\mathrm{j}\omega)|$ 下降到最大值的 $\dfrac{1}{\sqrt{2}}$（即 0.707）所对应的频率为截止频率，记为 ω_C**。上述低通滤波电路的截止频率 $\omega_\mathrm{C} = \dfrac{1}{RC}$，$(0, \omega_\mathrm{C})$ 这一频率范围为电路的通频带（简称通带），而 $(\omega_\mathrm{C}, \infty)$ 这一频率范围称为阻带。除上述介绍的低通滤波器外，还有高通滤波器、带通滤波器和带阻滤波器，其分析方法同上，这里不再赘述。

7.2　串联谐振电路

谐振电路是电路分析和通信技术中的基本电路。在通信技术中往往需要电路对多频率信号进行选频，即具有带通滤波器的特性。由电感元件和电容元件组成的谐振回路可以满足这一要求。因此本节就以图 7.2.1 所示的 RLC 串联电路为例，分析在可变频的正弦电源 $\dot{U}_\mathrm{S}$ 激励下，电路中电压、电流响应随频率变化的规律。

由图 7.2.1 所示电路可得电路的阻抗为

$$Z = \frac{\dot{U}_\mathrm{S}}{\dot{I}} = R + \mathrm{j}\omega L + \frac{1}{\mathrm{j}\omega C} = R + \mathrm{j}\left(\omega L - \frac{1}{\omega C}\right) \tag{7.2.1}$$

阻抗模
$$|Z| = \sqrt{R^2 + \left(\omega L - \frac{1}{\omega C}\right)^2} \tag{7.2.2}$$

阻抗模与频率关系的特性曲线如图 7.2.2 所示。

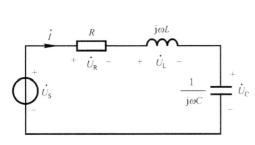

图 7.2.1　RCL 串联电路

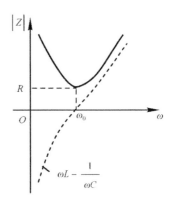

图 7.2.2　|Z| 的频率特性曲线

由图 7.2.2 可知，当频率较低时，容抗大于感抗，即 $\omega L - \frac{1}{\omega C} < 0$，电路呈容性；当频率较高时，感性大于容性，即 $\omega L - \frac{1}{\omega C} > 0$，电路呈感性；当感抗等于容抗，即 $\omega L = \frac{1}{\omega C}$ 时，电路呈电中性，此时电压、电流同相位，工程上将这种工作状态称为谐振。由于是 RLC 串联电路发生的，故称为串联谐振。对应的谐振频率记为 ω_0 或 f_0，即

$$\omega_0 = \frac{1}{\sqrt{LC}} \tag{7.2.3a}$$

或
$$f_0 = \frac{\omega_0}{2\pi} = \frac{1}{2\pi\sqrt{LC}} \tag{7.2.3b}$$

由式（7.2.3b）可知，调整 L、C、f_0 中的任何一个量，电路都能产生谐振。串联谐振的特点如下：

（1）电压、电流同相位，电路呈电阻性；

（2）串联阻抗模 $|Z| = R$ 最小，在输入电压一定的条件下，电流有效值 $I = I_0 = \frac{U_S}{R}$ 最大；

（3）谐振时 $\dot{U}_L + \dot{U}_C = 0$（即 $\dot{U}_L = -\dot{U}_C$），故电感电压与电容电压大小相等，方向相反，电阻电压等于电源电压（即 $\dot{U}_R = \dot{U}_S$）；

（4）谐振时感抗与容抗数值相等，其值称为谐振时的特性阻抗，用 ρ 表示

$$\rho = \omega_0 L = \frac{1}{\omega_0 C} = \sqrt{\frac{L}{C}} \tag{7.2.4}$$

工程上通常用特性阻抗 ρ 与回路电阻 R 的比值来评价谐振电路的性能，并把这一比值称为谐振电路的品质因数，用 Q 表示，即

$$Q = \frac{\omega_0 L}{R} = \frac{1}{\omega_0 CR} = \frac{1}{R}\sqrt{\frac{L}{C}} \tag{7.2.5}$$

它是一个由 R、L、C 决定的无量纲数。Q 也可写成

$$Q = \frac{I_0 \omega_0 L}{I_0 R} = \frac{I_0}{I_0 \omega_0 CR} = \frac{U_{L0}}{U_S} = \frac{U_{C0}}{U_S} \tag{7.2.6}$$

可见品质因数等于谐振时的电感（或电容）电压与电源电压的有效值之比，即

$$U_{L0} = U_{C0} = QU_S = QU_{R0}$$

从能量观点看

$$Q = \frac{I_0^2 \omega_0 L}{I_0^2 R} = \frac{2\pi f_0 L I_0^2}{R I_0^2} = 2\pi \cdot \frac{L I_0^2}{R I_0^2 T_0} \tag{7.2.7}$$

由式（7.2.7）可知，品质因数是 2π 乘以储存的最大能量与振荡一周期所消耗的能量之比。它描述了谐振时电路的储能性能与耗能性能之间的关系，是衡量回路储能与耗能相对大小的一个重要参数。

在无线电技术中使用的 Q 通常是几十倍以上，所以当输入微弱信号时，可以利用电压谐振来获得一个较高的电压，如收音机就是利用谐振现象来选择电台的。但在电力系统中，过高的电压会使电容器和电感线圈的绝缘被击穿而造成损坏，因而要避免谐振或接近谐振情况的发生。

为说明串联谐振电路对偏离谐振点的输出有抑制作用，这里引入了选择性的概念。选择性是指电路从输入的全部信号中选出所需信号的能力。要说明选择性的好坏，必须研究谐振回路中电流的大小和频率的关系，即电流的谐振曲线。根据电流有效值的计算公式得

$$I = \frac{U_S}{|Z|} = \frac{U_S}{\sqrt{R^2 + \left(\omega L - \dfrac{1}{\omega C}\right)^2}} = \frac{\dfrac{U_S}{R}}{\sqrt{1 + \left(\dfrac{\omega L}{R} - \dfrac{1}{\omega CR}\right)^2}}$$

$$= \frac{I_0}{\sqrt{1 + \left(\dfrac{\omega}{\omega_0} \dfrac{\omega_0 L}{R} - \dfrac{\omega_0}{\omega} \dfrac{1}{\omega_0 CR}\right)^2}} = \frac{I_0}{\sqrt{1 + Q^2 \left(\dfrac{\omega}{\omega_0} - \dfrac{\omega_0}{\omega}\right)^2}}$$

$$\frac{I}{I_0} = \frac{1}{\sqrt{1 + Q^2 \left(\eta - \dfrac{1}{\eta}\right)^2}} \tag{7.2.8}$$

式中，$\eta = \dfrac{\omega}{\omega_0}$。由式（7.2.8）可画出图 7.2.3 所示的幅频特性曲线图。

从图 7.2.3 所示的波形图可看出，**Q 值越大，曲线越尖锐，选择性越好**。但在广播和通信中，所传输的信号往往不是单一频率，而是占有一定的频率范围，这个范围称为通频带。对收音机来说，频带越宽，其音质越好，因为它从低音到高音都能逼真地放出来。但如果考虑到要抑制不需要的信号传进来的话，频带又不能太宽，因此设计中要兼顾通频带和选择性这两方面的指标要求。这里指的频带宽度是 $\dfrac{I}{I_0} \geqslant \dfrac{1}{\sqrt{2}}$ 所对应的频率范围，称为绝对通频带，如图 7.2.4 所示。图中的 ω_1 称为下限截止频率，ω_2 称为上限截止频率，其值由式（7.2.8）求出，即

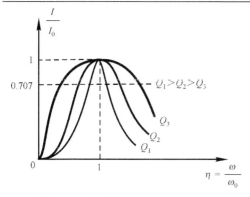

图 7.2.3　串联谐振电路的幅频特性曲线

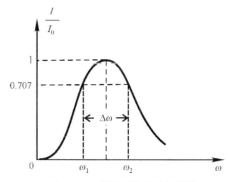

图 7.2.4　串联谐振电路通频带

$$\frac{I}{I_0} = \frac{1}{\sqrt{1 + Q^2\left(\eta - \frac{1}{\eta}\right)^2}} = \frac{1}{\sqrt{2}}\ ; \qquad Q^2\left(\eta - \frac{1}{\eta}\right)^2 = 1$$

即 $\dfrac{\eta^2 - 1}{\eta} = \pm\dfrac{1}{Q}$，整理得

$$\eta^2 \mp \frac{1}{Q}\eta - 1 = 0$$

解方程可得

$$\eta = \pm\frac{1}{2Q} \pm \sqrt{\frac{1}{(2Q)^2} + 1}$$

考虑到 η 只能为正值，故得

$$\begin{cases} \eta_1 = -\dfrac{1}{2Q} + \sqrt{\dfrac{1}{4Q^2} + 1} \\[3mm] \eta_2 = \dfrac{1}{2Q} + \sqrt{\dfrac{1}{4Q^2} + 1} \end{cases} \quad \Rightarrow \quad \begin{cases} \omega_1 = \eta_1\omega_0 \\[2mm] \omega_2 = \eta_2\omega_0 \end{cases}$$

绝对通频带

$$\Delta\omega = \mathrm{BW} = \omega_2 - \omega_1 = (\eta_2 - \eta_1)\omega_0 = \frac{\omega_0}{Q}$$

因 $Q = \dfrac{\omega_0 L}{R}$，故

$$\mathrm{BW} = \frac{R}{L}$$

【例 7.2.1】　RLC 串联电路如图 7.2.5 所示，已知 $R = 10\Omega$，$L = 0.26\mathrm{mH}$，$C = 238\mathrm{pF}$。求：（1）谐振频率 f_0；（2）品质因数 Q；（3）若输入 $f = 640\mathrm{kHz}$，信号源电压有效值 $U = 10\mathrm{mV}$ 时，求电流 I 及电感电压 U_L；（4）若输入 $f = 960\mathrm{kHz}$，信号源电压有效值 $U = 10\mathrm{mV}$ 时，求电流 I 及电感电压 U_L。

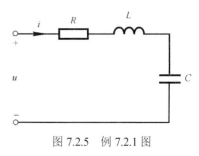

图 7.2.5　例 7.2.1 图

解：（1）$f_0 = \dfrac{1}{2\pi\sqrt{LC}} = \dfrac{1}{2\pi \times \sqrt{0.26 \times 10^{-3} \times 238 \times 10^{-12}}} = 640\mathrm{kHz}$

（2） $Q = \dfrac{\omega_0 L}{R} = \dfrac{2\pi \times 640 \times 10^3 \times 0.26 \times 10^{-3}}{10} = 105$

（3）输入信号源的频率 $f = 640\text{kHz}$ 时，电路发生谐振

$$I = \frac{U}{R} = \frac{10 \times 10^{-3}}{10} = 1\text{mV} , \quad U_L = QU = 105 \times 10 \times 10^{-3} = 1.05\text{V}$$

（4） $f = 960\text{kHz}$ 时

$$|Z| = \sqrt{R^2 + \left(\omega L - \frac{1}{\omega C} \right)^2}$$

$$= \sqrt{10^2 + \left(2\pi \times 960 \times 0.26 - \frac{1}{2\pi \times 960 \times 238 \times 10^{-9}} \right)^2} = 870.6\,\Omega$$

$$I = \frac{U}{|Z|} = 11.5\,\mu\text{A} , \quad U_L = \omega L I = 2\pi \times 960 \times 0.26 \times 11.5 \times 10^{-6} = 0.018\text{V}$$

即谐振电压远大于非谐振电压。

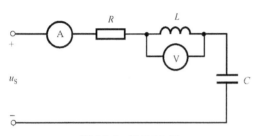

图 7.2.6　例 7.2.2 图

【例 7.2.2】　在图 7.2.6 所示的谐振电路中，$u_S = 20\sqrt{2}\sin(1000t)\text{V}$，电流表读数是 20A，电压表读数是 200V，求 R、L、C 参数。

解：电路发生谐振时，$U_S = U_R$，

$$R = \frac{U_S}{I_0} = \frac{20}{20} = 1\,\Omega$$

$$Q = \frac{U_{L0}}{U_S} = \frac{200}{20} = 10$$

由 $U_{L0} = \omega_0 L I_0$ 得 $\qquad L = \dfrac{U_{L0}}{\omega_0 I_0} = \dfrac{200}{1000 \times 20} = 0.01\text{H}$

由 $\omega_0 = \dfrac{1}{\sqrt{LC}}$ 得 $\qquad C = \dfrac{1}{{\omega_0}^2 L} = \dfrac{1}{1000^2 \times 0.01} = 10^{-4}\text{F} = 100\,\mu\text{F}$

7.3　并联谐振电路

图 7.3.1 所示电路为 RLC 并联电路。

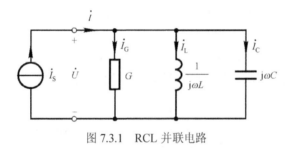

图 7.3.1　RCL 并联电路

该并联电路的导纳

$$Y = G + \frac{1}{j\omega L} + j\omega C = G + j\left(\omega C - \frac{1}{\omega L}\right)$$

当导纳虚部为零时，电路处于并联谐振状态，此时 $\omega_0 C = \dfrac{1}{\omega_0 L}$。

谐振频率
$$\omega_0 = \frac{1}{\sqrt{LC}} \tag{7.3.1}$$

RLC 并联电路在谐振状态下，具有与 RLC 串联电路谐振状态相对应的特点，简述如下：

（1）电压与电流同相位，电路呈电阻性；

（2）并联谐振时，导纳模 $|Y| = G$ 最小，端口电压有效值 $U = U_0 = \dfrac{I_S}{G}$ 最大；

（3）谐振时 $\dot{I}_L + \dot{I}_C = 0$（即 $\dot{I}_L = -\dot{I}_C$），故电感电流与电容电流大小相等，方向相反，电阻电流等于电流源电流（即 $\dot{I}_S = \dot{I}_G$）；

（4）谐振时的电感电流与电容电流分别为

$$\dot{I}_{C0} = j\omega_0 C\dot{U} = j\frac{\omega_0 C}{G}\dot{I}_S = jQ\dot{I}_S$$

$$\dot{I}_{L0} = \frac{1}{j\omega_0 L}\dot{U} = \frac{1}{j\omega_0 LG}\dot{I}_S = -jQ\dot{I}_S$$

由此可见，并联谐振时的电容电流 $\dot{I}_{C0}$ 和电感电流 $\dot{I}_{L0}$ 的模值都等于 QI_S，其中，Q 是并联谐振电路的品质因数

$$Q = \frac{\omega_0 C}{G} = \frac{1}{\omega_0 LG} \tag{7.3.2}$$

当 $Q \gg 1$ 时，电感（或电容）电流远大于电流源电流，故并联谐振又称为电流谐振。

【例 7.3.1】 在图 7.3.2(a)所示电路中，已知 $L = 3\text{mH}$，电源电压 $u_S = 50\sqrt{2}\sin(2000t)\text{V}$，$R = 8\Omega$，$C$ 可调，求谐振时电流表的读数及电容 C。

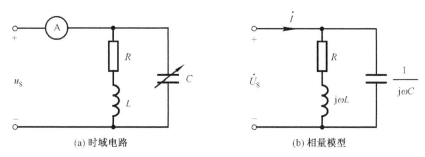

(a) 时域电路　　　　　(b) 相量模型

图 7.3.2 例 7.3.1 图

解： 由图 7.3.2(b)得单口网络导纳

$$Y(j\omega) = j\omega C + \frac{1}{R + j\omega L} = \frac{R}{R^2 + (\omega L)^2} + j\omega\left[C - \frac{L}{R^2 + (\omega L)^2}\right] = G + jX$$

当 $Y(j\omega)$ 的虚部为零时，电路发生谐振，此时电流表读数

$$I = I_0 = GU_S = \frac{R}{R^2 + (\omega L)^2}U_S = \frac{8}{8^2 + (2000 \times 3 \times 10^{-3})^2} \times 50 = 4A$$

$$C = \frac{L}{R^2 + (\omega L)^2} = \frac{3 \times 10^{-3}}{8^2 + (2000 \times 3 \times 10^{-3})^2} = 30\mu F$$

在工程实际应用中，电感线圈通常需考虑其内阻的损耗，因此，电感线圈与电容并联电路可采用图 7.3.2 所示的等效电路。通信设备的接收机也常采用并联电路，利用阻抗高的特性来选择电台。

7.4 多频率正弦稳态电路分析

7.4.1 多个不同频率正弦激励的电路

当电路中出现多个频率的电源或含多个频率的电源时，必须采用叠加原理进行计算。每个频率信号单独工作时，仍可采用相量法分析。但要注意**不同频率的正弦信号在时域中可以相加，而它们各自的相量是不能相加的。**

【例 7.4.1】 在图 7.4.1(a)所示电路中， $U_{S1} = 2V$ ， $u_{S2} = 4\cos(2t)V$ ， $i_S = 2\cos(4t)A$ ，求电流 i 。

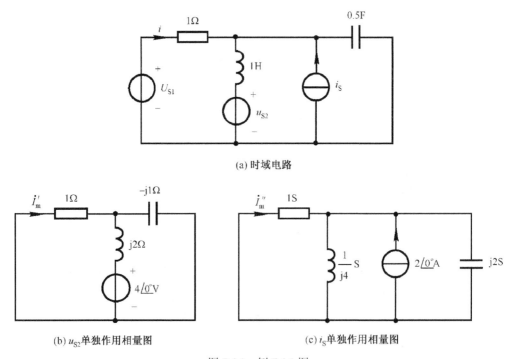

(a) 时域电路

(b) u_{S2}单独作用相量图

(c) i_S单独作用相量图

图 7.4.1 例 7.4.1 图

解：（1）当直流电压源 U_{S1} 单独工作时，电感相当于短路，电容相当于开路。

$$I = \frac{U_{S1}}{1} = 2\text{V}$$

（2）当电压源 u_{S2} 单独工作时，根据图 7.4.1(b)可得

$$\dot{I}'_{\text{m}} = -\frac{4\underline{/0^\circ}}{\text{j}2 + \dfrac{1 \times (-\text{j})}{1 - \text{j}}} \times \frac{-\text{j}}{1 - \text{j}} = \frac{\text{j}4}{\text{j}2(1 - \text{j}) - \text{j}} = \frac{4\underline{/90^\circ}}{2.24\underline{/26.6^\circ}} = 1.79\underline{/63.4^\circ}\text{A}$$

（3）当电流源 i_S 单独工作时，根据图 7.4.1(c)可得

$$\dot{I}''_{\text{m}} = -\frac{1}{1 + \dfrac{1}{\text{j}4} + \text{j}2} \times 2\underline{/0^\circ} = \frac{2\underline{/180^\circ}}{2.02\underline{/60.3^\circ}} = 0.99\underline{/119.7^\circ}\text{A}$$

$$i = 2 + 1.79\cos(2t + 63.4^\circ) + 0.99\cos(4t + 119.7^\circ)\text{A}$$

7.4.2　多频电路的平均功率和有效值计算

上述分析了在不同频率激励下电压、电流的响应。下面讨论各电源作用下平均功率的计算。

设电路如图 7.4.2 所示，由叠加定理得 $i(t) = i_1(t) + i_2(t)$，其中，i_1、i_2 分别是 u_{S1}、u_{S2} 单独作用时在电阻 R 中产生的电流。

电阻吸收的瞬时功率

$$p = R(i_1 + i_2)^2 = Ri_1^2 + Ri_2^2 + 2Ri_1i_2 = p_1 + p_2 + 2Ri_1i_2$$

其中，p_1、p_2 分别是 u_{S1}、u_{S2} 单独作用时所产生的瞬时功率。

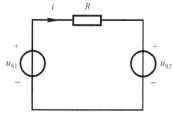

图 7.4.2　两个电源作用的电路图

设 $i_1(t) = I_{1\text{m}}\cos(\omega_1 t + \theta_1)$，$i_2(t) = I_{2\text{m}}\cos(\omega_2 t + \theta_2)$，其中 i_1 的周期 $T_1 = \dfrac{2\pi}{\omega_1}$，$i_2$ 的周期 $T_2 = \dfrac{2\pi}{\omega_2}$，如果 $\dfrac{\omega_1}{\omega_2} = \dfrac{T_2}{T_1} = \dfrac{m}{n}$ 为有理数，那么 $i_1 + i_2$ 仍然为周期函数，其公有周期 $T = mT_1 = nT_2$，令 $\omega = \dfrac{2\pi}{T}$，则有 $\omega_1 = m\omega$，$\omega_2 = n\omega$（分别称 m 次谐波和 n 次谐波），在一个周期 T 内的平均功率

$$P = \frac{1}{T}\int_0^T p\,\text{d}t = \frac{1}{T}\int_0^T (p_1 + p_2 + 2Ri_1i_2)\,\text{d}t$$

$$= P_1 + P_2 + \frac{2R}{T}I_{1\text{m}}I_{2\text{m}}\int_0^T \cos(m\omega t + \theta_1)\cos(n\omega t + \theta_2)\,\text{d}t$$

上式第三项的积分中，只有当 $m \neq n$ 时，积分才为零，即 $P = P_1 + P_2$ 满足叠加条件。而当 $m = n$，即 $\omega_1 = \omega_2$ 时，$P \neq P_1 + P_2$，即对相同频率的正弦量，平均功率不能叠加。这就是说，**多个不同频率的正弦电流（或电压）产生的平均功率等于每个正弦电流（或电压）单独作用时所产生的平均功率之和**。利用上述结论，可方便地求出非正弦周期电路的平均功率。

图 7.4.3 所示为无源单口网络，其端口电压、电流为非正弦周期

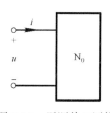

图 7.4.3　无源单口网络

函数。按傅里叶级数理论，可将端口电压、电流分别展开成

$$u(t) = U_0 + \sum_{k=1}^{\infty} U_{km}\cos(k\omega t + \theta_{uk})$$

$$i(t) = I_0 + \sum_{k=1}^{\infty} I_{km}\cos(k\omega t + \theta_{ik})$$

式中，U_0、I_0 为电压、电流的直流分量，U_{km}、I_{km} 为第 k 次谐波的电压、电流峰值。由于它们是由直流分量和无穷多项不同频率的正弦分量相加而成的，根据多个不同频率正弦电流（或电压）产生的平均功率可以叠加的结论可知，该单口网络吸收的平均功率为

$$P = U_0 I_0 + \sum_{k=1}^{\infty} U_k I_k \cos(\theta_{uk} - \theta_{ik}) = U_0 I_0 + \sum_{k=1}^{\infty} U_k I_k \cos\varphi_k \qquad （7.4.1）$$

式中，$\varphi_k = \theta_{uk} - \theta_{ik}$，为 k 次谐波电压、电流相位差。

周期信号的有效值是周期信号瞬时值求方均根值，则有

$$I = \sqrt{\frac{1}{T}\int_0^T i^2 \mathrm{d}t} = \sqrt{\frac{1}{T}\int_0^T [I_0 + \sum_{k=1}^{\infty} I_{km}\cos(k\omega t + \theta_{ik})]^2 \mathrm{d}t}$$

积分号内的平方式展开有以下几种情况

$$\frac{1}{T}\int_0^T I_0^2 \mathrm{d}t = I_0^2$$

$$\frac{1}{T}\int_0^T I_{km}^2 \cos^2(k\omega t + \theta_{ik}) \mathrm{d}t = I_k^2$$

$$\frac{1}{T}\int_0^T 2I_0 I_{km}\cos(k\omega t + \theta_{ik}) \mathrm{d}t = 0$$

$$\frac{1}{T}\int_0^T 2I_{km}\cos(k\omega t + \theta_{ik})I_{qm}\cos(q\omega t + \theta_{iq}) \mathrm{d}t = 0; \quad k \neq q$$

从而得到 i 的有效值为

$$I = \sqrt{I_0^2 + \sum_{k=1}^{\infty} I_k^2} \qquad （7.4.2）$$

即非正弦周期电流有效值等于恒定分量平方与各次谐波有效值的平方之和的平方根。

同理可得非正弦周期电压的有效值为

$$U = \sqrt{U_0^2 + \sum_{k=1}^{\infty} U_k^2} \qquad （7.4.3）$$

【例 7.4.2】 图 7.4.4(a)所示的方波电压作用于图 7.4.4(b)所示的无源单口网络中，已知方波电压傅里叶级数展开的前三项为 $u(t) = \dfrac{40}{\pi}\left(\sin\omega t + \dfrac{1}{3}\sin 3\omega t + \dfrac{1}{5}\sin 5\omega t\right)$，单口网络的 $R = 5\Omega$，$\omega L = 1\Omega$，$\dfrac{1}{\omega C} = 25\Omega$。求单口网络电流 i 和它的有效值及电路吸收的平均功率。

解： 一次谐波（又称为基波）激励时，基波电流为

$$\dot{I}_{1m} = \frac{\dot{U}_{1m}}{R + \dfrac{j\omega L \cdot \dfrac{1}{j\omega C}}{j\omega L + \dfrac{1}{j\omega C}}} = \frac{\dfrac{40}{\pi}}{5 + \dfrac{j1 \times (-j25)}{j1 - j25}} = \frac{\dfrac{40}{\pi}}{5 + j1.04}$$

$$= \frac{40}{\pi \times 5.1 \big/ 11.75^\circ} = 2.5 \big/ -11.75^\circ \, \text{A}$$

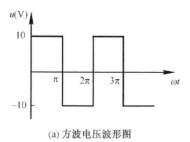

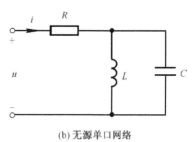

图 7.4.4　例 7.4.2 图

(a) 方波电压波形图　　　　　　　　　　(b) 无源单口网络

三次谐波激励时，相应的三次谐波电流分量为

$$\dot{I}_{3m} = \frac{\dot{U}_{3m}}{R + \dfrac{j3\omega L \cdot \dfrac{1}{j3\omega C}}{j3\omega L + \dfrac{1}{j3\omega C}}} = \frac{\dfrac{40}{3\pi}}{5 + \dfrac{j3 \times (-j8.33)}{j3 - j8.33}} = \frac{\dfrac{40}{3\pi}}{5 + j4.69}$$

$$= \frac{40}{3\pi \times 6.86 \big/ 43.17^\circ} = 0.62 \big/ -43.17^\circ \, \text{A}$$

五次谐波激励时，感抗和容抗相等，电路发生并联谐振，相当于开路，故电流分量为零。

$$i = 2.5\sin(\omega t - 11.75^\circ) + 0.62\sin(3\omega t - 43.17^\circ)$$

电流有效值：$I = \sqrt{I_1^2 + I_3^2} = \sqrt{\left(\dfrac{2.5}{\sqrt{2}}\right)^2 + \left(\dfrac{0.62}{\sqrt{2}}\right)^2} = 1.82 \text{A}$

由于五次谐波的电流分量为零，故 $P_5 = 0$

平均功率：$P = P_1 + P_3$

$$= \frac{40}{\sqrt{2}\pi} \times \frac{2.5}{\sqrt{2}} \cos 11.75^\circ + \frac{40}{3\sqrt{2}\pi} \times \frac{0.62}{\sqrt{2}} \cos 43.17^\circ = 15.58 + 0.96 = 16.54 \text{W}$$

习　　题

7.1　在图 7.1 所示单口网络中，求：（1）$\omega = 1\text{rad/s}$；（2）$\omega = 5\text{rad/s}$；（3）$\omega = 10\text{rad/s}$ 时的输入阻抗，并说明电压、电流的相位关系及电路的性质。

7.2　画出图 7.2 所示 RC 电路的电压转移函数的幅频特性及相频特性曲线。

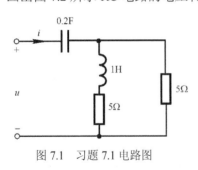

图 7.1　习题 7.1 电路图

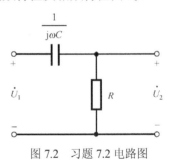

图 7.2　习题 7.2 电路图

7.3　图 7.3 所示为 RC 桥式振荡电路的选频电路，试证明：当频率 $f = f_0 = \dfrac{1}{2\pi RC}$ 时，输出电压 $\dot{U}_2$ 与输入电压 $\dot{U}_1$ 同相，此时的输出电压幅值最大，且 $H(\mathrm{j}\omega) = \dfrac{\dot{U}_2}{\dot{U}_1} = \dfrac{1}{3}$。

7.4　图 7.4 所示为移相器电路，在测试控制系统中广泛应用。图中的 R_1 为可调电位器，当调节 R_1 时，输出电压 $\dot{U}_\mathrm{O}$ 的相位可在一定范围内连续可变，试求当电路中 R_1 变化时，输入、输出电压之间相位差的变化范围。

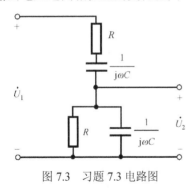

图 7.3　习题 7.3 电路图

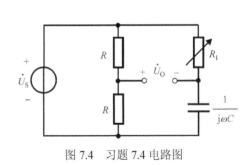

图 7.4　习题 7.4 电路图

7.5　已知图 7.5 所示电路的 $i_\mathrm{S} = 3\sqrt{2}\sin(\omega t)\mathrm{A}$，$R = 2\mathrm{k}\Omega$，$C = 1\mu\mathrm{F}$，试求转移电流比函数 $H(\mathrm{j}\omega) = \dfrac{\dot{I}_2}{\dot{I}_\mathrm{S}}$；频率为何值时 I_2 最大，并计算最大的电流值。

7.6　某收音机的输入回路（调谐回路）可简化为由一个线圈和一个可变电容器串联组成的电路，如图 7.6 所示。线圈的电感 $L = 300\mu\mathrm{H}$，电容 C 为可变电容器。今欲使调谐频率范围为 525 ～ 1605kHz，求 C 的变化范围。

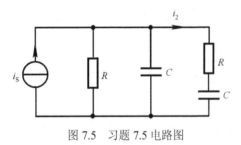

图 7.5　习题 7.5 电路图

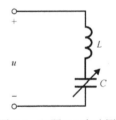

图 7.6　习题 7.6 电路图

7.7　图 7.7 所示为 RLC 串联电路，已知 $u_S = \sqrt{2}\sin(\omega t)$V。求电路的谐振频率 f_0、品质因数 Q、带宽 B、谐振时的回路电流 I_0、电阻两端电压 U_R、电感电压 U_L 及电容电压 U_C。

7.8　一接收器电路如图 7.8 所示，参数为 $U = 6$V，　$\omega = 4 \times 10^3$ rad/s，调电容 C 使电路中的电流达到最大，其值为150mA，此时测得电容电压为300V，求 R、L、C 的值和电路的品质因数 Q。

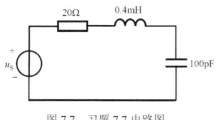

图 7.7　习题 7.7 电路图

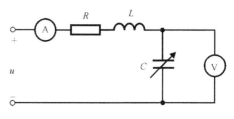

图 7.8　习题 7.8 电路图

7.9　图 7.9 所示的电路工作在谐振状态，如果 $i_S = 3\sqrt{2}\sin(\omega t)$A。（1）求电路的固有谐振频率；（2）求 i_R、i_L 和 i_C。

7.10　图 7.10 所示为应用串联谐振原理测量线圈电阻 r 和电感 L 的电路。已知 $R = 10\Omega$，$C = 0.1\mu$F，保持外加电压有效值为1V 不变，而改变频率 f，同时用电压表测量电阻 R 的电压 U_R。当 $f = 800$Hz 时，U_R 获得最大值为 0.8V，试求电阻 r 和电感 L。

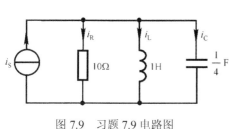

图 7.9　习题 7.9 电路图

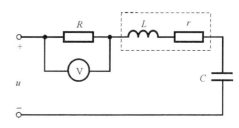

图 7.10　习题 7.10 电路图

7.11　试求图 7.11 所示电路的稳态电压 u。

7.12　图 7.12 所示单口网络的电压、电流分别为 $u(t) = \left[5 + 3\cos(t + 30°) + \cos(3t)\right]$V，$i(t) = \left[4 + 4\sin(t - 30°) + 2\sin(3t - 60°)\right]$A，求电压、电流有效值及平均功率。

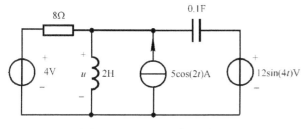

图 7.11　习题 7.11 电路图

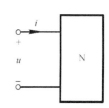

图 7.12　习题 7.12 电路图

7.13　在图 7.13 所示电路中，$u_S = \left[10 + 5\sqrt{2}\sin t + 2\sqrt{2}\sin(3t)\right]$V，求 i 及平均功率。

7.14 在图 7.14 所示电路中，$R = 50\Omega$， $\dfrac{1}{\omega C_1} = 200\Omega$， $\dfrac{1}{\omega C_2} = 900\Omega$， $\omega L_1 = 200\Omega$，

$\omega L_2 = 100\Omega$， $u(t) = 100 \times \left(0.5 + 0.7\sin t + \dfrac{1}{3}\sin 3t \right)\mathrm{V}$， 求 $i(t)$。

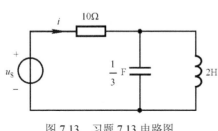

图 7.13 习题 7.13 电路图

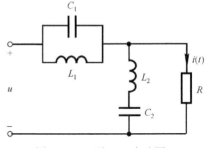

图 7.14 习题 7.14 电路图

第8章 耦合电感和理想变压器

前面提到电源或信号能量的传输或转换是通过电路元件及连接导线实现的，它属于接触式信号传递。然而人们常用的磁卡，它与读卡器并未直接连接，但它通过磁耦合同样实现了信息的传递，那么这种磁耦合又是怎样形成的呢？

根据物理学的知识可知，当电流通过一线圈时，就在线圈周围产生磁场，磁场中储有能量，用电感表示。如果两个线圈互相靠近，那么其中一个线圈中的电流所产生的磁通将有一部分穿过另一个线圈，虽然没有直接连接，但通过两个线圈形成了磁的耦合，实现了非接触式的能量或信号的传递与转换。这两个线圈称为一对耦合线圈。耦合电感是耦合线圈的理想化模型。它是一类多端元件，特别当其满足某些条件时，其特性可用理想变压器模型来表示。因此本章介绍两个元件——耦合电感和理想变压器，并对含耦合电感和理想变压器的电路进行分析和计算。

8.1 耦合电感的基本概念及其 VAR

8.1.1 耦合电感元件

如图 8.1.1 所示两个位置靠近的线圈 1 和线圈 2，它们的匝数分别为 N_1、N_2。在线圈密绕情况下，当两个线圈同时有电流通过时，线圈 1 的电流 i_1 产生的磁通与线圈 1 的各匝交链，形成磁链 ψ_{11}，由于它是由自身电流 i_1 形成的，故称为自感磁链。ψ_{11} 由两部分构成，其中一部分只与本线圈交链的称为漏磁链，而另一部分 ψ_{21} 与线圈 2 交链，称为线圈 1 对线圈 2 的互感磁链。而线圈 2 的电流 i_2 产生磁通与线圈 2 各匝交链形

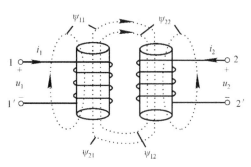

图 8.1.1 耦合电感线圈

成自感磁链 ψ_{22}，它也由两部分构成，其中只与本线圈交链的称为漏磁链，而另一部分 ψ_{12} 与线圈 1 交链，称为线圈 2 对线圈 1 的互感磁链。

当线圈周围的介质是各向同性的线性介质时，磁链与产生该磁链的电流成正比，则自感磁链 $\psi_{11} = L_1 i_1$，$\psi_{22} = L_2 i_2$，互感磁链 $\psi_{21} = M_{21} i_1$，$\psi_{12} = M_{12} i_2$。

由物理学可知 $M_{12} = M_{21} = M$，其单位为亨（H），它是耦合电感的一个参数，反映了一个线圈的电流在另一个线圈中产生磁链的能力。

为了定量描述两个线圈耦合的松紧程度，把两个线圈互感磁链与自感磁链比值的几何平均值定义为耦合系数，用 k 表示，即

$$k = \sqrt{\frac{\psi_{21}\psi_{12}}{\psi_{11}\psi_{22}}} = \sqrt{\frac{Mi_1 Mi_2}{L_1 i_1 L_2 i_2}} = \frac{M}{\sqrt{L_1 L_2}} \qquad (8.1.1)$$

由于 $\psi_{21} \leqslant \psi_{11}$，$\psi_{12} \leqslant \psi_{22}$，所以耦合系数 $0 \leqslant k \leqslant 1$，$M \leqslant \sqrt{L_1 L_2}$。当 $k = 0$ 时，两线圈无耦合，当 $k = 1$ 时，$M^2 = L_1 L_2$，称为全耦合。

由上述讨论可知，耦合电感元件需要自感 L_1、L_2 和互感 M 这三个参数来表征。在本书中，上述磁链 ψ 和它的电流 i 均符合右手螺旋法则，故 L_1、L_2 和 M 恒为正值。

8.1.2 同名端及耦合电感 VAR

由图 8.1.1 可知，每个线圈产生的磁链是由自感磁链和互感磁链两部分构成的。设线圈 1 和线圈 2 的磁链分别为 ψ_1 和 ψ_2，由于自感磁链和互感磁链方向一致，称磁链"相助"，故有

$$\begin{cases} \psi_1 = \psi_{11} + \psi_{12} = L_1 i_1 + M i_2 \\ \psi_2 = \psi_{21} + \psi_{22} = M i_1 + L_2 i_2 \end{cases} \qquad (8.1.2)$$

当电流 i_1、i_2 为变动的电流时，磁链 ψ_1、ψ_2 将在各自线圈两端产生感应电压，其感应电压为

$$\begin{cases} u_1 = \dfrac{d\psi_1}{dt} = L_1 \dfrac{di_1}{dt} + M \dfrac{di_2}{dt} = u_{11} + u_{12} \\ u_2 = \dfrac{d\psi_2}{dt} = M \dfrac{di_1}{dt} + L_2 \dfrac{di_2}{dt} = u_{21} + u_{22} \end{cases} \qquad (8.1.3)$$

式中，$u_{11} = L_1 \dfrac{di_1}{dt}$，$u_{22} = L_2 \dfrac{di_2}{dt}$，称为自感电压；$u_{12} = M \dfrac{di_2}{dt}$，$u_{21} = M \dfrac{di_1}{dt}$，称为互感电压。

自感电压前正、负号由各线圈本身电压与电流是否为关联参考方向来决定，关联取正，非关联取负。 而互感电压前的正、负号与两个电流的参考方向、线圈的绕向及线圈放置的位置有关。

图 8.1.2 中线圈 2 的绕行方向与图 8.1.1 中相反，其他条件都相同。

由右手螺旋法则可知，自感磁链和互感磁链方向相反，称磁链"相消"，此时

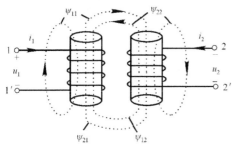

图 8.1.2 互感方向相反的耦合线圈

$$\begin{cases} \psi_1 = \psi_{11} - \psi_{12} = L_1 i_1 - M i_2 \\ \psi_2 = -\psi_{21} + \psi_{22} = -M i_1 + L_2 i_2 \end{cases} \qquad (8.1.4)$$

其感应电压为

$$\begin{cases} u_1 = \dfrac{d\psi_1}{dt} = L_1 \dfrac{di_1}{dt} - M \dfrac{di_2}{dt} \\ u_2 = \dfrac{d\psi_2}{dt} = -M \dfrac{di_1}{dt} + L_2 \dfrac{di_2}{dt} \end{cases} \qquad (8.1.5)$$

由此可见，互感电压前的正、负号取决于磁链"相助"还是"相消"。为了便于反映"相助"、"相消"作用和简化图形表示，采用同名端标记方法。

两线圈同名端是这样规定的：当电流从两个线圈各自的某个端钮同时流入（或流出）

时，两个线圈产生的磁链"相助"，就称这两个端钮为互感线圈的同名端，并标以记号"·"或"*"等。由于同名端和各线圈的绕向有关，因此耦合线圈制成后，必须标明它们的同名端。万一标记丢失，可通过实验方法判定同名端。

同名端的测试电路如图 8.1.3 所示。虚框为待测的一对互感线圈。当开关 S 突然闭合时，就有随时间增长的电流 i_1 流入端钮 1，即 $\dfrac{\mathrm{d}i_1}{\mathrm{d}t}>0$。如果此时电压表指针正向偏转，则表明 2 端为高电位端，说明 1、2 是一对同名端。反之，1、2′ 为同名端。

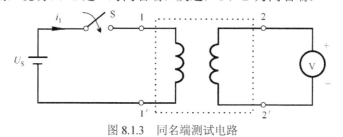

图 8.1.3　同名端测试电路

根据同名端规定，可判定图 8.1.1 中的 1、2 为同名端，于是可用带有同名端标记的电感 L_1、L_2 和 M 表示，如图 8.1.4(a)所示。由式（8.1.3）可知，耦合电感的电压由自感电压和互感电压两部分构成，其中互感电压为正，将互感电压的作用用电流控制电压源表示，可画出图 8.1.4(b)所示的电路，它与图 8.1.4(a)所示电路具有相同的 VAR，所以图 8.1.4(b)是图 8.1.4(a)的去耦等效电路。

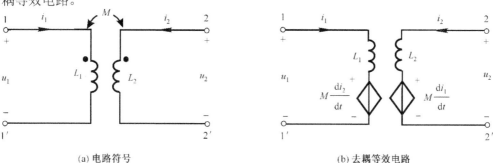

(a) 电路符号　　　　　　　　　　　　　　(b) 去耦等效电路

图 8.1.4　图 8.1.1 耦合电感的电路符号及去耦等效电路

同理可判定图 8.1.2 中 1、2′ 为同名端，其电路符号如图 8.1.5(a)所示。由式（8.1.5）可知互感电压为负，将互感电压的作用用电流控制电压源表示，可画出图 8.1.5(b)所示的电路，它与图 8.1.5(a)具有相同的 VAR。

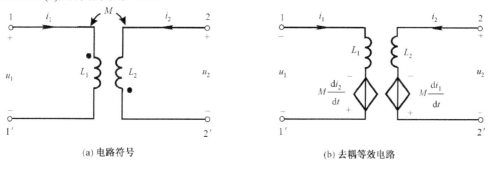

(a) 电路符号　　　　　　　　　　　　　　(b) 去耦等效电路

图 8.1.5　图 8.1.2 耦合电感的电路符号及去耦等效电路

比较图 8.1.4 和图 8.1.5 可得出由同名端写出互感电压的规律：**从一个线圈同名端流入的电流在第二个线圈的同名端产生正的感应电压，或者说电流从打点端流入时，在另一个线圈产生的互感电压，其打点端为正。若电流是从打点的另一端流入，则在另一个线圈产生的互感电压，其打点的另一端为正。**

【例 8.1.1】 写出图 8.1.6(a)所示电路的 VAR。

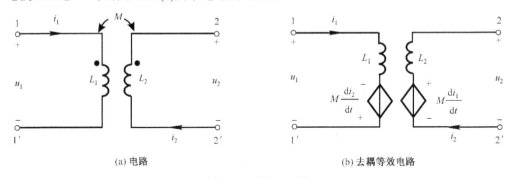

(a) 电路　　　　　　　　　　　　　(b) 去耦等效电路

图 8.1.6　例 8.1.1 图

解： 图 8.1.6(b)为图 8.1.6(a)的去耦等效电路。在线圈 1 中，电压与电流为关联参考方向，所以线圈 1 的自感电压前为正号，由于线圈 2 电流是从打点的另一端流入，故在线圈 1 中产生的互感电压，其打点的另一端为正（即互感电压为下正上负）。而在线圈 2 中，电压与电流为非关联参考方向，所以线圈 2 的自感电压前为负号，由于线圈 1 电流是从打点端流入，故在线圈 2 中产生的互感电压，其打点端为正（即互感电压为上正下负）。由此可写出

$$\begin{cases} u_1 = L_1 \dfrac{\mathrm{d}i_1}{\mathrm{d}t} - M\dfrac{\mathrm{d}i_2}{\mathrm{d}t} \\ u_2 = M\dfrac{\mathrm{d}i_1}{\mathrm{d}t} - L_2\dfrac{\mathrm{d}i_2}{\mathrm{d}t} \end{cases}$$

8.2　耦合电感的等效电路

当两耦合线圈之间存在电气连接时，可以通过电路等效化简去除耦合，这样在分析计算中就不必专门考虑耦合作用，从而给分析含互感的电路带来了方便。下面讨论耦合电感串联、并联及 T 形连接时的去耦等效电路。

8.2.1　串联耦合电路的等效

图 8.2.1(a)所示为两个耦合电感的异名端连接，称为顺接。

图 8.2.1(b)所示为图 8.2.1(a)的等效电路，其端口的 VAR 为

$$u = L_1\frac{\mathrm{d}i}{\mathrm{d}t} + M\frac{\mathrm{d}i}{\mathrm{d}t} + L_2\frac{\mathrm{d}i}{\mathrm{d}t} + M\frac{\mathrm{d}i}{\mathrm{d}t} = (L_1 + L_2 + 2M)\frac{\mathrm{d}i}{\mathrm{d}t} = L_{eq}\frac{\mathrm{d}i}{\mathrm{d}t}$$

图 8.2.1(c)要与图 8.2.1(a)等效，必须满足式（8.2.1）。

$$L_{eq} = L_1 + L_2 + 2M \tag{8.2.1}$$

式中，L_{eq} 为串联顺接的两个耦合电感的等效电感。

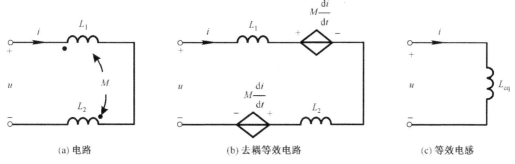

图 8.2.1　耦合电感的串联及其等效电路

若串联的两个耦合电感同名端相接，则称为反接，同理可得其等效电感 L_{eq} 如式（**8.2.2**）所示。

$$L_{eq} = L_1 + L_2 - 2M \tag{8.2.2}$$

8.2.2　T 形连接耦合电感的去耦等效

当两个耦合电感有一端相连时，称为"三端"耦合电感或 T 形连接耦合电感，图 8.2.2(a) 所示为同名端相接，称为顺接。

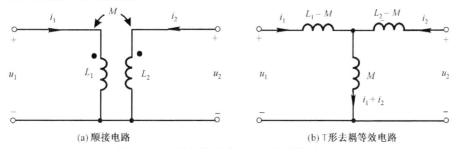

图 8.2.2　三端顺接电路及 T 形去耦等效电路

图 8.2.2(a)电路的 VAR 为

$$\begin{cases} u_1 = L_1 \dfrac{di_1}{dt} + M \dfrac{di_2}{dt} = (L_1 - M)\dfrac{di_1}{dt} + M\dfrac{d(i_1 + i_2)}{dt} \\[3mm] u_2 = M \dfrac{di_1}{dt} + L_2 \dfrac{di_2}{dt} = M\dfrac{d(i_1 + i_2)}{dt} + (L_2 - M)\dfrac{di_2}{dt} \end{cases} \tag{8.2.3}$$

由式（8.2.3）可得到图 8.2.2(b)所示的 T 形去耦等效电路。

若耦合电感异名端相接，如图 8.2.3(a)所示，称为反接，根据上述分析，可得到 T 形去耦等效电路如图 8.2.3(b)所示电路。

两个耦合电感的并联连接可以作为"三端"耦合电感的特例来分析，图 8.2.4(a)所示为两线圈的同名端两两相接，称为顺接。根据"三端"耦合电路在顺接时的等效规律，可画出图 8.2.4(a)所示的等效电路，如图 8.2.4(b)所示。

根据电感的串并联公式，可求出图 8.2.4(b)的等效电感

$$L_{eq} = \frac{(L_1 - M)(L_2 - M)}{L_1 - M + L_2 - M} + M = \frac{L_1 L_2 - M^2}{L_1 + L_2 - 2M} \tag{8.2.4}$$

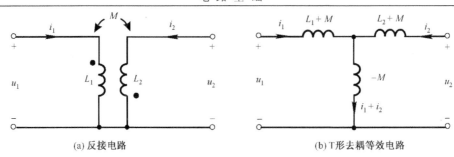

(a) 反接电路　　　　　　　　　　　　(b) T 形去耦等效电路

图 8.2.3　三端反接电路及 T 形去耦等效电路

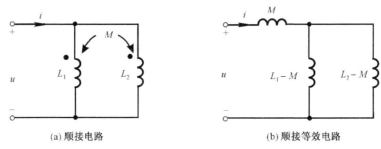

(a) 顺接电路　　　　　　　　　　　　(b) 顺接等效电路

图 8.2.4　耦合电感顺接及其等效电路

若两线圈的异名端两两相接，称为反接。利用上述分析方法可得反接时的等效电感为

$$L_{eq} = \frac{L_1 L_2 - M^2}{L_1 + L_2 + 2M} \tag{8.2.5}$$

此外对无公共端连接的耦合电感，如图 8.1.4 所示，可人为地将其两端连成公共端，即将 1′、2′ 相连变成三端耦合电感，再画出去耦等效电路后进行分析计算。

8.3　耦合电感的正弦稳态分析

含有耦合电感电路的正弦稳态分析可以采用相量法。在有些电路中，可先对耦合电感去耦等效后，再用相量分析法进行分析。

图 8.1.4 所示的耦合电感及其去耦等效电路的相量模型如图 8.3.1 所示。

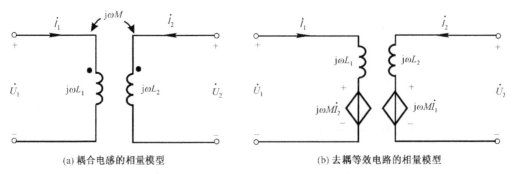

(a) 耦合电感的相量模型　　　　　　　　　　(b) 去耦等效电路的相量模型

图 8.3.1　图 8.1.4 所对应的相量模型及等效电路相量模型

图 8.3.1 所示相量模型的 VAR 为

$$\begin{cases} \dot{U}_1 = j\omega L_1 \dot{I}_1 + j\omega M \dot{I}_2 \\ \dot{U}_2 = j\omega M \dot{I}_1 + j\omega L_2 \dot{I}_2 \end{cases} \tag{8.3.1}$$

【例 8.3.1】 正弦稳态电压 $u = 5\sqrt{2}\sin(5t)\text{V}$，作用于图 8.3.2(a)所示的电路中，已知 $R = 5\Omega$，$L_1 = 2\text{H}$，$L_2 = 1.6\text{H}$，$M_1 = 1\text{H}$，$C_1 = 0.02\text{F}$，$L_3 = 1.2\text{H}$，$L_4 = 1\text{H}$，$M_2 = 0.4\text{H}$，$C_2 = 0.01\text{F}$。求 a、b 两端等效阻抗 Z 和端口电流 i。

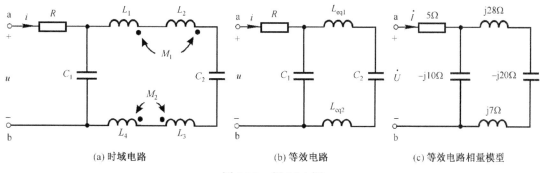

(a) 时域电路   (b) 等效电路   (c) 等效电路相量模型

图 8.3.2 例 8.3.1 图

解： 图 8.3.2(b)中 L_{eq1} 为串联耦合电感顺接，L_{eq2} 为串联耦合电感反接，则

$$L_{\text{eq1}} = L_1 + L_2 + 2M_1 = 5.6\text{H}, \quad L_{\text{eq2}} = L_3 + L_4 - 2M_2 = 1.4\text{H}$$

图 8.3.2(c)所示为图 8.3.2(b)的相量模型，其端口等效阻抗

$$Z = 5 + \frac{(-j10) \times (j28 - j20 + j7)}{-j10 + j28 - j20 + j7} = 5 - j30 = 30.4\underline{/-80.54°}\,\Omega$$

$$\dot{I} = \frac{\dot{U}}{Z} = \frac{5\,\underline{0°}}{30.4\underline{/-80.54°}} = 0.16\underline{/80.54°}\text{A}$$

$$i = 0.16\sqrt{2}\sin(5t + 80.54°)\text{A}$$

【例 8.3.2】 图 8.3.3(a)所示为振荡器等效电路，受控源可用放大器实现。如果要使电路中存在正弦电压、电流，g_{m} 为何值？发生此种情况时，频率为多少？

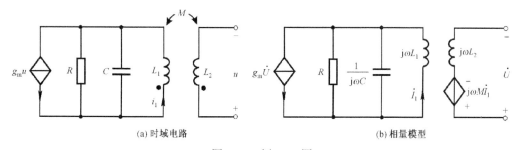

(a) 时域电路   (b) 相量模型

图 8.3.3 例 8.3.2 图

解： 图 8.3.3(b)所示为图 8.3.3(a)的相量模型。因为线圈 2 开路，$\dot{I}_2 = 0$，故线圈 1 的互感电压和线圈 2 的自感电压均为零，所以

$$\dot{U} = j\omega M \dot{I}_1 \qquad\qquad (8.3.2)$$

由分流公式可得
$$\dot{I}_1 = \frac{\dfrac{1}{j\omega L_1}}{\dfrac{1}{R} + j\omega C + \dfrac{1}{j\omega L_1}} \times g_m \dot{U} \qquad (8.3.3)$$

将式（8.3.2）代入式（8.3.3）并整理得

$$\frac{1}{R} + j\left(\omega C - \frac{1}{\omega L_1}\right) = \frac{M}{L_1} g_m$$

由此得方程的实部为 $\dfrac{1}{R} = \dfrac{M}{L_1} g_m$，得 $g_m = \dfrac{L_1}{RM}$。

方程虚部 $\omega C - \dfrac{1}{\omega L_1} = 0$，即产生等幅振荡的频率 $\omega = \dfrac{1}{\sqrt{CL_1}}$。

【例 8.3.3】 试列出图 8.3.4 所示电路相量形式的网孔方程。

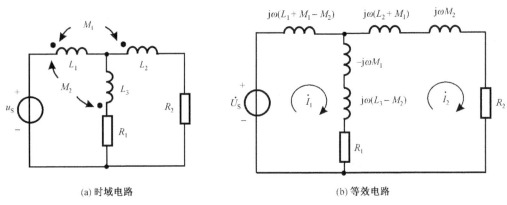

(a) 时域电路　　　　　　　　　　　　　　　(b) 等效电路

图 8.3.4　例 8.3.3 图

解： 图 8.3.4(b)所示为图 8.3.4(a)的 T 形去耦等效电路，由图 8.3.4(b)列两个网孔的网孔方程。

网孔 1：$\left[R_1 + j\omega(L_1 + L_3 - 2M_2)\right]\dot{I}_1 - \left[R_1 + j\omega(L_3 - M_1 - M_2)\right]\dot{I}_2 = \dot{U}_S$

网孔 2：$-\left[R_1 + j\omega(L_3 - M_1 - M_2)\right]\dot{I}_1 + \left[R_1 + R_2 + j\omega(L_2 + L_3)\right]\dot{I}_2 = 0$

【例 8.3.4】 在图 8.3.5 所示电路中，耦合系数 $k = 0.5$，求 A、B 端电压。

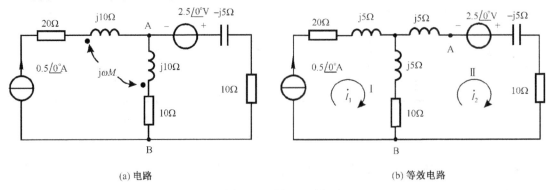

(a) 电路　　　　　　　　　　　　　　　(b) 等效电路

图 8.3.5　例 8.3.4 图

解：
$$k = \frac{M}{\sqrt{L_1 L_2}} = \frac{\omega M}{\sqrt{\omega L_1 \omega L_2}}, \qquad \omega M = 0.5\sqrt{10 \times 10} = 5\Omega$$

图 8.3.5(b)所示为图 8.3.5(a)T 形去耦等效电路，由于网孔 I 电流 $\dot{I}_1 = 0.5\underline{/0°}$A 已知，故只列网孔 II 的方程

$$-(10 + j5)\dot{I}_1 + (j5 - j5 + 10 + 10 + j5)\dot{I}_2 = 2.5\underline{/0°}$$

$$\dot{I}_2 = \frac{7.5 + j2.5}{20 + j5} = \frac{7.9\underline{/18.43°}}{20.62\underline{/14.04°}} = 0.38\underline{/4.39°}\text{A}$$

$$\dot{U}_{AB} = -2.5\underline{/0°} + (10 - j5)\dot{I}_2 = -2.5 + 11.18\underline{/-26.57°} \times 0.38\underline{/4.39°}$$
$$= -2.5 + 4.25\underline{/-22.18°} = -2.5 + 3.94 - j1.6 = 2.15\underline{/-48°}\text{V}$$

8.4 空心变压器分析

变压器是电工、电子技术中常用的电气设备，它是由两个耦合线圈绕在一个共同的心子上制成的。其中一个线圈接电源，称为初级线圈或原边线圈，另一个线圈接负载，称为次级线圈或副边线圈，能量可以通过磁场耦合，由电源传递到负载。变压器可以用铁心，也可以不用铁心（空心变压器），空心变压器的心子是由非铁磁材料制成的。

空心变压器本质上是两个考虑内阻损耗的耦合线圈。在正弦稳态下所建立的相量模型如图 8.4.1(a)所示。

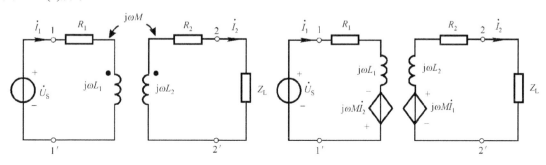

(a) 空心变压器电路   (b) 等效电路

图 8.4.1 空心变压器电路相量模型

在图 8.4.1 中，R_1、R_2 分别为原边、副边电阻，Z_L 为负载阻抗。

图 8.4.1(b)所示为图 8.4.1(a)的去耦等效电路，由图 8.4.1(b)得各网孔的 KVL 方程为

$$\begin{cases} (R_1 + j\omega L_1)\dot{I}_1 - j\omega M\dot{I}_2 = \dot{U}_S \\ -j\omega M\dot{I}_1 + (R_2 + j\omega L_2 + Z_L)\dot{I}_2 = 0 \end{cases} \tag{8.4.1}$$

令 $Z_{11} = R_1 + j\omega L_1$，$Z_{22} = R_2 + j\omega L_2 + Z_L$，则式（8.4.1）简化为

$$\begin{cases} Z_{11}\dot{I}_1 - j\omega M\dot{I}_2 = \dot{U}_S \\ -j\omega M\dot{I}_1 + Z_{22}\dot{I}_2 = 0 \end{cases} \tag{8.4.2}$$

由克莱姆法则得

$$\dot{I}_1 = \frac{\begin{vmatrix} \dot{U}_S & -j\omega M \\ 0 & Z_{22} \end{vmatrix}}{\begin{vmatrix} Z_{11} & -j\omega M \\ -j\omega M & Z_{22} \end{vmatrix}} = \frac{Z_{22}\dot{U}_S}{Z_{11}Z_{22} + (\omega M)^2} = \frac{\dot{U}_S}{Z_{11} + \dfrac{(\omega M)^2}{Z_{22}}}$$ （8.4.3a）

$$\dot{I}_2 = \frac{\begin{vmatrix} Z_{11} & \dot{U}_S \\ -j\omega M & 0 \end{vmatrix}}{\begin{vmatrix} Z_{11} & -j\omega M \\ -j\omega M & Z_{22} \end{vmatrix}} = \frac{j\omega M\dot{U}_S}{Z_{11}Z_{22} + (\omega M)^2} = \frac{\dfrac{j\omega M}{Z_{11}}\dot{U}_S}{Z_{22} + \dfrac{(\omega M)^2}{Z_{11}}}$$ （8.4.3b）

由式（8.4.3a）可画出原边等效电路如图 8.4.2(a)所示。

由式（8.4.3b）可画出副边等效电路如图 8.4.2(b)所示。

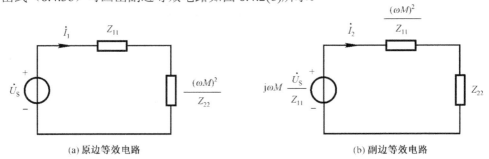

(a) 原边等效电路　　　　　　　　　　　　(b) 副边等效电路

图 8.4.2　空心变压器原边、副边等效电路

每个等效电路都由一个电源和两个阻抗串联组成。其中在图 8.4.2(a)中，原边等效电路电源为 $\dot{U}_S$，Z_{11} 为初级回路自阻抗，$\dfrac{(\omega M)^2}{Z_{22}}$ 是次级回路反映到初级回路的反映阻抗，表明次级回路对初级回路的影响。在图 8.4.2(b)所示的副边等效电路中，电源电压是从 L_2 两端向初级方向得到的开路电压，Z_{22} 为次级回路自阻抗，$\dfrac{(\omega M)^2}{Z_{11}}$ 为初级回路反映到次级回路的反映阻抗。

利用反映阻抗概念作原边和副边等效电路，对空心变压器电路进行分析的方法称为反映阻抗法。它是分析含空心变压器电路的一种简单而有效的方法。

【例 8.4.1】　求图 8.4.3(a)所示的空心变压器电路的输入阻抗及电流 $\dot{I}$。

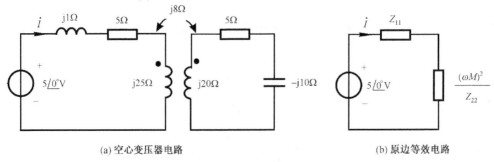

(a) 空心变压器电路　　　　　　　　　　　　(b) 原边等效电路

图 8.4.3　例 8.4.1 图

解： 图 8.4.3(b)所示为图 8.4.3(a)的原边等效电路，其中

$$Z_{11} = \mathrm{j}1 + 5 + \mathrm{j}25 = (5 + \mathrm{j}26)\Omega, \qquad Z_{22} = 5 - \mathrm{j}10 + \mathrm{j}20 = (5 + \mathrm{j}10)\Omega$$

输入阻抗

$$Z_{\mathrm{in}} = Z_{11} + \frac{(\omega M)^2}{Z_{22}} = 5 + \mathrm{j}26 + \frac{8^2}{5 + \mathrm{j}10} = 7.56 + \mathrm{j}20.88 = 22.2\underline{/70.1^\circ}\,\Omega$$

$$\dot{I} = \frac{\dot{U}_{\mathrm{S}}}{Z_{\mathrm{in}}} = \frac{5\underline{/0^\circ}}{22.2\underline{/70.1^\circ}} = 0.23\underline{/-70.1^\circ}\,\mathrm{A}$$

【例 8.4.2】　在图 8.4.4(a)所示的电路中，已知 $u_{\mathrm{S}} = 30\sqrt{2}\sin(10t)\mathrm{V}$，$C = 0.02\mathrm{F}$，$R_1 = R_2 = 5\Omega$，$L_1 = 1\mathrm{H}$，$L_2 = 2\mathrm{H}$，$M = 0.5\mathrm{H}$，则当 Z_{L} 为何值时可获得最大功率？最大功率 P_{max} 为多少？

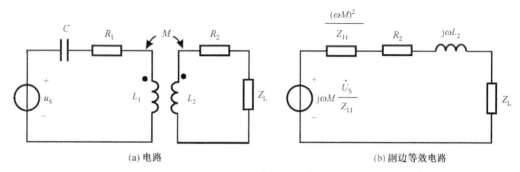

图 8.4.4　例 8.4.2 图

解： 图 8.4.4(b)所示为图 8.4.4(a)所示副边等效电路的相量模型。

$$Z_{11} = R_1 + \frac{1}{\mathrm{j}\omega C} + \mathrm{j}\omega L_1 = 5 - \mathrm{j}5 + \mathrm{j}10 = 5 + \mathrm{j}5 = 5\sqrt{2}\underline{/45^\circ}\,\Omega$$

戴维南等效电路的开路电压 $\dot{U}_{\mathrm{OC}}$ 和等效阻抗 Z_{O} 分别为

$$\dot{U}_{\mathrm{OC}} = \mathrm{j}\omega M \frac{\dot{U}_{\mathrm{S}}}{Z_{11}} = \mathrm{j}5 \times \frac{30\underline{/0^\circ}}{5\sqrt{2}\underline{/45^\circ}} = 15\sqrt{2}\underline{/45^\circ}\,\mathrm{V}$$

$$Z_{\mathrm{O}} = \frac{(\omega M)^2}{Z_{11}} + R_2 + \mathrm{j}\omega L_2 = \frac{25}{5\sqrt{2}\underline{/45^\circ}} + 5 + \mathrm{j}20 = (7.5 + \mathrm{j}17.5)\Omega$$

当 $Z_{\mathrm{L}} = Z_{\mathrm{O}}{}^* = (7.5 - \mathrm{j}17.5)\Omega$ 时，可获得最大功率，此时

$$P_{\mathrm{max}} = \frac{U_{\mathrm{OC}}{}^2}{4R_{\mathrm{O}}} = \frac{\left(15\sqrt{2}\right)^2}{4 \times 7.5} = 15\mathrm{W}$$

8.5　理想变压器分析

实际变压器大都含有铁心，工程实际中的铁心变压器可以忽略变压器的线圈电阻和铁心在交变磁场作用下的涡流与磁滞损耗。另外，由于铁磁质（如硅片、坡莫合金等）相对磁导

率有几千至几万，故绕组通有电流后，一方面磁场大为增强，这将大大提高线圈的电感量，另一方面磁场主要集中在铁心内，绝大部分磁通是经过铁心面闭合的，很少一部分磁通经空气而闭合，称为漏磁通。如果将铁心变压器理想化，其理想化的条件为：（1）耦合系数 $k=1$，漏磁通为零；（2）L_1、L_2 和 M 趋于无穷大；（3）变压器本身无损耗，则铁心变压器可视为理想变压器。实际铁心变压器是非常接近理想变压器的。

图 8.5.1(a)所示为一典型理想变压器，其电路符号如图 8.5.1(b)所示，初级绕组为 N_1 匝，次级绕组为 N_2 匝。

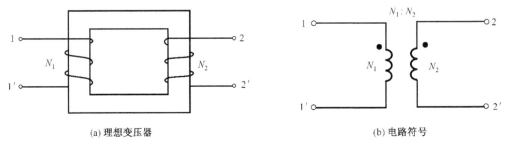

(a) 理想变压器　　　　　　　　　　　　　　　(b) 电路符号

图 8.5.1　理想变压器及其电路符号

当正弦电压加到变压器初级绕组，而负载 R_L 加到次级绕组时，如图 8.5.2 所示。

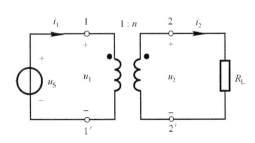

图 8.5.2　变压器中初级和次级各变量关系

由于漏磁通为零，所以穿过一个绕组的磁通必定穿过另一个绕组，因此两个绕组磁通相同。由法拉第电磁感应定律可得

$$\begin{cases} u_1 = N_1 \dfrac{\mathrm{d}\phi}{\mathrm{d}t} \\[2mm] u_2 = N_2 \dfrac{\mathrm{d}\phi}{\mathrm{d}t} \end{cases} \qquad (8.5.1)$$

两式相除，有

$$\frac{u_2}{u_1} = \frac{N_2}{N_1} = n \qquad (8.5.2)$$

若将式（8.5.2）用相量表示，则有

$$\frac{\dot{U}_2}{\dot{U}_1} = \frac{N_2}{N_1} = n \qquad (8.5.3)$$

式中，n 称为匝比或变比。若 $n=1$，称为隔离变压器，它将电路的一部分与另一部分隔开（在没有任何电连接的情况下传送功率）。当 $n>1$ 时，则为升压变压器，因为 $\dot{U}_2 > \dot{U}_1$，即次级电压高于初级电压。当 $n<1$ 时，则为降压变压器，初级电压高于次级电压。变压器是电力系统中的重要设备，发电厂生产的电能经升压变压器升压到输电线上，再经降压变压器降低电压后给用户供电。

式（8.5.3）说明**电压与匝数成正比，并且理想变压器的电压比与电流无关**，且 $\dot{U}_1$、$\dot{U}_2$ 中只有一个为独立变量。当 $\dot{U}_2 = 0$ 时，必有 $\dot{U}_1 = 0$，所以当 $\dot{U}_1$ 为独立电压源时，副边不能短路。

由于将实际变压器理想化的条件之一是认为理想变压器不消耗能量，故由图 8.5.2 可得

$$p = u_1 i_1 - u_2 i_2 = 0$$

由此得
$$u_1 i_1 = u_2 i_2 \tag{8.5.4}$$

将式（8.5.4）用相量表示，则有

$$\frac{\dot{I}_1}{\dot{I}_2} = \frac{\dot{U}_2}{\dot{U}_1} \tag{8.5.5}$$

将式（8.5.3）代入式（8.5.5）中，有

$$\frac{\dot{I}_2}{\dot{I}_1} = \frac{N_1}{N_2} = \frac{1}{n} \tag{8.5.6}$$

式（8.5.6）说明**电流与匝数成反比，并且理想变压器的电流比与电压无关**，且 $\dot{I}_1$、$\dot{I}_2$ 只有一个为独立变量。当 $\dot{I}_2 = 0$ 时，必有 $\dot{I}_1 = 0$。所以当 $\dot{I}_1$ 为独立电流源时，副边不能开路。

由上述分析可知，理想变压器的特性参数只有一个——匝比或变比 n。其特性方程中 n 前加"+"号还是加"−"号，要由电压、电流的参考方向和同名端位置确定。其规则如下：

（1）**如果 $\dot{U}_1$、$\dot{U}_2$ 同名端都是正的或都是负的，则 n 前取正，否则取负；**

（2）**如果 $\dot{I}_1$、$\dot{I}_2$ 都是进入同名端或都是离开同名端，则 n 前取负，否则取正。**

以图 8.5.3 为例，应用上述规则列写理想变压器端口的 VAR 特性。

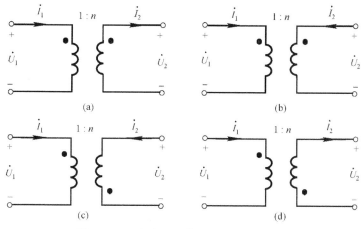

图 8.5.3　理想变压器模型及其伏安关系式

(a) $\begin{cases} \dot{U}_2 = n\dot{U}_1 \\ \dot{I}_2 = \dfrac{1}{n}\dot{I}_1 \end{cases}$　(b) $\begin{cases} \dot{U}_2 = n\dot{U}_1 \\ \dot{I}_2 = -\dfrac{1}{n}\dot{I}_1 \end{cases}$　(c) $\begin{cases} \dot{U}_2 = -n\dot{U}_1 \\ \dot{I}_2 = \dfrac{1}{n}\dot{I}_1 \end{cases}$　(d) $\begin{cases} \dot{U}_2 = -n\dot{U}_1 \\ \dot{I}_2 = -\dfrac{1}{n}\dot{I}_1 \end{cases}$

由上可知，理想变压器是电压和电流的线性变换器。当理想变压器副边接入阻抗 Z_L 时，如图 8.5.4(a)所示，它的输入阻抗

$$Z_i = \frac{\dot{U}_1}{\dot{I}_1} = \frac{\dfrac{1}{n}\dot{U}_2}{n\dot{I}_2} = \frac{Z_L}{n^2} \tag{8.5.7}$$

负载 Z_L 在理想变压器原边的等效输入阻抗如图 8.5.4(b)所示。

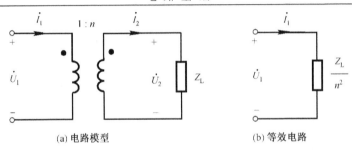

图 8.5.4　理想变压器的输入阻抗

由此可见，当副边接负载 Z_L 时，相当于在原边接一个 $\dfrac{Z_L}{n^2}$ 的阻抗，即理想变压器有变换阻抗的作用。这个阻抗称为副边对原边的折合阻抗，可借助折合阻抗来分析理想变压器的电路。

【例8.5.1】　求图 8.5.5 所示电路的电压 $\dot{U}_1$ 及 $\dot{U}_2$。

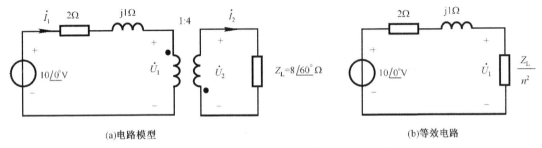

图 8.5.5　例 8.5.1 图

解： 方法一：利用理想变压器阻抗变换的作用求解，图 8.5.5(b)中负载的折合阻抗为

$$\frac{Z_L}{n^2} = \frac{8\underline{/60^\circ}}{4^2} = 0.5\underline{/60^\circ}\Omega$$

利用分压公式得

$$\dot{U}_1 = \frac{0.5\underline{/60^\circ}}{2 + j1 + 0.5\underline{/60^\circ}} \times 10\underline{/0^\circ} = \frac{5\underline{/60^\circ}}{2.25 + j1.43} = \frac{5\underline{/60^\circ}}{2.67\underline{/32.44^\circ}} = 1.87\underline{/27.56^\circ}\text{V}$$

$$\dot{U}_2 = -4\dot{U}_1 = 7.48\underline{/-152.44^\circ}\text{V}$$

方法二：根据 KVL 及元件 VAR 列方程如下

$$\begin{cases} (2 + j1)\dot{I}_1 + \dot{U}_1 = 10\underline{/0^\circ} \\ 8\underline{/60^\circ}\dot{I}_2 - \dot{U}_2 = 0 \\ \dot{U}_2 = -4\dot{U}_1 \\ \dot{I}_2 = -\dfrac{1}{4}\dot{I}_1 \end{cases}$$

联立解得：$\dot{U}_1 = 1.87\underline{/27.56^\circ}\text{V}$，$\dot{U}_2 = 7.48\underline{/-152.44^\circ}\text{V}$。

【例8.5.2】　图 8.5.6 所示的理想变压器用于匹配放大电路与扬声器，以便使扬声器的功率最大，已知放大器输出电压 $\dot{U}_O = 20\underline{/0^\circ}\text{V}$，输出阻抗 $Z_O = 200\Omega$，而扬声器内阻 $Z_L = 8\Omega$。试确定变压器的匝数比，并求出最大功率 $P_{\max}$。

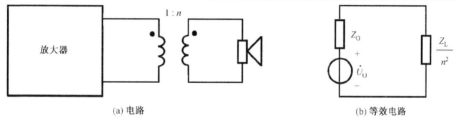

(a) 电路　　　　　　　　　　　　　　　(b) 等效电路

图 8.5.6　例 8.5.2 图

解： 用戴维南等效电路替代放大器，并将扬声器的阻抗 Z_L 反映到理想变压器的初级，则得到图 8.5.6(b)所示的电路。要得到最大功率传输，必有 $Z_O = \dfrac{Z_L}{n^2}$，则有 $n^2 = \dfrac{8}{200} = \dfrac{1}{25}$。得匝数比 $n = \dfrac{1}{5} = 0.2$。由于扬声器获得的最大功率相当于折合到初级上的电阻 $\dfrac{Z_L}{n^2}$ 所获得的功率，故由最大功率传输定理可得

$$P_{\max} = \frac{20^2}{4 \times 200} = 0.5\text{W}$$

【例 8.5.3】 包含理想变压器的电路如图 8.5.7 所示，求传递给 4Ω 电阻的功率。

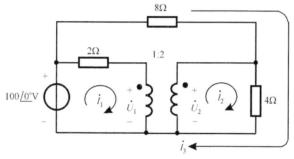

图 8.5.7　例 8.5.3 图

解： 列回路方程及理想变压器的 VAR 方程

$$\begin{cases} 2\dot{I}_1 + \dot{U}_1 = 100\underline{/0^\circ} & (1) \\ 4\dot{I}_2 + 4\dot{I}_3 - \dot{U}_2 = 0 & (2) \\ 4\dot{I}_2 + (4+8)\dot{I}_3 = 100\underline{/0^\circ} & (3) \\ \dot{U}_2 = 2\dot{U}_1 & (4) \\ \dot{I}_2 = \dfrac{1}{2}\dot{I}_1 & (5) \end{cases}$$

将式(4)、式(5)代入式(1)中，得 $4\dot{I}_2 + 0.5\dot{U}_2 = 100\underline{/0^\circ}$，则

$$\dot{I}_2 = \frac{\begin{vmatrix} 100\underline{/0^\circ} & 0 & 0.5 \\ 0 & 4 & -1 \\ 100\underline{/0^\circ} & 12 & 0 \end{vmatrix}}{\begin{vmatrix} 4 & 0 & 0.5 \\ 4 & 4 & -1 \\ 4 & 12 & 0 \end{vmatrix}} = \frac{-200\underline{/0^\circ} + 1200\underline{/0^\circ}}{24 - 8 + 48} = 15.625\underline{/0^\circ}\text{A}$$

由式(3)得　　　　　　　$12\dot{I}_3 = 100\underline{/0°} - 4 \times 15.625\underline{/0°} = 37.5\underline{/0°}$

得　　　　　　　　　　　　$\dot{I}_3 = 3.125\underline{/0°}\text{A}$

$$\dot{I}_{4\Omega} = \dot{I}_2 + \dot{I}_3 = 18.75\underline{/0°}\text{A}$$

$$P = I_{4\Omega}^2 \times 4 = 140.25\text{W}$$

习　　题

8.1　判断图 8.1 所示电路中耦合电感的同名端。

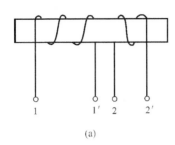 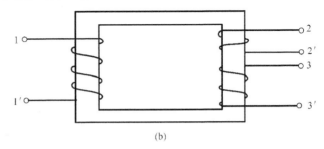

图 8.1　习题 8.1 电路图

8.2　试列出图 8.2 所示电路中的 VAR 方程。

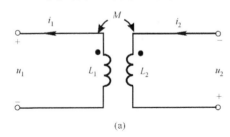 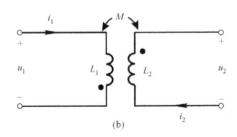

图 8.2　习题 8.2 电路图

8.3　已知图 8.3 所示电路中，$L_1 = 5\text{H}$，$L_2 = 3\text{H}$，$M = 2\text{H}$，试求输入端的等效电感。

8.4　求图 8.4 所示电路中 a、b 端看进去的等效电感。

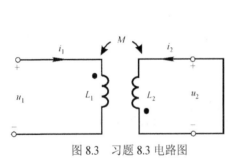 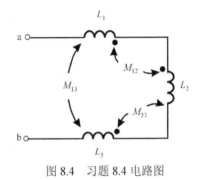

图 8.3　习题 8.3 电路图　　　　　　图 8.4　习题 8.4 电路图

8.5　两电阻为零的电感线圈有互感耦合，耦合系数 $k = 0.75$。当第一个线圈接于 120V 正弦电压上时，电流为 1.5A 。当第二个线圈接于同一电压上时，电流为 6A 。当两线圈反相串联后接于该电压上时，求电流 I 。

8.6 已知 $\omega = 2\text{rad}/\text{s}$ ，求图 8.5 所示电路的等效阻抗。

8.7 已知 $u_\text{S} = 12\sqrt{2}\cos(4t)\text{V}$ ，求图 8.6 所示电路的各支路电流。

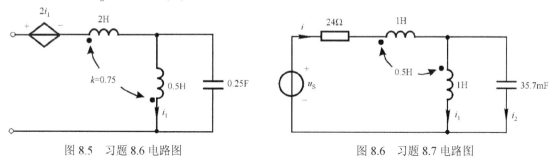

图 8.5 习题 8.6 电路图　　　　图 8.6 习题 8.7 电路图

8.8 在图 8.7 所示电路中，已知 $u_\text{S} = 10\sqrt{2}\sin(314t)\text{V}$ ， $R_1 = R_2 = 10\Omega$ ， $L_1 = L_2 = 31.8\text{mH}$ ， $M = 15.9\text{mH}$ ，求开路电压 u_2 。

8.9 在图 8.8 所示的正弦电路中，已知 $u_\text{S} = 5\sqrt{2}\sin(20t)\text{V}$ ， $L_1 = 0.5\text{H}$ ， $L_2 = 0.3\text{H}$ ， $M = 0.1\text{H}$ ， $R = 10\Omega$ ，求 a、b 端戴维南等效电路。

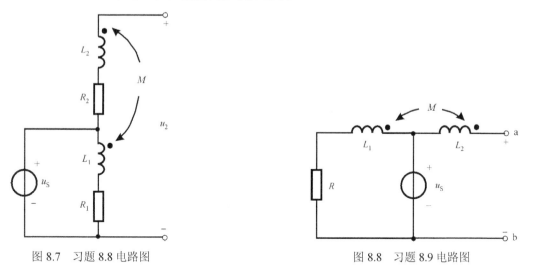

图 8.7 习题 8.8 电路图　　　　图 8.8 习题 8.9 电路图

8.10 在图 8.9 所示电路中， $u_\text{S} = 10\sin(2t)\text{V}$ ，且电压 u_S 与 i 同相，试求电容 C 及电流 i 。

8.11 要使图 8.10 所示的正弦稳态电路发生谐振，则 ω 为何值？

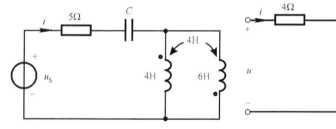
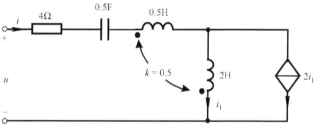

图 8.9 习题 8.10 电路图　　　　图 8.10 习题 8.11 电路图

8.12　求图 8.11 所示正弦稳态电路的电流 $\dot{I}$ 和 $\dot{U}_{AB}$。

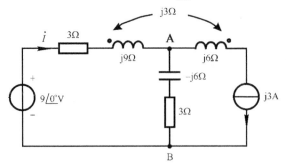

图 8.11　习题 8.12 电路图

8.13　求图 8.12 所示电路的电流 $\dot{I}_1$、$\dot{I}_2$ 和电压 $\dot{U}_{ab}$、$\dot{U}_{cd}$。

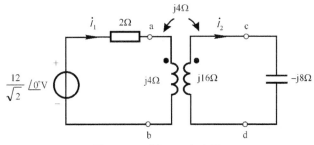

图 8.12　习题 8.13 电路图

8.14　图 8.13 所示电路中的 Z_L 为何值时可获得最大功率？最大功率为多少？

8.15　求图 8.14 所示电路中理想变压器初级电流 $\dot{I}_1$ 和电源提供的有功功率。

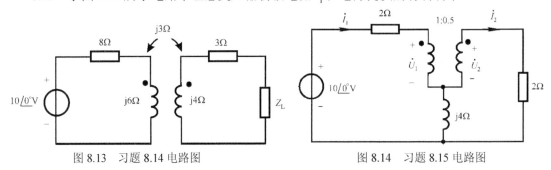

图 8.13　习题 8.14 电路图　　　　　　　图 8.14　习题 8.15 电路图

8.16　求图 8.15 所示电路的电流 $\dot{I}$。

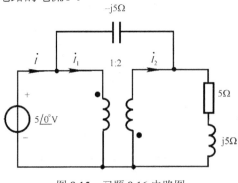

图 8.15　习题 8.16 电路图

8.17　求图 8.16 所示电路的各网孔电流。

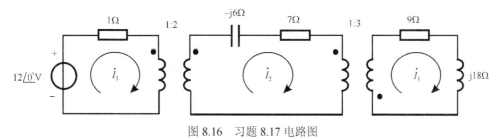

图 8.16　习题 8.17 电路图

8.18　为使图 8.17 所示电路的 1Ω 负载电阻上获得最大功率，则匝比 n 应为多少？此时负载获得的最大功率是多少？

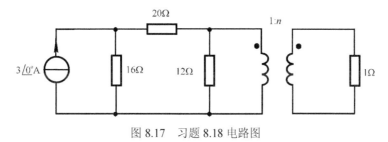

图 8.17　习题 8.18 电路图

8.19　已知图 8.18 所示电路的 $i_S = 3\sin(t)\text{V}$ ，$R_1 = 12\Omega$ ，$L = 1\text{H}$ ，$C = 1\text{F}$ ，$R_L = 1\Omega$ 。求初级电压 u_1 。

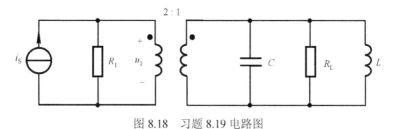

图 8.18　习题 8.19 电路图

8.20　试求图 8.19 所示三绕组理想变压器的输入阻抗。

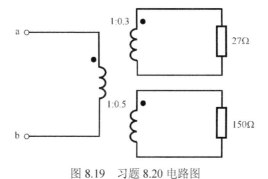

图 8.19　习题 8.20 电路图

第9章 双口网络

在电路与系统中，双口网络是一种常见的网络，许多电路器件都可以用双口网络来模拟，如耦合电感、变压器、滤波器和晶体三极管等。另外有些大型网络，如集成电路器件等，对应用者来说，其内部结构的特性是难以确定的，在这种情况下，人们所关心的只是网络的输入端口和输出端口之间的电压、电流关系，即网络外部特性。因此本章从端口角度对双口网络进行分析和研究，包括描述端口特性方程与参数，双口网络等效电路及双口网络的互连，并对含双口网络的电路进行分析。

9.1 双口网络的概念

双口网络又称为二端口网络。所谓端口是一对端钮，它必须满足以下条件：在任何时刻，从一端钮流入网络的电流等于从另一个端钮流出网络的电流。如图 9.1.1(a)所示，双口网络中 $i_1 = i_1'$、$i_2 = i_2'$，若不满足上述条件，则称为四端网络。本章仅讨论不含独立源的线性时不变双口网络，并且假定双口网络处于正弦稳态情况，如图 9.1.1(b)所示。其中 1–1' 端口通常称为输入端口（简称入口），2–2' 端口通常称为输出端口（简称出口）。

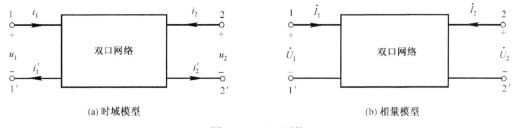

(a) 时域模型　　　　　　　　　　　　　　　　(b) 相量模型

图 9.1.1　双口网络

与处理单口网络的情况类似，对于双口网络，通常所关心的同样也是其外部特性，即两个端口处的电压、电流之间的关系。这种相互关系可以通过一些参数表示，而这些参数只决定于构成双口网络本身的元件及它们的连接方式，与外电路无关。

对于一个给定的双口网络，一旦这样的方程得出后，就可以用它描述双口网络的特性，而无须考虑网络内部的工作情况。由于双口网络中每个端口都有一个电压和电流，所以共有 4 个变量，任意选择两个变量作为自变量（已知量），其余两个变量作为因变量（待求量），于是有 6 种选择方式，由此可得 6 种网络方程和网络参数。这里只介绍最常用的 4 种方式，即 Z、Y、H、T 参数方程及等效电路。

9.2 Z 参数方程及等效电路

9.2.1 Z 参数方程及 Z 参数

在图 9.1.1(b)中，将 $\dot{I}_1$、$\dot{I}_2$ 视为激励（即电流源），$\dot{U}_1$、$\dot{U}_2$ 是在 $\dot{I}_1$、$\dot{I}_2$ 共同激励下的响应。对于线性电路，根据叠加定理有

$$\begin{cases} \dot{U}_1 = Z_{11}\dot{I}_1 + Z_{12}\dot{I}_2 \\ \dot{U}_2 = Z_{21}\dot{I}_1 + Z_{22}\dot{I}_2 \end{cases} \tag{9.2.1}$$

分别令 $\dot{I}_2 = 0$ 和 $\dot{I}_1 = 0$，可得出各参数的物理含义如下：

$$Z_{11} = \frac{\dot{U}_1}{\dot{I}_1}\bigg|_{\dot{I}_2=0} \quad 出口开路，入口的输入阻抗$$

$$Z_{12} = \frac{\dot{U}_1}{\dot{I}_2}\bigg|_{\dot{I}_1=0} \quad 入口开路，入口对出口的转移阻抗$$

$$Z_{21} = \frac{\dot{U}_2}{\dot{I}_1}\bigg|_{\dot{I}_2=0} \quad 出口开路，出口对入口的转移阻抗$$

$$Z_{22} = \frac{\dot{U}_2}{\dot{I}_2}\bigg|_{\dot{I}_1=0} \quad 入口开路，出口的输入阻抗$$

由于 Z_{11}、Z_{12}、Z_{21}、Z_{22} 都与某一端口开路相联系，且都是电压相量与电流相量之比，具有阻抗量纲，单位为欧姆（Ω），所以 Z 参数又称为开路阻抗参数。

把式（9.2.1）改成矩阵形式为

$$\begin{bmatrix} \dot{U}_1 \\ \dot{U}_2 \end{bmatrix} = \begin{bmatrix} Z_{11} & Z_{12} \\ Z_{21} & Z_{22} \end{bmatrix} \begin{bmatrix} \dot{I}_1 \\ \dot{I}_2 \end{bmatrix} = Z \begin{bmatrix} \dot{I}_1 \\ \dot{I}_2 \end{bmatrix} \tag{9.2.2}$$

式中，$Z = \begin{bmatrix} Z_{11} & Z_{12} \\ Z_{21} & Z_{22} \end{bmatrix}$，称为双口网络 Z 参数矩阵，又称为开路阻抗矩阵。

9.2.2 Z 参数等效电路

由式（9.2.1）可得出图 9.2.1 所示的等效电路。

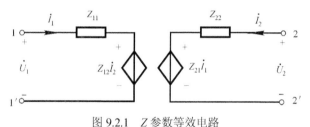

图 9.2.1 Z 参数等效电路

将式（9.2.1）改写成如下形式

$$\dot{U}_1 = (Z_{11} - Z_{12})\dot{I}_1 + Z_{12}(\dot{I}_1 + \dot{I}_2)$$

$$\dot{U}_2 = Z_{12}(\dot{I}_1 + \dot{I}_2) + (Z_{22} - Z_{12})\dot{I}_2 + (Z_{21} - Z_{12})\dot{I}_1 \qquad (9.2.3)$$

由式（9.2.3）可画出 T 形等效电路如图 9.2.2(a)所示。

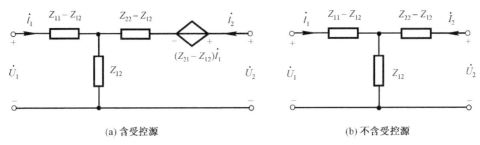

(a) 含受控源 　　　　　　　　　　　　　(b) 不含受控源

图 9.2.2　Z 参数 T 形等效电路

若 $Z_{21} = Z_{12}$，则受控电压源 $(Z_{21} - Z_{12})\dot{I}_1 = 0$，即相当于短路，此时可得到最简单的 T 形等效电路，如图 9.2.2(b)所示。

在对双口网络进行分析计算时，通常先观察该网络是否为互易网络或对称网络。若为互易网络，则独立变量数可减少一个，若同时满足对称条件，则独立变量数可减少两个，从而减少计算量。所谓互易网络，是满足互易特性的网络。对于一个具有互易特性的网络，当输入（激励）和输出（响应）端位置调换后，只要激励不变，则响应不变。以图 9.2.2(b)为例，若在图 9.2.2(b)入口端 1−1′ 接入电流源 $\dot{I}_S$，出口端 2−2′ 开路，如图 9.2.3(a)所示，则响应电压 $\dot{U}_2 = Z_{12}\dot{I}_S$。将此激励源移至 2−2′ 端，1−1′ 端开路，如图 9.2.3(b)所示，则响应 $\dot{U}_1 = Z_{12}\dot{I}_S$。由于 $\dot{U}_1 = \dot{U}_2$，故图 9.2.2(b)为互易网络，即对 Z 参数而言，其互易条件为 $Z_{12} = Z_{21}$，此时 Z 参数中只有三个是独立变量。一般只有那些不含受控源、独立源的线性非时变网络才具有这种性质。

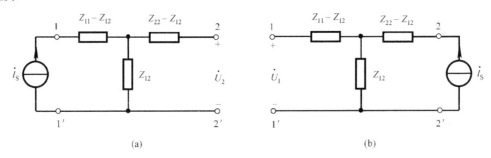

(a) 　　　　　　　　　　　　　　(b)

图 9.2.3　Z 参数互易双口网络

如果一个双口网络的 Z 参数中除了 $Z_{12} = Z_{21}$ 外，还有 $Z_{11} = Z_{22}$，由于电路结构对称，所以将其输入端口与输出端口互换位置后，其端口特性将保持不变，在与外电路连接后，外电路也不变，因此这样的双口网络称为对称双口网络，此时 Z 参数中只有两个是独立变量。

【例 9.2.1】　已知图 9.2.4(a)所示双口网络的 $R_1 = R_2 = 6\Omega$，$L_1 = L_2 = 5\text{mH}$，$M = 2\text{mH}$，$C = 200\mu\text{F}$，$\omega = 1000\text{rad}/\text{s}$，求 Z 参数矩阵。

解： 该题有两种求解方法。

方法一：根据图 9.2.4(b)所示的去耦等效电路列写 KVL 方程

$$\dot{U}_1 = (6 + \mathrm{j}3)\dot{I}_1 + (\mathrm{j}2 - \mathrm{j}5)(\dot{I}_1 + \dot{I}_2) = 6\dot{I}_1 - \mathrm{j}3\dot{I}_2$$

$$\dot{U}_2 = (6 + \mathrm{j}3)\dot{I}_2 + (\mathrm{j}2 - \mathrm{j}5)(\dot{I}_1 + \dot{I}_2) = -\mathrm{j}3\dot{I}_1 + 6\dot{I}_2$$

则
$$Z = \begin{bmatrix} 6 & -\mathrm{j}3 \\ -\mathrm{j}3 & 6 \end{bmatrix} \Omega$$

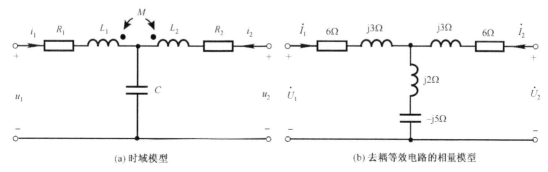

(a) 时域模型　　　　　　　　　　　　　　(b) 去耦等效电路的相量模型

图 9.2.4　例 9.2.1 图

由于 $Z_{11} = Z_{22}$，$Z_{12} = Z_{21}$，该网络为对称双口网络。

　　方法二：利用 Z 参数定义求解 Z 参数，由于该网络为对称网络，故只有两个变量是独立的。令 $\dot{I}_2 = 0$ 可得

$$Z_{11} = \frac{\dot{U}_1}{\dot{I}_1}\bigg|_{\dot{I}_2 = 0} = 6 + \mathrm{j}3 + \mathrm{j}2 - \mathrm{j}5 = 6\Omega；\quad Z_{21} = \frac{\dot{U}_2}{\dot{I}_1}\bigg|_{\dot{I}_2 = 0} = \mathrm{j}2 - \mathrm{j}5 = -\mathrm{j}3\Omega$$

则
$$Z_{22} = Z_{11} = 6\Omega，\qquad Z_{12} = Z_{21} = -\mathrm{j}3\Omega。$$

【例 9.2.2】　已知图 9.2.5(a)所示双口网络的 Z 参数矩阵为 $Z = \begin{bmatrix} 4 + \mathrm{j}2 & \mathrm{j}2 \\ \mathrm{j}2 & -\mathrm{j}6 \end{bmatrix} \Omega$，$\omega = 100\mathrm{rad/s}$，求 R、L、C 参数。

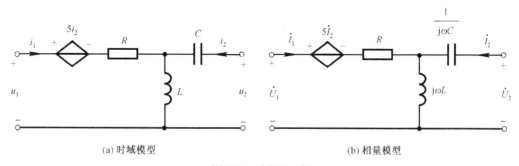

(a) 时域模型　　　　　　　　　　　　　　(b) 相量模型

图 9.2.5　例 9.2.2 图

　　解：图 9.2.5(b)所示为图 9.2.5(a)的相量模型，对图 9.2.5(b)所示电路列 KVL 方程

$$\dot{U}_1 = 5\dot{I}_2 + R\dot{I}_1 + \mathrm{j}\omega L(\dot{I}_1 + \dot{I}_2) = (R + \mathrm{j}\omega L)\dot{I}_1 + (5 + \mathrm{j}\omega L)\dot{I}_2$$

$$\dot{U}_2 = \frac{1}{\mathrm{j}\omega C}\dot{I}_2 + \mathrm{j}\omega L(\dot{I}_1 + \dot{I}_2) = \mathrm{j}\omega L\dot{I}_1 + \left(\frac{1}{\mathrm{j}\omega C} + \mathrm{j}\omega L\right)\dot{I}_2$$

由　$Z_{11} = R + j\omega L = 4 + j2$ 得 $R = 4\Omega$，$\omega L = 2$，即 $L = 0.02H$。

$Z_{22} = \dfrac{1}{j\omega C} + j\omega L = -j6$，得 $\dfrac{1}{\omega C} = 6 + 2 = 8$，即 $C = 1250\mu F$。

9.3　Y 参数方程及等效电路

9.3.1　Y 参数方程及 Y 参数

在图 9.1.1(b)中，若将 $\dot{U}_1$、$\dot{U}_2$ 视为激励（即看成电压源），而 $\dot{I}_1$、$\dot{I}_2$ 是在 $\dot{U}_1$、$\dot{U}_2$ 共同激励下的响应，则根据叠加定理可得

$$\begin{cases} \dot{I}_1 = Y_{11}\dot{U}_1 + Y_{12}\dot{U}_2 \\ \dot{I}_2 = Y_{21}\dot{U}_1 + Y_{22}\dot{U}_2 \end{cases} \tag{9.3.1}$$

分别令 $\dot{U}_2 = 0$、$\dot{U}_1 = 0$，可得各参数的物理意义如下：

$Y_{11} = \dfrac{\dot{I}_1}{\dot{U}_1}\bigg|_{\dot{U}_2=0}$　出口短路，入口的输入导纳；

$Y_{12} = \dfrac{\dot{I}_1}{\dot{U}_2}\bigg|_{\dot{U}_1=0}$　入口短路，入口对出口的转移导纳；

$Y_{21} = \dfrac{\dot{I}_2}{\dot{U}_1}\bigg|_{\dot{U}_2=0}$　出口短路，出口对入口的转移导纳；

$Y_{22} = \dfrac{\dot{I}_2}{\dot{U}_2}\bigg|_{\dot{U}_1=0}$　入口短路，出口的输入导纳。

由于 Y_{11}、Y_{12}、Y_{21}、Y_{22} 都与某一端口短路相联系，且都是电流相量与电压相量之比，具有导纳的量纲，单位为西门子（S），所以 Y 参数又称为短路导纳参数。

把式（9.3.1）改为矩阵形式为

$$\begin{bmatrix} \dot{I}_1 \\ \dot{I}_2 \end{bmatrix} = \begin{bmatrix} Y_{11} & Y_{12} \\ Y_{21} & Y_{22} \end{bmatrix} \begin{bmatrix} \dot{U}_1 \\ \dot{U}_2 \end{bmatrix} = Y \begin{bmatrix} \dot{U}_1 \\ \dot{U}_2 \end{bmatrix} \tag{9.3.2}$$

式中，$Y = \begin{bmatrix} Y_{11} & Y_{12} \\ Y_{21} & Y_{22} \end{bmatrix}$，称为双口网络 Y 参数矩阵，又称为短路导纳矩阵。

9.3.2　Y 参数等效电路

由式（9.3.1）可得出图 9.3.1 所示的等效电路。

如果将式（9.3.1）改写成如下形式

$$\begin{cases} \dot{I}_1 = (Y_{11} + Y_{12})\dot{U}_1 - Y_{12}(\dot{U}_1 - \dot{U}_2) \\ \dot{I}_2 = (Y_{21} - Y_{12})\dot{U}_1 - Y_{12}(\dot{U}_2 - \dot{U}_1) + (Y_{22} + Y_{12})\dot{U}_2 \end{cases} \tag{9.3.3}$$

由式（9.3.3）可画出 Π 形等效电路，如图 9.3.2(a)所示。

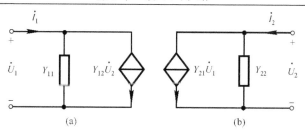

图 9.3.1 Y 参数等效电路

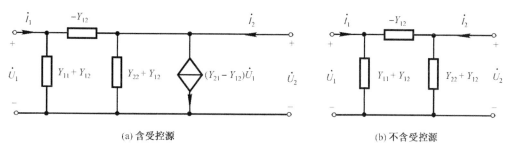

(a) 含受控源   (b) 不含受控源

图 9.3.2 Y 参数 Π 形等效电路

若 $Y_{21} = Y_{12}$，则受控电流源 $(Y_{21} - Y_{12})\dot{U}_1 = 0$，相当于开路，于是可得到最简单的 Π 形等效电路，如图 9.3.2(b)所示。

若在图 9.3.2(b)的入口端 1–1′ 接入电压源 $\dot{U}_S$，出口端 2–2′ 短路，如图 9.3.3(a)所示，则响应电流 $\dot{I}_2 = Y_{12}\dot{U}_S$。将此激励源移至 2–2′ 端，1–1′ 端短路，如图 9.3.3(b)所示，则响应电流 $\dot{I}_1 = Y_{12}\dot{U}_S$。由于 $\dot{I}_1 = \dot{I}_2$，故图 9.3.2(b)为互易网络，即对 Y 参数而言，其互易条件为 $Y_{12} = Y_{21}$。

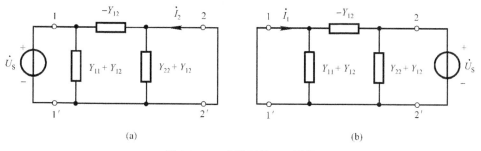

图 9.3.3 Y 参数互易双口网络

如果一个双口网络的 Y 参数中除了 $Y_{21} = Y_{12}$ 外，还有 $Y_{11} = Y_{22}$，则两个端口交换后，它们的电压、电流数值不会改变，所以该双口网络为对称双口网络。

【例 9.3.1】 求图 9.3.4(a)所示双口网络的 Y 参数。

解： 通过电源等效变换将图 9.3.4(a)转换为图 9.3.4(b)所示的 Π 形等效电路，在 Π 形等效电路中，应用节点分析法求导纳参数较为方便。

$$\begin{cases} \left(\dfrac{1}{5}+\dfrac{1}{2}\right)\dot{U}_1 - \dfrac{1}{2}\dot{U}_2 = \dot{I}_1 + \dot{U}_2 \\[2mm] -\dfrac{1}{2}\dot{U}_1 + \left(\dfrac{1}{2}+\dfrac{1}{4}\right)\dot{U}_2 = -\dot{U}_2 - 3\dot{I}_1 + \dot{I}_2 \end{cases}$$

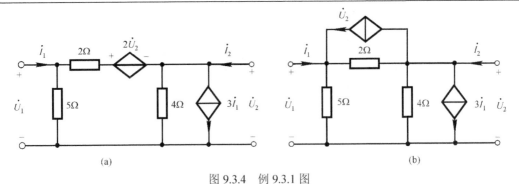

图 9.3.4　例 9.3.1 图

整理得

$$\dot{I}_1 = 0.7\dot{U}_1 - 1.5\dot{U}_2$$

$$\dot{I}_2 = -0.5\dot{U}_1 + 1.75\dot{U}_2 + 3 \times (0.7\dot{U}_1 - 1.5\dot{U}_2) = 1.6\dot{U}_1 - 2.75\dot{U}_2$$

故得

$$Y = \begin{bmatrix} 0.7 & -1.5 \\ 1.6 & -2.75 \end{bmatrix} \mathrm{S}$$

【例 9.3.2】　求图 9.3.5 所示双口网络的 Y 参数。

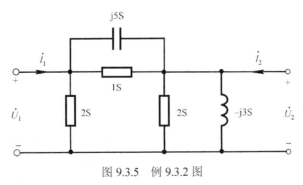

图 9.3.5　例 9.3.2 图

解： 方法一：此题只由 R、L、C 构成，不含受控源及独立源，故为互易网络，可直接用 Y 参数定义求解。

$$Y_{11} = \frac{\dot{I}_1}{\dot{U}_1}\bigg|_{\dot{U}_2=0} = 2 + 1 + \mathrm{j}5 = (3 + \mathrm{j}5)\mathrm{S}$$

$$Y_{21} = Y_{12} = \frac{\dot{I}_2}{\dot{U}_1}\bigg|_{\dot{U}_2=0} = -(1 + \mathrm{j}5)\mathrm{S}$$

$$Y_{22} = \frac{\dot{I}_2}{\dot{U}_2}\bigg|_{\dot{U}_1=0} = \mathrm{j}5 + 1 + 2 - \mathrm{j}3 = (3 + \mathrm{j}2)\mathrm{S}$$

方法二：利用节点分析法求导纳参数。

$$\dot{I}_1 = (2 + 1 + \mathrm{j}5)\dot{U}_1 - (1 + \mathrm{j}5)\dot{U}_2 = (3 + \mathrm{j}5)\dot{U}_1 - (1 + \mathrm{j}5)\dot{U}_2$$

$$\dot{I}_2 = -(1 + \mathrm{j}5)\dot{U}_1 + (\mathrm{j}5 + 1 + 2 - \mathrm{j}3)\dot{U}_2 = -(1 + \mathrm{j}5)\dot{U}_1 + (3 + \mathrm{j}2)\dot{U}_2$$

$$Y = \begin{bmatrix} 3 + \mathrm{j}5 & -1 - \mathrm{j}5 \\ -1 - \mathrm{j}5 & 3 + \mathrm{j}2 \end{bmatrix} \mathrm{S}$$

9.4 H 参数方程及等效电路

9.4.1 H 参数方程及 H 参数

在分析晶体管低频电路时，常以 $\dot{I}_1$、$\dot{U}_2$ 为自变量（已知量），而以 $\dot{U}_1$、$\dot{I}_2$ 为因变量（待求量），则可写出图 9.1.1(b)所示双口网络的特性方程为

$$\begin{cases} \dot{U}_1 = H_{11}\dot{I}_1 + H_{12}\dot{U}_2 \\ \dot{I}_2 = H_{21}\dot{I}_1 + H_{22}\dot{U}_2 \end{cases} \tag{9.4.1}$$

分别令 $\dot{U}_2 = 0$ 和 $\dot{I}_1 = 0$，可得各参数的物理含义如下：

$H_{11} = \dfrac{\dot{U}_1}{\dot{I}_1}\bigg|_{\dot{U}_2=0}$ 出口短路，入口的输入阻抗；

$H_{12} = \dfrac{\dot{U}_1}{\dot{U}_2}\bigg|_{\dot{I}_1=0}$ 入口开路，入口电压与出口电压之比；

$H_{21} = \dfrac{\dot{I}_2}{\dot{I}_1}\bigg|_{\dot{U}_2=0}$ 出口短路，出口电流与入口电流之比；

$H_{22} = \dfrac{\dot{I}_2}{\dot{U}_2}\bigg|_{\dot{I}_1=0}$ 入口开路，出口的输入导纳。

可见 H_{11} 具有阻抗量纲，单位是欧姆（Ω），H_{22} 具有导纳量纲，单位是西门子（S），而 H_{12}、H_{21} 无量纲。由于以上各参数单位不全相同，且有的与一个端口开路相联系，有的与一个端口的短路相联系，因而这组参数称为混合参数或 H 参数。

把式（9.4.1）改写成矩阵形式为

$$\begin{bmatrix} \dot{U}_1 \\ \dot{I}_2 \end{bmatrix} = \begin{bmatrix} H_{11} & H_{12} \\ H_{21} & H_{22} \end{bmatrix} \begin{bmatrix} \dot{I}_1 \\ \dot{U}_2 \end{bmatrix} = H \begin{bmatrix} \dot{I}_1 \\ \dot{U}_2 \end{bmatrix} \tag{9.4.2}$$

式中，$H = \begin{bmatrix} H_{11} & H_{12} \\ H_{21} & H_{22} \end{bmatrix}$，称为双口网络的 H 参数矩阵，也称为混合参数矩阵。

H 参数互易条件和对称条件可通过 Y 参数的互易条件和对称条件导出。将式（9.3.1）Y 参数方程移项，自变量与因变量互换位置，可整理成

$$\begin{cases} \dot{U}_1 = \dfrac{1}{Y_{11}}\dot{I}_1 - \dfrac{Y_{12}}{Y_{11}}\dot{U}_2 \\ \dot{I}_2 = \dfrac{Y_{21}}{Y_{11}}\dot{I}_1 + \dfrac{Y_{11}Y_{22} - Y_{12}Y_{21}}{Y_{11}}\dot{U}_2 \end{cases} \tag{9.4.3}$$

比较式（9.4.3）和式（9.4.1）可知，当满足 $Y_{12} = Y_{21}$ 的互易条件时，必有 $H_{12} = -H_{21}$，当满足 $Y_{11} = Y_{22}$ 对称条件时，有 $H_{11}H_{22} - H_{12}H_{21} = \dfrac{1}{Y_{11}} \cdot \dfrac{Y_{11}Y_{22} - Y_{12}Y_{21}}{Y_{11}} + \dfrac{Y_{12}}{Y_{11}} \cdot \dfrac{Y_{21}}{Y_{11}} = \dfrac{Y_{22}}{Y_{11}} = 1$。由此得出 H 参数互易条件 $H_{12} = -H_{21}$，对称条件 $H_{11}H_{22} - H_{12}H_{21} = 1$。

9.4.2　*H* 参数等效电路

H 参数的等效电路可根据式（9.4.1）的 *H* 参数方程画出，如图 9.4.1 所示。

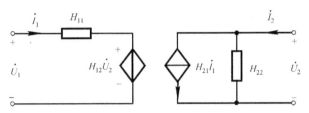

图 9.4.1　*H* 参数表示的等效电路

【例 **9.4.1**】　图 9.4.2(a)所示为晶体管小信号等效电路。已知 $r_b = 1\text{k}\Omega$ ，$r_e = 20\Omega$ ，$r_c = 20\text{k}\Omega$ ，$\beta = 60$ ，写出 *H* 参数方程，并画出 *H* 参数等效电路。

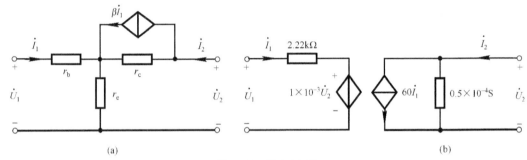

(a)　　　　　　　　　　　　　　　　(b)

图 9.4.2　例 9.4.1 图

解： 由 *H* 参数定义可知：当 $\dot{U}_2 = 0$ 时

$$H_{11} = \frac{\dot{U}_1}{\dot{I}_1}\bigg|_{\dot{U}_2=0} = \frac{r_b \dot{I}_1 + r_e // r_c \times (1+\beta)\dot{I}_1}{\dot{I}_1} = r_b + \frac{r_e \cdot r_c}{r_e + r_c}(1+\beta) = 2220\Omega$$

当 $\dot{U}_2 = 0$ 时，电阻 r_e 电压等于 r_c 电压，即 $r_e(\dot{I}_1 + \dot{I}_2) = -(\dot{I}_2 - \beta\dot{I}_1)r_c$ 。
整理成 $(r_e + r_c)\dot{I}_2 = (\beta r_c - r_e)\dot{I}_1$ ，于是得

$$H_{21} = \frac{\dot{I}_2}{\dot{I}_1}\bigg|_{\dot{U}_2=0} = \frac{\beta r_c - r_e}{r_e + r_c} = 60$$

当 $\dot{I}_1 = 0$ 时，受控电流源为零，相当于开路

$$H_{12} = \frac{\dot{U}_1}{\dot{U}_2}\bigg|_{\dot{I}_1=0} = \frac{\dfrac{r_e}{r_c + r_e}\dot{U}_2}{\dot{U}_2} = \frac{r_e}{r_c + r_e} = 1\times 10^{-3} ; \quad H_{22} = \frac{\dot{I}_2}{\dot{U}_2}\bigg|_{\dot{I}_1=0} = \frac{\dot{I}_2}{(r_c + r_e)\dot{I}_2} = \frac{1}{r_c + r_e} = 0.5\times 10^{-4}\text{S}$$

由此可写出 *H* 参数方程为

$$\begin{cases} \dot{U}_1 = 2220\dot{I}_1 + 1\times 10^{-3}\dot{U}_2 \\ \dot{I}_2 = 60\dot{I}_1 + 0.5\times 10^{-4}\dot{U}_2 \end{cases}$$

H 参数及等效电路如图 9.4.2(b)所示。

9.5 T 参数方程

在许多工程实际问题中，往往需要得到输入端口与输出端口之间电压、电流的直接关系。在图 9.1.1(b)中，若以 $\dot{U}_2$、$-\dot{I}_2$ 作为自变量（已知量），把 $\dot{U}_1$ 和 $\dot{I}_1$ 作为因变量（待求量），则双口网络的特性方程为

$$\begin{cases} \dot{U}_1 = A\dot{U}_2 + B(-\dot{I}_2) \\ \dot{I}_1 = C\dot{U}_2 + D(-\dot{I}_2) \end{cases} \tag{9.5.1}$$

分别令 $\dot{U}_2 = 0$ 和 $\dot{I}_2 = 0$，可得出各参数的物理含义如下：

$$A = \left.\frac{\dot{U}_1}{\dot{U}_2}\right|_{\dot{I}_2=0} \qquad \text{出口开路，入口对出口的转移电压比；}$$

$$B = \left.\frac{\dot{U}_1}{-\dot{I}_2}\right|_{\dot{U}_2=0} \qquad \text{出口短路，入口对出口的转移阻抗；}$$

$$C = \left.\frac{\dot{I}_1}{\dot{U}_2}\right|_{\dot{I}_2=0} \qquad \text{出口开路，入口对出口的转移导纳；}$$

$$D = \left.\frac{\dot{I}_1}{-\dot{I}_2}\right|_{\dot{U}_2=0} \qquad \text{出口短路，入口对出口的转移电流比。}$$

可见 A 和 D 均无单位，B 的单位为欧姆（Ω），C 的单位是西门子（S），A、B、C、D 都具有转移参数的性质，故称为传输参数或 T 参数。传输参数能方便地描述信号或能量从一个端口向另一个端口输出的特性，广泛用于电信和电力传输中，以 $-\dot{I}_2$ 为自变量更有利于信号、能量的传输分析。

将式（9.5.1）改为矩阵形式为

$$\begin{bmatrix} \dot{U}_1 \\ \dot{I}_1 \end{bmatrix} = \begin{bmatrix} A & B \\ C & D \end{bmatrix} \begin{bmatrix} \dot{U}_2 \\ -\dot{I}_2 \end{bmatrix} = T \begin{bmatrix} \dot{U}_2 \\ -\dot{I}_2 \end{bmatrix} \tag{9.5.2}$$

式中，$T = \begin{bmatrix} A & B \\ C & D \end{bmatrix}$ 称为双口网络的传输参数矩阵。

T 参数的互易条件和对称条件同样可通过 Y 参数的互易条件和对称条件导出。

将式（9.3.1）的 Y 参数方程移项，自变量与因变量互换位置，可整理成

$$\begin{cases} \dot{U}_1 = -\dfrac{Y_{22}}{Y_{21}}\dot{U}_2 - \dfrac{1}{Y_{21}}(-\dot{I}_2) \\ \dot{I}_1 = \left(Y_{12} - \dfrac{Y_{11}Y_{22}}{Y_{21}}\right)\dot{U}_2 - \dfrac{Y_{11}}{Y_{21}}(-\dot{I}_2) \end{cases} \tag{9.5.3}$$

比较式（9.5.3）和式（9.5.1）可知，当满足 $Y_{12} = Y_{21}$ 的互易条件时，则有

$$AD - BC = \frac{Y_{11}Y_{22}}{Y_{21}{}^2} + \frac{1}{Y_{21}} \times \frac{Y_{12}Y_{21} - Y_{11}Y_{22}}{Y_{21}} = \frac{Y_{12}}{Y_{21}} = 1$$

当满足对称条件 $Y_{11} = Y_{22}$ 时，有 $A = D$ 。

【**例 9.5.1**】 求图 9.5.1 所示双口网络的 T 参数。

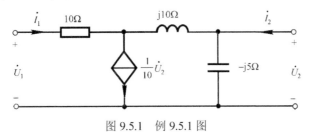

图 9.5.1 例 9.5.1 图

解：根据 KCL、KVL 列方程：

$$\dot{I}_1 = \frac{1}{10}\dot{U}_2 + \frac{\dot{U}_2}{-j5} - \dot{I}_2 = (0.1 + j0.2)\dot{U}_2 - \dot{I}_2$$

$$\dot{U}_1 = 10\dot{I}_1 + j10 \times \left(\frac{\dot{U}_2}{-j5} - \dot{I}_2\right) + \dot{U}_2$$

$$= 10 \times \left[(0.1 + j0.2)\dot{U}_2 - \dot{I}_2\right] - 2\dot{U}_2 - j10\dot{I}_2 + \dot{U}_2 = j2\dot{U}_2 - (10 + j10)\dot{I}_2$$

$$T = \begin{bmatrix} j2 & (10 + j10)\Omega \\ (0.1 + j0.2)S & 1 \end{bmatrix}$$

9.6 双口网络各参数之间的关系

双口网络可以用 6 组可能的参数来表征，本书介绍了最主要的 4 组参数。从理论上说，无论采用哪种参数来表征某一个双口网络都可以的，只要这种参数是存在的。但是根据不同的具体情况，可以选用一种更为适合的参数。例如，对低频晶体管电路进行分析时，采用 H 参数最为合适。而涉及到双口网络的传输问题时，则采用 T 参数最为方便。然而对待特定网络，某种参数的获得可能较方便，而对该双口网络分析时又需要用到另一种参数，为此需要进行参数之间的转换。

要获得两种参数之间的互换关系，只需对一种参数方程进行移项，自变量与因变量位置互换，就可以将其变成另一种参数方程，如

$$\begin{bmatrix} \dot{U}_1 \\ \dot{U}_2 \end{bmatrix} = [Z]\begin{bmatrix} \dot{I}_1 \\ \dot{I}_2 \end{bmatrix} \qquad 或 \qquad \begin{bmatrix} \dot{I}_1 \\ \dot{I}_2 \end{bmatrix} = [Z]^{-1}\begin{bmatrix} \dot{U}_1 \\ \dot{U}_2 \end{bmatrix}$$

而 $\begin{bmatrix} \dot{I}_1 \\ \dot{I}_2 \end{bmatrix} = [Y]\begin{bmatrix} \dot{U}_1 \\ \dot{U}_2 \end{bmatrix}$，由此可见 $[Y] = [Z]^{-1}$。

根据上述方法可以求得各组参数间的互换关系。表 9.1 所示为双口网络 4 组参数间两两互换公式。若已知一组参数，由表 9.1 可以找出其他的参数。

表9.1 各组参数的互换关系

	Z 参数	Y 参数	H 参数	T 参数
Z 参数	$\begin{matrix} Z_{11} & Z_{12} \\ Z_{21} & Z_{22} \end{matrix}$	$\begin{matrix} \dfrac{Y_{22}}{\Delta_Y} & -\dfrac{Y_{12}}{\Delta_Y} \\ -\dfrac{Y_{21}}{\Delta_Y} & \dfrac{Y_{11}}{\Delta_Y} \end{matrix}$	$\begin{matrix} \dfrac{\Delta_H}{H_{22}} & \dfrac{H_{12}}{H_{22}} \\ -\dfrac{H_{21}}{H_{22}} & \dfrac{1}{H_{22}} \end{matrix}$	$\begin{matrix} \dfrac{A}{C} & \dfrac{\Delta_T}{C} \\ \dfrac{1}{C} & \dfrac{D}{C} \end{matrix}$
Y 参数	$\begin{matrix} \dfrac{Z_{22}}{\Delta_Z} & -\dfrac{Z_{12}}{\Delta_Z} \\ -\dfrac{Z_{21}}{\Delta_Z} & \dfrac{Z_{11}}{\Delta_Z} \end{matrix}$	$\begin{matrix} Y_{11} & Y_{12} \\ Y_{21} & Y_{22} \end{matrix}$	$\begin{matrix} \dfrac{1}{H_{11}} & -\dfrac{H_{12}}{H_{11}} \\ \dfrac{H_{21}}{H_{11}} & \dfrac{\Delta_H}{H_{11}} \end{matrix}$	$\begin{matrix} \dfrac{D}{B} & -\dfrac{\Delta_T}{B} \\ -\dfrac{1}{B} & \dfrac{A}{B} \end{matrix}$
H 参数	$\begin{matrix} \dfrac{\Delta_Z}{Z_{22}} & \dfrac{Z_{12}}{Z_{22}} \\ -\dfrac{Z_{21}}{Z_{22}} & \dfrac{1}{Z_{22}} \end{matrix}$	$\begin{matrix} \dfrac{1}{Y_{11}} & -\dfrac{Y_{12}}{Y_{11}} \\ \dfrac{Y_{21}}{Y_{11}} & \dfrac{\Delta_Y}{Y_{11}} \end{matrix}$	$\begin{matrix} H_{11} & H_{12} \\ H_{21} & H_{22} \end{matrix}$	$\begin{matrix} \dfrac{B}{D} & \dfrac{\Delta_T}{D} \\ -\dfrac{1}{D} & \dfrac{C}{D} \end{matrix}$
T 参数	$\begin{matrix} \dfrac{Z_{11}}{Z_{21}} & \dfrac{\Delta_Z}{Z_{21}} \\ \dfrac{1}{Z_{21}} & \dfrac{Z_{22}}{Z_{21}} \end{matrix}$	$\begin{matrix} -\dfrac{Y_{22}}{Y_{21}} & -\dfrac{1}{Y_{21}} \\ -\dfrac{\Delta_Y}{Y_{21}} & -\dfrac{Y_{11}}{Y_{21}} \end{matrix}$	$\begin{matrix} -\dfrac{\Delta_H}{H_{21}} & -\dfrac{H_{12}}{H_{21}} \\ -\dfrac{H_{22}}{H_{21}} & -\dfrac{1}{H_{21}} \end{matrix}$	$\begin{matrix} A & B \\ C & D \end{matrix}$
互易条件	$Z_{12}=Z_{21}$	$Y_{12}=Y_{21}$	$H_{12}=-H_{21}$	$\Delta_T=1$
对称条件	$Z_{11}=Z_{22}$	$Y_{11}=Y_{22}$	$\Delta_H=1$	$A=D$

表中

$$\Delta_Z = \begin{vmatrix} Z_{11} & Z_{12} \\ Z_{21} & Z_{22} \end{vmatrix} = Z_{11}Z_{22} - Z_{12}Z_{21} ; \qquad \Delta_Y = \begin{vmatrix} Y_{11} & Y_{12} \\ Y_{21} & Y_{22} \end{vmatrix} = Y_{11}Y_{22} - Y_{12}Y_{21} ;$$

$$\Delta_H = \begin{vmatrix} H_{11} & H_{12} \\ H_{21} & H_{22} \end{vmatrix} = H_{11}H_{22} - H_{12}H_{21} ; \qquad \Delta_T = \begin{vmatrix} A & B \\ C & D \end{vmatrix} = AD - BC 。$$

【例 9.6.1】 写出图 9.6.1 所示理想变压器的 Z、Y、H 及 T 参数，并判断其互易性。

解： 由理想变压器的 VAR 可得

$$\begin{cases} \dot{U}_2 = -n\dot{U}_1 \\ \dot{I}_2 = \dfrac{1}{n}\dot{I}_1 \end{cases}$$

由此列写 T 参数方程最方便，即

$$\begin{cases} \dot{U}_1 = -\dfrac{1}{n}\dot{U}_2 \\ \dot{I}_1 = n\dot{I}_2 = -n(-\dot{I}_2) \end{cases}, \qquad T = \begin{bmatrix} -\dfrac{1}{n} & 0 \\ 0 & -n \end{bmatrix}$$

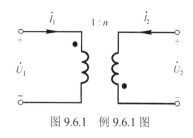

图 9.6.1 例 9.6.1 图

当 T 参数已知，可通过查表 9.1 得到其他参数与 T 参数的关系：

$$Z = \begin{bmatrix} \dfrac{A}{C} & \dfrac{\Delta_T}{C} \\ \dfrac{1}{C} & \dfrac{D}{C} \end{bmatrix}$$ 由于 C 为零，故 Z 参数不存在；

$$Y = \begin{bmatrix} \dfrac{D}{B} & -\dfrac{\Delta_T}{B} \\ -\dfrac{1}{B} & \dfrac{A}{B} \end{bmatrix}$$ 由于 B 为零，故 Y 参数也不存在；

$$H = \begin{bmatrix} \dfrac{B}{D} & \dfrac{\Delta_T}{D} \\ -\dfrac{1}{D} & \dfrac{C}{D} \end{bmatrix} = \begin{bmatrix} 0 & -\dfrac{1}{n} \\ \dfrac{1}{n} & 0 \end{bmatrix}。$$

由于 $\Delta_T = -\dfrac{1}{n} \times (-n) = 1$，$H_{12} = -H_{21}$，故该双口网络为互易网络。

9.7　双口网络的互连

一般说来，实际的网络总是较复杂的。如果把一个复杂网络看成是由若干简单双口网络按一定方式连接而成的，则会使电路分析计算得到简化。另外在实现和设计复杂双口网络时，也可用一些简单双口网络按某种方式连接成满足所需特性的复杂双口网络。通常将简单双口网络称为子电路。而由子电路连接组成的复杂双口网络称为复合电路。

双口网络可按多种不同方式相互连接。这里介绍最常用的三种连接方式，它们分别是：串联、并联和级联。

9.7.1　双口网络的串联

如果子电路 N_a 与 N_b 的输入端口串联，输出端口也串联，则称双口网络串联，如图 9.7.1 所示。

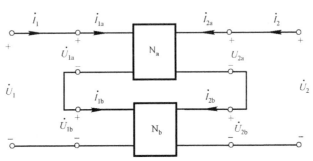

图 9.7.1　双口网络的串联

当两个子电路串联时，若电路 N_a 和 N_b 都满足端口条件，则有

$$\dot{I}_1 = \dot{I}_{1a} = \dot{I}_{1b}；\quad \dot{I}_2 = \dot{I}_{2a} = \dot{I}_{2b}$$

$$\dot{U}_1 = \dot{U}_{1a} + \dot{U}_{1b}；\quad \dot{U}_2 = \dot{U}_{2a} + \dot{U}_{2b}$$

于是根据 Z 参数矩阵方程得

$$\begin{bmatrix} \dot{U}_1 \\ \dot{U}_2 \end{bmatrix} = \begin{bmatrix} \dot{U}_{1a} \\ \dot{U}_{2a} \end{bmatrix} + \begin{bmatrix} \dot{U}_{1b} \\ \dot{U}_{2b} \end{bmatrix} = Z_a \begin{bmatrix} \dot{I}_1 \\ \dot{I}_2 \end{bmatrix} + Z_b \begin{bmatrix} \dot{I}_1 \\ \dot{I}_2 \end{bmatrix} = (Z_a + Z_b) \begin{bmatrix} \dot{I}_1 \\ \dot{I}_2 \end{bmatrix} = Z \begin{bmatrix} \dot{I}_1 \\ \dot{I}_2 \end{bmatrix}$$

式中，$Z = Z_a + Z_b$。

即串联双口网络的开路阻抗矩阵等于构成它的各双口网络的开路阻抗矩阵之和。

【例 9.7.1】　试求 9.7.2(a)所示双口网络的 Z 参数方程。

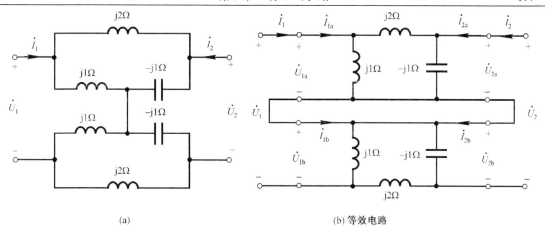

(a)   (b) 等效电路

图 9.7.2 例 9.7.1 图

解: 可将图 9.7.2(a)看成是两个相同 Π 形网络的串联,其等效电路如图 9.7.2(b)所示。根据双口网络的端口特性可知

$$\dot{I}_1 = \dot{I}_{1a} = \dot{I}_{1b}, \quad \dot{I}_2 = \dot{I}_{2a} = \dot{I}_{2b}, \quad \dot{U}_1 = \dot{U}_{1a} + \dot{U}_{1b} = 2\dot{U}_{1a}, \quad \dot{U}_2 = \dot{U}_{2a} + \dot{U}_{2b} = 2\dot{U}_{2a}$$

由 Z 参数定义得

$$Z_{11a} = \frac{\dot{U}_{1a}}{\dot{I}_1}\bigg|_{\dot{I}_2=0} = j1//(j2-j1) = \frac{j1 \times j1}{j1+j1} = j\frac{1}{2}\,\Omega$$

$$Z_{21a} = \frac{\dot{U}_{2a}}{\dot{I}_1}\bigg|_{\dot{I}_2=0} = \frac{\dfrac{j1}{j1+j2-j1}\dot{I}_{1a} \times (-j1)}{\dot{I}_{1a}} = -j\frac{1}{2}\,\Omega$$

$$Z_{22a} = \frac{\dot{U}_{2a}}{\dot{I}_2}\bigg|_{\dot{I}_1=0} = -j1//(j2+j1) = \frac{-j1 \times j3}{-j1+j3} = -j\frac{3}{2}\,\Omega$$

由于该网络仅由电感、电容构成,故为互易网络,得 $Z_{12a} = Z_{21a} = -j\dfrac{1}{2}\,\Omega$

$$Z = 2Z_a = \begin{bmatrix} j1 & -j1 \\ -j1 & -j3 \end{bmatrix}\Omega$$

$$\dot{U}_1 = j\dot{I}_1 - j\dot{I}_2$$

$$\dot{U}_2 = -j\dot{I}_1 - j3\dot{I}_2$$

该题还可以先写出 Π 形电路的 Y 参数,再由表 9.1 计算 Z 参数。

9.7.2 双口网络的并联

如果子电路 N_a 和 N_b 的输入端口并联,输出端口也并联,则称为双口网络并联,如图 9.7.3 所示。

当两个子电路并联时,子电路与复合电路各对应端口电压是同一电压,则有

$$\dot{U}_1 = \dot{U}_{1a} = \dot{U}_{1b}, \quad \dot{U}_2 = \dot{U}_{2a} = \dot{U}_{2b};$$

$$\dot{I}_1 = \dot{I}_{1a} + \dot{I}_{1b}, \quad \dot{I}_2 = \dot{I}_{2a} + \dot{I}_{2b};$$

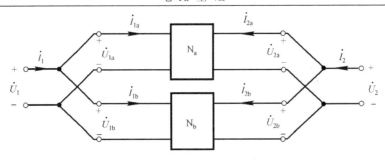

图 9.7.3　双口网络的并联

于是根据 Y 矩阵方程得

$$\begin{bmatrix} \dot{I}_1 \\ \dot{I}_2 \end{bmatrix} = \begin{bmatrix} \dot{I}_{1a} \\ \dot{I}_{2a} \end{bmatrix} + \begin{bmatrix} \dot{I}_{1b} \\ \dot{I}_{2b} \end{bmatrix} = Y_a \begin{bmatrix} \dot{U}_1 \\ \dot{U}_2 \end{bmatrix} + Y_b \begin{bmatrix} \dot{U}_1 \\ \dot{U}_2 \end{bmatrix} = (Y_a + Y_b) \begin{bmatrix} \dot{U}_1 \\ \dot{U}_2 \end{bmatrix} = Y \begin{bmatrix} \dot{U}_1 \\ \dot{U}_2 \end{bmatrix}$$

式中，$Y = Y_a + Y_b$。

即并联双口网络的短路导纳矩阵等于构成它的各双口网路的短路导纳矩阵之和。

【例 9.7.2】　在选频放大器等电子线路中，经常用到图 9.7.4(a)所示的双 T 形 RC 网络，求其 Y 参数。

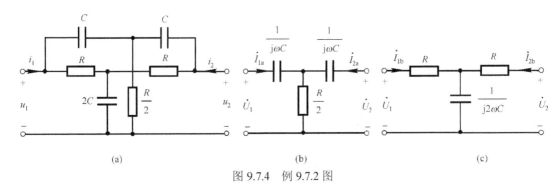

图 9.7.4　例 9.7.2 图

解：图 9.7.4(a)所示电路可看成是图 9.7.4(b)和图 9.7.4(c)两个 T 形网络的并联。此题可以根据 Y 参数定义求解，但由于 T 形网络求 Z 参数更容易，故先求两个 T 形网络的 Z 参数，再转换为 Y 参数计算更为方便。通过对图 9.7.4 (b)列写 KVL 方程得

$$\dot{U}_1 = \frac{1}{j\omega C}\dot{I}_{1a} + \frac{R}{2}(\dot{I}_{1a} + \dot{I}_{2a}) = \left(\frac{1}{j\omega C} + \frac{R}{2}\right)\dot{I}_{1a} + \frac{R}{2}\dot{I}_{2a}$$

$$\dot{U}_2 = \frac{1}{j\omega C}\dot{I}_{2a} + \frac{R}{2}(\dot{I}_{1a} + \dot{I}_{2a}) = \frac{R}{2}\dot{I}_{1a} + \left(\frac{1}{j\omega C} + \frac{R}{2}\right)\dot{I}_{2a}$$

由 Z 参数方程得

$$Z_a = \begin{bmatrix} \dfrac{1}{j\omega C} + \dfrac{R}{2} & \dfrac{R}{2} \\[3mm] \dfrac{R}{2} & \dfrac{1}{j\omega C} + \dfrac{R}{2} \end{bmatrix}$$

$$\Delta_{Za} = \begin{vmatrix} Z_{11a} & Z_{12a} \\ Z_{21a} & Z_{22a} \end{vmatrix} = Z_{11a}Z_{22a} - Z_{12a}Z_{21a} = -\frac{1}{(\omega C)^2} + \frac{R}{j\omega C} = \frac{1 + j\omega CR}{(j\omega C)^2}$$

根据表 9.1 各组参数的互换关系，可得

$$Y_a = \begin{bmatrix} \dfrac{Z_{22a}}{\Delta_{Za}} & -\dfrac{Z_{12a}}{\Delta_{Za}} \\ -\dfrac{Z_{21a}}{\Delta_{Za}} & \dfrac{Z_{11a}}{\Delta_{Za}} \end{bmatrix} = \frac{1}{2R(1 + j\omega CR)} \begin{bmatrix} j2\omega CR - (\omega CR)^2 & (\omega CR)^2 \\ (\omega CR)^2 & j2\omega CR - (\omega CR)^2 \end{bmatrix}$$

同理可得图 9.7.4 (c)所示电路的 Z 参数为

$$Z_b = \begin{bmatrix} R + \dfrac{1}{j2\omega C} & \dfrac{1}{j2\omega C} \\ \dfrac{1}{j2\omega C} & R + \dfrac{1}{j2\omega C} \end{bmatrix}; \quad \Delta_{Zb} = \begin{vmatrix} Z_{11b} & Z_{12b} \\ Z_{21b} & Z_{22b} \end{vmatrix} = R^2 + \frac{R}{j\omega C} = \frac{R \cdot (1 + j\omega CR)}{j\omega C}$$

同样根据表 9.1 各组参数的互换关系可得

$$Y_b = \begin{bmatrix} \dfrac{Z_{22b}}{\Delta_{Zb}} & -\dfrac{Z_{12b}}{\Delta_{Zb}} \\ -\dfrac{Z_{21b}}{\Delta_{Zb}} & \dfrac{Z_{11b}}{\Delta_{Zb}} \end{bmatrix} = \frac{1}{2R(1 + j\omega CR)} \begin{bmatrix} 1 + j2\omega CR & -1 \\ -1 & 1 + j2\omega CR \end{bmatrix}$$

$$Y = Y_a + Y_b = \frac{1}{2R(1 + j\omega CR)} \begin{bmatrix} 1 - (\omega CR)^2 + j4\omega CR & (\omega CR)^2 - 1 \\ (\omega CR)^2 - 1 & 1 - (\omega CR)^2 + j4\omega CR \end{bmatrix}$$

9.7.3 双口网络的级联

级联是信号传输系统中最常用的连接方式，如图 9.7.5 所示。

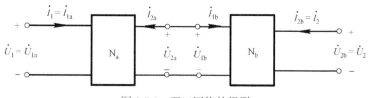

图 9.7.5 双口网络的级联

级联时，子电路 N_a 的出口直接与子电路 N_b 的入口相连，因此，若复合电路的入口和出口都满足端口条件，则子电路也一定满足端口条件。由图 9.7.5 可知

$$\begin{bmatrix} \dot{U}_1 \\ \dot{I}_1 \end{bmatrix} = \begin{bmatrix} \dot{U}_{1a} \\ \dot{I}_{1a} \end{bmatrix} = T_a \begin{bmatrix} \dot{U}_{2a} \\ -\dot{I}_{2a} \end{bmatrix}, \quad \text{而} \quad \begin{bmatrix} \dot{U}_{2a} \\ -\dot{I}_{2a} \end{bmatrix} = \begin{bmatrix} \dot{U}_{1b} \\ \dot{I}_{1b} \end{bmatrix}$$

$$\begin{bmatrix} \dot{U}_{1b} \\ \dot{I}_{1b} \end{bmatrix} = T_b \begin{bmatrix} \dot{U}_{2b} \\ -\dot{I}_{2b} \end{bmatrix} = T_b \begin{bmatrix} \dot{U}_2 \\ -\dot{I}_2 \end{bmatrix}, \quad \text{所以} \quad \begin{bmatrix} \dot{U}_1 \\ \dot{I}_1 \end{bmatrix} = T_a T_b \begin{bmatrix} \dot{U}_2 \\ -\dot{I}_2 \end{bmatrix} = T \begin{bmatrix} \dot{U}_2 \\ -\dot{I}_2 \end{bmatrix}$$

式中，$T = T_a T_b$。

即级联双口网络的传输参数矩阵等于构成它的各端口传输参数矩阵的乘积。

【例 9.7.3】　图 9.7.6(a)所示电路为一用在某些振荡器中的 RC 移相电路。（1）求 RC 移相电路的传输参数 T。（2）计算在电压相量 $\dot{U}_2$ 比 $\dot{U}_1$ 滞后180°时的角频率 ω，并确定在该角频率下的转移电压比 $\dfrac{\dot{U}_2}{\dot{U}_1}$。

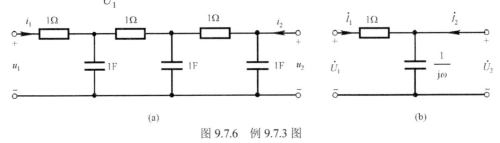

图 9.7.6　例 9.7.3 图

解：（1）把图 9.7.6(a)看成是由三个子电路级联而成的复合电路，每个子电路参数相同。则在图 9.7.6(b)中，子电路的 T 参数可用其定义求得

$$A' = \left.\frac{\dot{U}_1}{\dot{U}_2}\right|_{\dot{I}_2=0} = \frac{\dot{U}_1}{\dfrac{\dfrac{1}{j\omega}}{1+\dfrac{1}{j\omega}}\dot{U}_1} = 1+j\omega\;;\qquad B' = \left.\frac{\dot{U}_1}{-\dot{I}_2}\right|_{\dot{U}_2=0} = 1\Omega$$

$$C' = \left.\frac{\dot{I}_1}{\dot{U}_2}\right|_{\dot{I}_2=0} = \frac{\dot{I}_1}{\dfrac{1}{j\omega}\dot{I}_1} = (j\omega)\mathrm{S}\;;\qquad D' = \left.\frac{\dot{I}_1}{-\dot{I}_2}\right|_{\dot{U}_2=0} = 1$$

$$T = T_1T_2T_3 = \begin{bmatrix} 1+j\omega & 1 \\ j\omega & 1 \end{bmatrix}\begin{bmatrix} 1+j\omega & 1 \\ j\omega & 1 \end{bmatrix}\begin{bmatrix} 1+j\omega & 1 \\ j\omega & 1 \end{bmatrix} = \begin{bmatrix} 1-\omega^2+j3\omega & 2+j\omega \\ -\omega^2+j2\omega & 1+j\omega \end{bmatrix}\begin{bmatrix} 1+j\omega & 1 \\ j\omega & 1 \end{bmatrix}$$

$$= \begin{bmatrix} 1-5\omega^2+j\omega(6-\omega^2) & 3-\omega^2+j4\omega \\ -4\omega^2+j\omega(3-\omega^2) & 1-\omega^2+j3\omega \end{bmatrix} = \begin{bmatrix} A & B \\ C & D \end{bmatrix}$$

（2）在未接负载的情况下，$\dot{I}_2 = 0$，故有

$$\frac{\dot{U}_2}{\dot{U}_1} = \frac{1}{A} = \frac{1}{1-5\omega^2+j\omega(6-\omega^2)}$$

要使 $\dot{U}_2$ 比 $\dot{U}_1$ 滞后180°，则要求 $j\omega(6-\omega^2)=0$，即 $6-\omega^2=0$，有 $\omega=\sqrt{6}$。

此时，$\dfrac{\dot{U}_2}{\dot{U}_1} = \dfrac{1}{1-5\omega^2} = \dfrac{1}{1-5\times 6} = -\dfrac{1}{29}$。

9.8　有载双口网络

在工程实际中，大多数双口网络（如放大器、滤波器等）都是在其输入端口连接信号源（一般用阻抗 Z_S 和电压源 $\dot{U}_\mathrm{S}$ 串联表示），其输出端口接负载 Z_L，即处于有端接的工作状态，如图 9.8.1 所示。为此，需要分析双口网络输入阻抗、输出阻抗及端口的电压比和电流比。

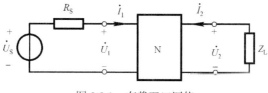

图 9.8.1 有载双口网络

一、输入阻抗

当双口网络的输出端接负载 Z_L 后，入口电压 $\dot{U}_1$ 与入口电流 $\dot{I}_1$ 之比称为输入阻抗，用 Z_i 表示，根据 T 参数方程可得

$$Z_i = \frac{\dot{U}_1}{\dot{I}_1} = \frac{A\dot{U}_2 + B(-\dot{I}_2)}{C\dot{U}_2 + D(-\dot{I}_2)}$$

由图 9.8.1 可知，$\dot{U}_2 = -Z_L\dot{I}_2$，代入上式可得

$$Z_i = \frac{AZ_L + B}{CZ_L + D} \tag{9.8.1}$$

式（9.8.1）表明双口网络的输入电阻不仅与双口网络的参数有关，而且与负载 Z_L 有关，说明双口网络有变换阻抗的作用。

二、输出阻抗

输出阻抗的意义是将电源 $\dot{U}_S$ 置为零，在输出端口未连接负载的情况下从输出端向网络内部看进去的等效阻抗，输出阻抗用 Z_O 表示。

由图 9.8.1 可知，当 $\dot{U}_S = 0$ 时，$\dot{U}_1 = -Z_S\dot{I}_1$，将其代入 T 参数方程有

$$\dot{U}_1 = A\dot{U}_2 + B(-\dot{I}_2) = -Z_S\dot{I}_1$$

而

$$\dot{I}_1 = C\dot{U}_2 + D(-\dot{I}_2)$$

故有

$$A\dot{U}_2 - B\dot{I}_2 = -Z_S(C\dot{U}_2 - D\dot{I}_2)$$

整理得

$$Z_O = \frac{\dot{U}_2}{\dot{I}_2} = \frac{B + DZ_S}{A + CZ_S} \tag{9.8.2}$$

由式（9.8.2）可以看出双口网络输出阻抗不仅与网络的参数有关，而且与接入端口的电压源内阻 Z_S 有关。

利用输入输出阻抗的概念可对图 9.8.1 进行化简。在输入端口，根据输入阻抗的定义可知，Z_i 为入口看进去的等效阻抗，即把负载和网络等效成了一个阻抗 Z_i，因此图 9.8.1 可等效为图 9.8.2(a)所示的电路，该图称为入口等效电路。在输出端口，将信号源和网络看成是戴维南等效电路，根据输出阻抗定义可知，该阻抗就是戴维南等效电路的阻抗，而戴维南等效电路的电压就是负载开路后输出端口的开路电压，即 $\dot{U}_{OC} = \dot{U}_2\big|_{\dot{I}_2=0}$，其等效电路如图 9.8.2(b)所示，该电路又称为出口等效电路。

充分利用等效电路的概念，将会给网络分析带来很大的方便。

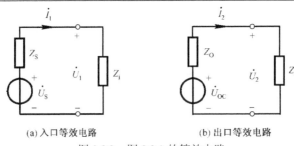

(a) 入口等效电路　　　　　　　　(b) 出口等效电路

图 9.8.2　图 9.8.1 的等效电路

【例 9.8.1】　已知图 9.8.3(a)所示双口网络的短路导纳矩阵 $Y = \begin{bmatrix} 2 & -0.5 \\ -0.5 & 1 \end{bmatrix}$ S，问 R_L 为何

值时可获得最大功率，并求此最大功率。

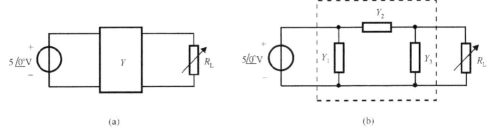

(a)　　　　　　　　　　　　　　(b)

图 9.8.3　例 9.8.1 图

解：由 Y 矩阵可知 Y_{12} 等于 Y_{21}，故该双口网络为互易网络，其 Y 参数的 Π 形等效电路如图 9.8.3(b)虚框所示。与图 9.3.2(b)所示的 Π 形等效电路比较可得

$$Y_1 = Y_{11} + Y_{12} = 2 - 0.5 = 1.5\text{S}$$

$$Y_2 = -Y_{12} = 0.5\text{S}$$

$$Y_3 = Y_{22} + Y_{12} = 1 - 0.5 = 0.5\text{S}$$

在讨论功率传输问题时，利用出口等效电路求解较为方便。

当 $\dot{U}_S = 0$ 时，戴维南等效阻抗 $Z_O = \dfrac{1}{Y_2 + Y_3} = \dfrac{1}{0.5 + 0.5} = 1\Omega$

开路电压　　　　$\dot{U}_{OC} = \dfrac{\dfrac{1}{Y_3}}{\dfrac{1}{Y_2} + \dfrac{1}{Y_3}} \times \dot{U}_S = \dfrac{\dfrac{1}{0.5}}{\dfrac{1}{0.5} + \dfrac{1}{0.5}} \times 5 \underline{/0°} = 2.5 \underline{/0°}\text{V}$

所以当 $Z_L = Z_O = 1\Omega$ 时，可获得最大功率，此时

$$P_{\max} = \frac{2.5^2}{4 \times 1} = 1.56\text{W}$$

三、双口网络端口的电压比

出口电压 $\dot{U}_2$ 与入口电压 $\dot{U}_1$ 之比称为双口网络的电压增益，若以 A_u 表示，则：$A_u = \dfrac{\dot{U}_2}{\dot{U}_1} =$

$\dfrac{\dot{U}_2}{A\dot{U}_2 - B\dot{I}_2}$，将 $\dot{U}_2 = -Z_L\dot{I}_2$ 代入得：$A_u = \dfrac{\dot{U}_2}{\dot{U}_1} = \dfrac{Z_L}{AZ_L + B}$。

四、双口网络端口的电流比

出口电流 $\dot{I}_2$ 与入口电流 $\dot{I}_1$ 之比称为双口网络的电流增益，若以 A_i 表示，则： $A_i = \dfrac{\dot{I}_2}{\dot{I}_1} = \dfrac{\dot{I}_2}{C\dot{U}_2 - D\dot{I}_2}$ ，将 $\dot{U}_2 = -Z_L \dot{I}_2$ 代入得： $A_i = -\dfrac{1}{CZ_L + D}$ 。

以上是用 T 参数来表示 Z_i、Z_O、A_u、A_i，当然也可以用其他参数来表示，其结果列于表 9.2。

表 9.2　网络函数的参数表示

	用 Z 参数表示	用 Y 参数表示	用 H 参数表示	用 T 参数表示
输入阻抗	$\dfrac{\Delta_Z + Z_{11}Z_L}{Z_{22} + Z_L}$	$\dfrac{1 + Y_{22}Z_L}{Y_{11} + \Delta_Y Z_L}$	$\dfrac{H_{11} + \Delta_H Z_L}{1 + H_{22}Z_L}$	$\dfrac{AZ_L + B}{CZ_L + D}$
输出阻抗	$\dfrac{\Delta_Z + Z_{22}Z_S}{Z_{11} + Z_S}$	$\dfrac{1 + Y_{11}Z_S}{Y_{22} + \Delta_Y Z_S}$	$\dfrac{H_{11} + Z_S}{\Delta_H + H_{22}Z_S}$	$\dfrac{B + DZ_S}{A + CZ_S}$
电压比	$\dfrac{Z_{21}Z_L}{\Delta_Z + Z_{11}Z_L}$	$\dfrac{-Y_{21}Z_L}{1 + Y_{22}Z_L}$	$\dfrac{-H_{21}Z_L}{H_{11} + \Delta_H Z_L}$	$\dfrac{Z_L}{AZ_L + B}$
电流比	$\dfrac{-Z_{21}}{Z_{22} + Z_L}$	$\dfrac{Y_{21}}{Y_{11} + \Delta_Y Z_L}$	$\dfrac{H_{21}}{1 + H_{22}Z_L}$	$\dfrac{-1}{CZ_L + D}$

【例 9.8.2】　图 9.8.4(a)所示的双口电路有两个相同的子电路级联而成。
（1）求级联电路的 T 参数；（2）若 $R_L = 1\text{k}\Omega$，求 Z_i、A_u、A_i。

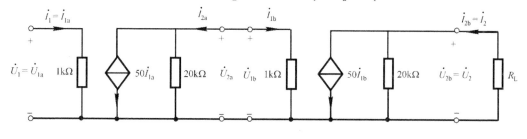

图 9.8.4　例 9.8.2 图

解：子电路为小信号晶体管等效电路，采用 H 参数表示较为方便，两个子电路的 H 参数方程的参数相同，由第一个子电路可得

$$\dot{U}_{1a} = 10^3 \dot{I}_{1a}$$

$$\dot{I}_{2a} = \frac{\dot{U}_{2a}}{2 \times 10^4} + 50\dot{I}_{1a}$$

将 H 参数方程转换为 T 参数方程

$$\dot{I}_{1a} = \frac{1}{50}\dot{I}_{2a} - \frac{1}{2 \times 50 \times 10^4}\dot{U}_{2a} = -10^{-6}\dot{U}_{2a} - 20 \times 10^{-3}(-\dot{I}_{2a})$$

$$\dot{U}_{1a} = 10^3 \times \left[(-10^{-6})\dot{U}_{2a} - 20 \times 10^{-3}(-\dot{I}_{2a})\right] = (-10^{-3})\dot{U}_{2a} - 20(-\dot{I}_{2a})$$

第一个子电路的 T 参数矩阵　　$T_a = \begin{bmatrix} -10^{-3} & -20 \\ -10^{-6} & -20 \times 10^{-3} \end{bmatrix}$

级联电路的 T 参数为

$$T = \begin{bmatrix} -10^{-3} & -20 \\ -10^{-6} & -20\times10^{-3} \end{bmatrix}\begin{bmatrix} -10^{-3} & -20 \\ -10^{-6} & -20\times10^{-3} \end{bmatrix} = \begin{bmatrix} 21\times10^{-6} & 420\times10^{-3} \\ 21\times10^{-9} & 420\times10^{-6} \end{bmatrix}$$

（2）当 $R_L = 1\text{k}\Omega$ 时，由式（9.8.1）可得双口网络的输入阻抗为

$$Z_i = \frac{\dot{U}_1}{\dot{I}_1} = \frac{AZ_L + B}{CZ_L + D} = \frac{21\times10^{-6}\times10^3 + 420\times10^{-3}}{21\times10^{-9}\times10^3 + 420\times10^{-6}} = 1\text{k}\Omega$$

双口网络电压放大倍数为

$$A_u = \frac{\dot{U}_2}{\dot{U}_1} = \frac{Z_L}{AZ_L + B} = \frac{10^3}{21\times10^{-6}\times10^3 + 420\times10^{-3}} = 2268$$

双口网络电流放大倍数

$$A_i = \frac{\dot{I}_2}{\dot{I}_1} = -\frac{1}{CZ_L + D} = -\frac{1}{21\times10^{-9}\times10^3 + 420\times10^{-6}} = -2268$$

【例 9.8.3】 已知在图 9.8.5 所示电路中，$\dot{U}_S = 5\underline{/0^\circ}\text{V}$，$R_S = 1\Omega$，$R_L = 5\Omega$，$Z_1 = 2.4\Omega$，$Z_2 = 1.4\Omega$，$Z_3 = 1.8\Omega$。（1）求输入阻抗 Z_i、输出阻抗 Z_O、端口电压比 A_u 和电流比 A_i；（2）求端口电压 $\dot{U}_1$ 和 $\dot{U}_2$。

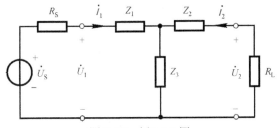

图 9.8.5 例 9.8.3 图

解：（1）求 Z_i、Z_O、A_i 和 A_u。

$$Z_i = Z_1 + \frac{Z_3\times(Z_2 + R_L)}{Z_3 + Z_2 + R_L} = 2.4 + \frac{1.8\times(1.4 + 5)}{1.8 + 1.4 + 5} = 3.8\Omega$$

$$Z_O = Z_2 + \frac{Z_3\times(Z_1 + R_S)}{Z_3 + Z_1 + R_S} = 1.4 + \frac{1.8\times(2.4 + 1)}{1.8 + 2.4 + 1} = 2.58\Omega$$

由分流公式得 $$A_i = \frac{\dot{I}_2}{\dot{I}_1} = -\frac{Z_3}{Z_3 + Z_2 + R_L} = \frac{-1.8}{1.8 + 1.4 + 5} = -0.22$$

由分压公式得 $$A_u = \frac{\dot{U}_2}{\dot{U}_1} = \frac{\dfrac{1.8\times(1.4+5)}{1.8+1.4+5}}{2.4 + \dfrac{1.8\times(1.4+5)}{1.8+1.4+5}} \times \frac{5}{1.4+5} = \frac{1.4\times5}{3.8\times6.4} = 0.29$$

（2）由图 9.8.5 可知，$\dot{U}_1 = \dot{U}_S - R_S\dot{I}_1 = 5 - \dot{I}_1$ 或 $\dot{I}_1 = 5 - \dot{U}_1$，由入口等效电路可知

$$\dot{U}_1 = Z_i\dot{I}_1 = 3.8\times(5 - \dot{U}_1)$$

故得 $$\dot{U}_1 = 3.96\text{V}$$

$$\dot{U}_2 = A_u\dot{U}_1 = 0.29\times3.96 = 1.15\text{V}$$

习　　题

9.1　求图 9.1 所示双口网络的 Z 参数矩阵。

9.2　写出图 9.2 所示双口网络的 Z 参数方程。

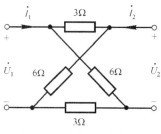 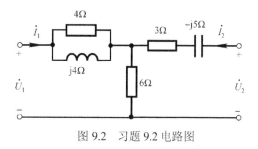

图 9.1　习题 9.1 电路图　　　　　　　　　　　　图 9.2　习题 9.2 电路图

9.3　求图 9.3 所示含耦合电感电路的 Z 参数矩阵。

9.4　已知图 9.4 所示双口网络的 Z 参数矩阵为 $Z=\begin{bmatrix} 8 & 6 \\ 5 & 10 \end{bmatrix}\Omega$，求 R_1、R_2、R_3 及 r 参数。

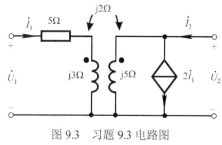 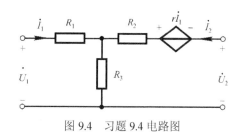

图 9.3　习题 9.3 电路图　　　　　　　　　　　　图 9.4　习题 9.4 电路图

9.5　求图 9.5 所示双口网络的 Y 参数。

9.6　求图 9.6 所示双口网络的 Y 参数矩阵。

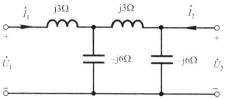 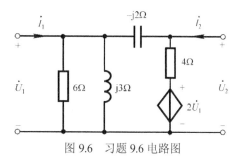

图 9.5　习题 9.5 电路图　　　　　　　　　　　　图 9.6　习题 9.6 电路图

9.7　已知 $\omega=1\text{rad/s}$，求图 9.7 所示含理想变压器电路的 H 参数矩阵，并判断该电路是否为互易网络。

9.8　写出图 9.8 所示双口网络的 H 参数方程，并画出 H 参数等效电路。

9.9　求图 9.9 所示双口网络的传输参数矩阵，并判断该电路是否为互易网络。

9.10　求图 9.10 所示双口网络的 A 参数方程。

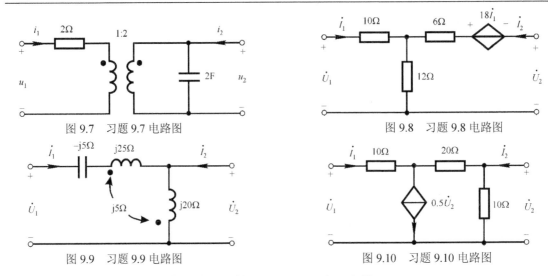

图 9.7　习题 9.7 电路图　　　　　　　　　　图 9.8　习题 9.8 电路图

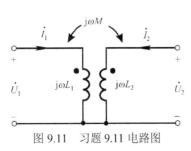

图 9.9　习题 9.9 电路图

图 9.10　习题 9.10 电路图

9.11　写出图 9.11 所示空心变压器的 Z、Y、H 和 T 参数。

9.12　试写出 9.12 所示复合双口网络的 Z 参数。

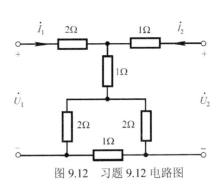

图 9.11　习题 9.11 电路图　　　　　　　　图 9.12　习题 9.12 电路图

9.13　图 9.13 所示电路是由 T 形与 Π 形并联组合，求复合电路的 Y 参数。

9.14　图 9.14 所示为 T 形与 Π 形级联，求复合电路的 T 参数。

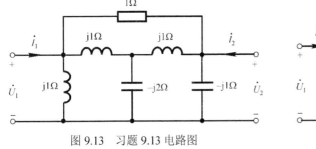

图 9.13　习题 9.13 电路图　　　　　　　　图 9.14　习题 9.14 电路图

9.15　写出图 9.15 所示 N 网络的 Y 参数方程，并求出双口网络的电压传输比 $\dfrac{\dot{U}_2}{\dot{U}_1}$。

9.16　图 9.16 所示网络为一放大器等效电路，试求 Z_i、Z_O、A_u 及 A_i。

9.17　已知图 9.17 所示电路的 Z 参数矩阵为 $\begin{bmatrix} 10 & j6 \\ j6 & 4 \end{bmatrix} \Omega$，求 a、b 端戴维南等效电路，并

计算 u_O。

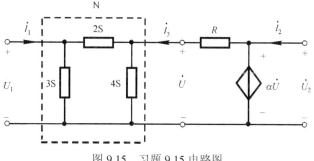

图 9.15　习题 9.15 电路图

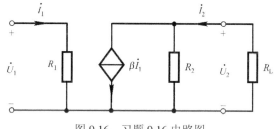

图 9.16　习题 9.16 电路图

9.18　求出图 9.18 所示双口网络的 T 参数。若在输入端口加入电压源，其值为 $\dot{U}_S = 20\angle 45° \, \text{V}$，$R_S = 10\Omega$，在输出端口加入负载，则当负载为何值时，可获最大功率？最大功率是多少？

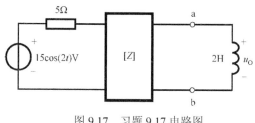

图 9.17　习题 9.17 电路图

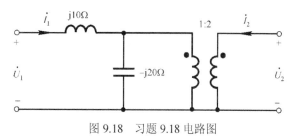

图 9.18　习题 9.18 电路图

习题参考答案

第1章

1.1　$\dfrac{2}{3}$C　　1.2　10kw·h　　1.3　38.33J

1.4　吸收功率 -2W；吸收功率15W；产生功率12W；产生功率 -8W

1.5　10V；2A；-1A；10V　　1.6　0.136A；157.68 元

1.8　5V；-2A；$P_{2A}=10$W；$P_{15V}=-30$W　　1.9　58V；-4A；27Ω

1.10　2A；-5A；电流源、电压源提供功率分别为 -30W 和200W

1.11　12A；25V　　1.12　-4V；-1V　　1.13　2Ω　　1.14　36W；-450W

1.15　1.25A

第2章

2.1　6V，1A，1A；7.5V，1.25A，0A；0V，0A，5A　　2.2　40Ω

2.3　并联时100W的灯泡更亮，串联时60W的灯泡更亮

2.4　5V，0.5A，提供功率10W　　2.5　2A，4A，1.5A，1.5A

2.6　12V，2A　　2.7　3.5R，R，R，12Ω　　2.8　1.2A

2.9　0.8A，提供功率6.4W；0.783A，提供功率6.264W

2.12　7Ω　-2Ω　　2.13　2A　　2.14　$-\dfrac{1}{3}$V　　2.15　提供功率24W

2.16　48kΩ；98kΩ；998kΩ　　2.17　5.556Ω　0.505Ω　0.05Ω

第3章

3.1　电压源及电流源产生的功率分别为 -1W 和15W　　3.2　-4A，2A，8A，6A

3.3　$\begin{cases} i_1 - i_2 - i_3 = 0 \\ i_1 + i_4 + i_5 = 0 \\ i_3 + i_4 = i_S \end{cases}$，$\begin{cases} R_1 i_1 + R_3 i_3 - R_4 i_4 + \beta u - u_{S1} = 0 \\ R_2 i_2 + u_{S2} - u_x - R_3 i_3 = 0 \\ R_4 i_4 + u_x - R_5 i_5 - \beta u = 0 \\ u = R_1 i_1 \end{cases}$

3.4　15V　　3.6　1.33A　　3.7　-6V，-288W　　3.8　8V，2.7V，0.9V，-1.5V

3.9　75V、65V 和 13V 电压源产生的功率分别为 375W、130W 和 -91W

3.10　3.95V　　3.11　10.6084V，-30.87W

3.12　1A　　3.13　5.25V　　3.14　38V

第4章

4.1　$\dfrac{1}{12}$A，1A　　4.2　2A，4A，6A，2A，8A

4.3　0.5A，1V；5A，10V；1A，10V　　4.4　8.4V

4.5　0.833A；−0.667A　　4.6　12V　　4.7　−4A　　4.8　−5V，3.5A

4.9　2mA；3.25mA　　4.10　$\dfrac{5}{3}$V，$\dfrac{2}{3}$A　　4.11　$u_{OC}=12.6$V，$R_O=20$mΩ

4.12　2.4Ω　　4.13　$u_{OC}=-480$V，$R_O=1$kΩ　　4.14　1.942kΩ　　4.15　2A

4.16　$u_{OC}=9$ V，$R_O=3.75$Ω，$i_{SC}=2.4$A

4.17　$u_{OC}=8$V，$i_{SC}=1.6$A，$R_O=5$Ω；$u_{OC}=4$V，$R_O=0$

4.18　0.5A　　4.19　12Ω，13.5W　　4.20　2.17Ω　5.65W

4.21　当 $R_L=2$Ω 时，$P_{\max}=5$kW

第5章

5.1

$$u(t)=\begin{cases}3\text{ V} & 0<t<1\text{s} \\ -3\text{ V} & 1<t<2\text{s} \\ 0 & \text{其他}\end{cases}，\quad p=\begin{cases}(3t)\text{W} & 0<t<1\text{s} \\ (3t-6)\text{W} & 1\text{s}<t<2\text{s} \\ 0 & \text{其他}\end{cases}$$

$$w=\begin{cases}\left(\dfrac{3}{2}t^2\right)\text{J} & 0\leqslant t\leqslant 1\text{s} \\ \dfrac{3}{2}(2-t)^2\text{J} & 1\text{s}\leqslant t\leqslant 2\text{s} \\ 0 & \text{其他}\end{cases}$$

5.2　$C=0.02$F，$q=0.04$C，$p(2\text{s})=0$，$w(2\text{s})=0.04$J

5.3　$L_{eq}=9$H，$C_{eq}=16\mu$F

5.4　$u_C(0_+)=0$，$i_L(0_+)=3$A，$i_1(0_+)=1$A，$i_C(0_+)=2$A，$u_L(0_+)=-4$V

5.5　$u_C(0_+)=6$V，$i_L(0_+)=2$A，$u_L(0_+)=6$V，$i_C(0_+)=-6$A，$i(0_+)=12$A

5.6　$u_C(t)=18\text{e}^{-\frac{1}{1.5\times10^{-3}}t}$V

5.7　$i_L(t)=\dfrac{4}{3}\text{e}^{-3t}$A，$i(t)=-\dfrac{1}{3}\text{e}^{-3t}$A

5.8　$u_C(t)=2\text{e}^{-\frac{1}{5}t}$V，$i=\dfrac{2}{5}\text{e}^{-\frac{1}{5}t}$A

5.9　$i_L(t)=3\left(1-\text{e}^{-80t}\right)$A，$u_L(t)=240\text{e}^{-80t}$V

5.10　$u(t)=\left(4-4\text{e}^{-t}+12\text{e}^{-3t}\right)$V

5.11　$i_L(t)=\left(1.6-0.1\text{e}^{-5t}\right)$A，$i(t)=\left(1.4-0.067\text{e}^{-5t}\right)$A

5.12　$u_C(t)=\left(6-10\text{e}^{-2t}\right)$V，$i_1=\dfrac{2}{3}\left(1-\text{e}^{-2t}\right)$A

5.13　$i_1(t)=\left(3-\text{e}^{-120t}\right)$A，$i_2=2\text{e}^{-30t}$A，$i_K=\left(3-\text{e}^{-120t}-2\text{e}^{-30t}\right)$A

5.14　$i_L(t)=0.2\text{e}^{-\frac{3}{2}t}$A，$u_C(t)=\left(0.4+1.2\text{e}^{-5t}\right)$V，$i_K=\left(0.2+0.6\text{e}^{-5t}-0.1\text{e}^{-\frac{3}{2}t}\right)$A

5.15　当 $0 < t < 2\text{s}$ 时，$i_L(t) = 0.4(1 - e^{-30t})\text{A}$；当 $t > 2\text{s}$ 时，$i_L(t) = \left[0.6 - 0.2e^{-20(t-2)}\right]\text{A}$

5.16　$u_C(t) = 5\left(1 - e^{-\frac{1}{15}t}\right)\varepsilon(t)\text{V}$，$i_C(t) = -\dfrac{1}{3}e^{-\frac{1}{15}t}\varepsilon(t)\text{A}$

5.17　$i_L(t) = 4(1 - e^{-10t})\varepsilon(t)\text{A}$

5.18　$L = 0.2\text{H}$

5.19　（1）未添加虚线时，$R_0^2 < \dfrac{4L}{C} = 8$ 为欠阻尼情况，响应为振荡衰减过程；

　　　　（2）添加虚线后，$R_0^2 > \dfrac{4L}{C} = \dfrac{8}{3}$ 为过阻尼情况，响应为非振荡衰减过程

5.20　$L = \dfrac{1}{6}\text{H}$，$C = \dfrac{3}{17}\text{F}$，$R = 1.94\Omega$

5.21　$u_C(t) = (8 + 16t)e^{-4t}\text{V}$

5.22　$u_C(t) = -316\sin(316t)\text{V}$，$i_L = \cos(316t)\text{A}$

5.23　$\mu = 3$

5.24　$u_C(t) = (80e^{-2t} - 20e^{-8t})\text{V}$，$i_L(t) = (6.4e^{-2t} - 0.4e^{-8t})\text{A}$

5.25　$i(t) = \left(\dfrac{10}{9}e^{-t} - \dfrac{10}{9}e^{-19t}\right)\text{A}$

5.26　$u_{C2} = (-6e^{-t} + e^{-6t} + 5)\text{V}$，$i_1 = (2e^{-t} + 3e^{-6t})\text{A}$

5.27　$i_L(t) = (-3e^{-2t} + 2e^{-3t} + 1)\text{A}$，$u_C(t) = 2(e^{-2t} - e^{-3t})\text{V}$

第 6 章

6.1　$U = \dfrac{5}{\sqrt{2}} = 3.536\text{V}$，$f = 50\text{Hz}$，$T = 0.02\text{s}$，$u_S(5\text{ms}) = 2.5\sqrt{2}\text{V}$

　　　$u_S = 5\cos(314t - 135°)\text{V}$

6.2　$\phi = 150°$，i_1 超前 i_2 $150°$

6.3　$u_1 = 5\sqrt{2}\sin(2t - 126.87°)\text{V}$，$u_2 = 6\sqrt{2}\sin(5t + 60°)\text{V}$，$u_3 = 10\sqrt{2}\sin(t + 143.13°)\text{V}$

6.4　$i_2 = 0.36\sin(5t - 36.3°)\text{A}$

6.5　$u_1 = 4.42\sin(t + 163.7°)\text{V}$

6.6　电容元件 $C = 0.02\text{F}$

6.7　(a) $I = 5\text{A}$，(b) $I = 1\text{A}$，(c) $U = 5\text{V}$

6.8　$R = 30\Omega$，$L = 127.4\text{mH}$

6.9　$R = 11\Omega$，$C = 167.6\mu\text{F}$

6.10　$r = 2.14\Omega$，$L = 0.18\text{H}$

6.11　$Z_{ab} = (5.76 + j1.44)\Omega$，$Y = (0.16 - j0.04)\text{S}$

6.12　$Z = 2.78\underline{/56.31°}\,\Omega$

6.13　$i_1 = 0.316\sqrt{2}\sin(100t + 18.43°)\text{A}$，$i_2 = 0.447\sqrt{2}\sin(100t + 63.43°)\text{A}$

　　　$i_3 = 0.316\sqrt{2}\sin(100t - 71.57°)\text{A}$，$u = 0.447\sqrt{2}\sin(100t - 26.57°)\text{V}$

6.14 电流表的读数为10A，电压表的读数为141V

6.15 $i = 8.72\sqrt{2}\sin(50t + 96.59°)\mathrm{A}$

6.16 $i = 1.194\sin(4t + 65.44°)\mathrm{A}$

6.17 $\dot{I}_1 = 0.45\underline{/153.43°}\,\mathrm{A}$，$\dot{I}_2 = 0.63\underline{/18.43°}\,\mathrm{A}$

6.18 $\dot{U} = 3\sqrt{2}\underline{/45°}\,\mathrm{V}$

6.19 $i = 3\cos(4t - 45°)\mathrm{A}$

6.20 $\dot{U} = 5.39\underline{/21.8°}\,\mathrm{V}$

6.21 $\dot{I} = 0.67\underline{/34.91°}\,\mathrm{A}$

6.22 $R = 93.75\Omega$，$L = 1.725\mathrm{H}$

6.23 $Z = 3.16\underline{/18.43°}\,\Omega$，$P = 7.5\mathrm{W}$，$Q = 2.5\mathrm{var}$，$\lambda = 0.95$（滞后），$S = 7.9\mathrm{VA}$

6.24 白炽灯可接 348（盏），$\lambda = 0.83$（滞后）

6.25 $P_2 = 600\mathrm{W}$，$Q_2 = -800\mathrm{var}$，$S_2 = 1000\mathrm{VA}$，$\lambda_2 = 0.6$（超前）

6.26 $Z = 44\underline{/30°}\,\Omega$，$P = 476.3\mathrm{W}$，$Q = 275\mathrm{var}$，$\lambda = 0.866$（滞后），$C = 15.5\mu\mathrm{F}$

6.27 $\tilde{S} = 42.59\underline{/32.29°}\,\mathrm{kVA}$，$\dot{U} = 7.098\underline{/32.29°}\,\mathrm{kV}$，$\lambda = 0.845$（滞后）$C = 71.86\mathrm{nF}$

6.28 $Z_\mathrm{L} = (1 + \mathrm{j}1)\mathrm{k}\Omega$，$P_{\max} = 25\mathrm{mW}$，

6.29 $Z_\mathrm{L} = (4.5 - \mathrm{j}2.5)\Omega$，$P_{\max} = 36\mathrm{W}$

6.30 $\dot{I}_\mathrm{A} = 22\underline{/-75°}\,\mathrm{A}$，$\dot{I}_\mathrm{B} = 22\underline{/165°}\,\mathrm{A}$，$\dot{I}_\mathrm{C} = 22\underline{/45°}\,\mathrm{A}$

   $P = 10.267\mathrm{kW}$，$Q = 10.267\mathrm{kvar}$，$S = 14.52\mathrm{kVA}$，$\lambda = 0.707$（滞后）

6.31 $I_\mathrm{A} = 22\mathrm{A}$，$U_{\mathrm{AB}} = 1228.21\mathrm{V}$

6.32 $P = 3464.66\mathrm{W}$，$S = 4330.82\mathrm{VA}$，$Q = 2598.5\mathrm{var}$

6.33 $\dot{I}_{\mathrm{LA}} = 22\underline{/-83.13°}\,\mathrm{A}$，$\dot{I}_{\mathrm{PA}} = 12.7\underline{/-53.13°}\,\mathrm{A}$，$\dot{U}_{\mathrm{AB}} = 464.82\underline{/1.87°}\,\mathrm{V}$

第7章

7.1 $\omega = 1\mathrm{rad/s}$ 时，$Z = 5.39\underline{/-61.77°}\,\Omega$，电压滞后电流61.77°，容性电路；

   $\omega = 5\mathrm{rad/s}$ 时，$Z = 3\Omega$，电压、电流同相位，电阻性电路；

   $\omega = 10\mathrm{rad/s}$ 时，$Z = 3.82\underline{/11.3°}\,\Omega$，电压超前电流11.3°，感性电路

7.2 $H(\mathrm{j}\omega) = \dfrac{\omega RC}{\sqrt{1 + (\omega RC)^2}}\underline{/90° - \arctan \omega RC}$

7.4 $H(\mathrm{j}\omega) = \dfrac{1}{2}\underline{/180° - 2\arctan \omega R_1 C}$，当 R_1 由 0 变化到 ∞ 时，相位随之从180°变化到

0°，并且输出电压超前输入电压

7.5 $\omega = 500\mathrm{rad/s}$ 时，I_2 最大，$I_{2\mathrm{m}} = \sqrt{2}\mathrm{A}$

7.6 C 的变化范围为 $32.8 \sim 306\mathrm{pF}$

7.7 $f_0 = 0.8\mathrm{MHz}$，$Q = 100$，$B = 5\times10^4\mathrm{rad/s}$，$I_0 = 50\mathrm{mA}$，$U_\mathrm{R} = 1\mathrm{V}$，$U_\mathrm{L} = U_\mathrm{C} = 100\mathrm{V}$

7.8 $R = 40\Omega$，$L = 0.5\mathrm{H}$，$C = 125\mathrm{nF}$，$Q = 50$

7.9 $\omega_0 = 2\mathrm{rad/s}$，$i_\mathrm{R} = 3\sqrt{2}\sin(2t)\mathrm{A}$，$i_\mathrm{L} = 15\sqrt{2}\sin(2t - 90°)\mathrm{A}$，$i_\mathrm{C} = 15\sqrt{2}\sin(2t + 90°)\mathrm{A}$

7.10 $L = 0.4\mathrm{H}$，$r = 2.5\Omega$

7.11 $u(t) = 37\sin(2t + 111.8°) + 15.89\sin(4t + 24.44°)\mathrm{V}$

7.12 $U = 5.48\text{V}$, $I = 5.1\text{A}$, $P = 13.94\text{W}$

7.13 $i(t) = \left[1 + 0.43\sqrt{2}\sin(t - 31°) + 0.2\sqrt{2}\sin(3t + 6.84°)\right]\text{A}$, $P = 12.25\text{W}$

7.14 $i(t) = 1\text{A}$

第 8 章

8.1 图 8.1(a)中，1 与 2′ 为同名端，图 8.1(b)中，1 与 2 为同名端，1 与 3′ 为同名端

8.2 (a) $u_1 = -L_1\dfrac{\mathrm{d}i_1}{\mathrm{d}t} + M\dfrac{\mathrm{d}i_2}{\mathrm{d}t}$; $u_2 = M\dfrac{\mathrm{d}i_1}{\mathrm{d}t} - L_2\dfrac{\mathrm{d}i_2}{\mathrm{d}t}$

(b) $u_1 = L_1\dfrac{\mathrm{d}i_1}{\mathrm{d}t} + M\dfrac{\mathrm{d}i_2}{\mathrm{d}t}$; $u_2 = -M\dfrac{\mathrm{d}i_1}{\mathrm{d}t} - L_2\dfrac{\mathrm{d}i_2}{\mathrm{d}t}$

8.3 $L = \dfrac{11}{3}\text{H}$

8.4 $L_{ab} = L_1 + L_2 + L_3 - 2M_{12} - 2M_{13} + 2M_{23}$

8.5 $I = 3\text{A}$

8.6 $Z = \text{j}3.25\Omega$

8.7 $i = 0.5\cos(4t - 45°)\text{A}$, $i_1 = 1.5\cos(4t - 45°)\text{A}$, $i_2 = \cos(4t + 135°)\text{A}$

8.8 $u_2 = 12.75\sqrt{2}\sin(314 + 11.31°)\text{V}$

8.9 $\dot{U}_{OC} = 5.52\underline{/5.19°}\text{V}$, $Z_O = 5.8\underline{/88°}\Omega$

8.10 $C = 0.56\text{F}$, $i = 2\sin(2t)\text{A}$

8.11 $\omega = 2\text{rad}/\text{s}$

8.12 $\dot{I} = 3\text{A}$, $\dot{U}_{AB} = 28.46\underline{/-108.43°}\text{V}$

8.13 $\dot{I}_1 = 3\underline{/-45°}\text{A}$, $\dot{I}_2 = 1.5\underline{/-45°}\text{A}$, $\dot{U}_{ab} = 6\underline{/45°}\text{V}$, $\dot{U}_{cd} = 12\underline{/-135°}\text{V}$

8.14 $Z_L = (3.72 - \text{j}3.46)\Omega$, $P_{max} = 0.6\text{W}$

8.15 $\dot{I}_1 = 0.93\underline{/-21.8°}\text{A}$, $P = 8.63\text{W}$

8.16 $\dot{I} = 7.28\underline{/74.05°}\text{A}$

8.17 $\dot{I}_1 = 3.8\underline{/18.43°}\text{A}$, $\dot{I}_2 = 1.9\underline{/18.43°}\text{A}$, $\dot{I}_3 = 0.63\underline{/-161.57°}\text{A}$

8.18 $n = \dfrac{1}{3}$, $P_{max} = 4\text{W}$

8.19 $u_1 = 9\sin t\text{V}$

8.20 $Z_{ab} = 200\Omega$

第 9 章

9.1 $Z = \begin{bmatrix} 4.5 & 1.5 \\ 1.5 & 4.5 \end{bmatrix}\Omega$

9.2 $\dot{U}_1 = (8 + \text{j}2)\dot{I}_1 + 6\dot{I}_2$, $\dot{U}_2 = 6\dot{I}_1 + (9 - \text{j}5)\dot{I}_2$

9.3 $Z = \begin{bmatrix} 5 - \text{j}1 & \text{j}2 \\ -\text{j}8 & \text{j}5 \end{bmatrix}\Omega$

9.4 $R_1 = 2\Omega$, $R_2 = 4\Omega$, $R_3 = 6\Omega$, $r = 1\Omega$

9.5　$Y_{11} = -j\dfrac{1}{9}\mathrm{S}$，$Y_{21} = Y_{12} = j\dfrac{2}{9}\mathrm{S}$，$Y_{22} = j\dfrac{1}{18}\mathrm{S}$

9.6　$Y = \begin{bmatrix} \dfrac{1}{6} + j\dfrac{1}{6} & -j\dfrac{1}{2} \\[2mm] -\dfrac{1}{2} - j\dfrac{1}{2} & \dfrac{1}{4} + j\dfrac{1}{2} \end{bmatrix}\mathrm{S}$

9.7　$H = \begin{bmatrix} 2\Omega & \dfrac{1}{2} \\[2mm] -\dfrac{1}{2} & j2\mathrm{S} \end{bmatrix}$，由 $H_{12} = -H_{21}$ 可知，本电路为互易网络

9.8　$\dot{U}_1 = 26\dot{I}_1 + \dfrac{2}{3}\dot{U}_2$，$\dot{I}_2 = \dfrac{1}{3}\dot{I}_1 + \dfrac{1}{18}\dot{U}_2$

9.9　$T = \begin{bmatrix} 2 & j25\Omega \\[2mm] \dfrac{1}{j15}\mathrm{S} & \dfrac{4}{3} \end{bmatrix}$，由于 $AD - BC = 1$，故该电路为互易网络

9.10　$\dot{I}_1 = 0.6\dot{U}_2 - \dot{I}_2$，$\dot{U}_1 = 9\dot{U}_2 - 30\dot{I}_2$

9.11　$Z = \begin{bmatrix} j\omega L_1 & j\omega M \\ j\omega M & j\omega L_2 \end{bmatrix}$，$Y = \dfrac{1}{\omega^2(M^2 - L_1 L_2)}\begin{bmatrix} j\omega L_2 & -j\omega M \\ -j\omega M & j\omega L_1 \end{bmatrix}$

　　　$H = \dfrac{1}{j\omega L_2}\begin{bmatrix} \omega^2(M^2 - L_1 L_2) & j\omega M \\ -j\omega M & 1 \end{bmatrix}$，　$T = \dfrac{1}{j\omega M}\begin{bmatrix} j\omega L_1 & \omega^2(M^2 - L_1 L_2) \\ 1 & j\omega L_2 \end{bmatrix}$

9.12　$Z = \begin{bmatrix} 4.2 & 1.8 \\ 1.8 & 3.2 \end{bmatrix}\Omega$　　　9.13　$Y = \begin{bmatrix} 1 - j\dfrac{4}{3} & -1 + j\dfrac{2}{3} \\[2mm] -1 + j\dfrac{2}{3} & 1 + j\dfrac{2}{3} \end{bmatrix}\mathrm{S}$

9.14　$T = \begin{bmatrix} 88.5 & 75.5 \\ 20.5 & 17.5 \end{bmatrix}$　　　9.15　$\dfrac{\dot{U}_2}{\dot{U}_1} = \dfrac{2\alpha R}{6R + 1 - \alpha}$

9.16　$Z_{\text{in}} = R_1$，$Z_{\text{O}} = R_2$，$A_{\text{u}} = -\beta\dfrac{R_2 \cdot R_{\text{L}}}{R_1(R_2 + R_{\text{L}})}$，$A_{\text{i}} = \beta\dfrac{R_2}{R_2 + R_{\text{L}}}$

9.17　$u_{\text{O}} = 3.18\cos(2t + 148°)\mathrm{V}$

9.18　$R_{\text{L}} = 80\Omega$，$P_{\max} = 10\mathrm{W}$

参 考 文 献

[1] 查丽斌，王宛苹，刘建岚，李自勤．电路与模拟电子技术基础[M].2 版．北京：电子工业出版社，2011

[2] 胡建萍，马金龙，王宛苹，吕幼华，胡晓萍，吕伟锋．电路分析[M]．北京：科学出版社，2006

[3] 李瀚荪．简明电路分析基础[M].北京：高等教育出版社，2002

[4] Charles K.Alexander，Matthew N.O.Sadiku．Fundamentals of Electric Circuits．北京：清华大学出版社，2000

[5] 邱光源．电路[M]．4 版．北京：高等教育出版社，1999

[6] 黄冠斌，孙敏，杨传谱，孙亲锡．电路基础[M]．2 版．武汉：华中科技大学出版社，2000

[7] 杨鸿波，张芳，柴海莉，魏英．电路分析基础[M]．北京：清华大学出版社，2011

[8] 傅恩锡，杨四秧．电路分析简明教程[M]．2 版．北京：高等教育出版社，2009

[9] 颜秋容，谭丹．电路理论[M]．北京：电子工业出版社，2009

[10] 上官右黎．电路分析基础[M]．北京：邮电大学出版社，2003

[11] 王松林，吴大正，李小平，王辉．电路基础[M]．3 版．西安：西安电子科技大学出版社，2008

[12] 孙盾，范承志，童梅．电路分析[M]．北京：机械工业出版社，2009

[13] 燕庆明．电路分析基础教程[M]．北京：电子工业出版社，2009

[13] 王勇，龙建忠，方勇，李军．电路理论基础[M]．北京：科学出版社，2005